细看图纸巧做园林工程造价

工程造价员网

张国栋　主编

中国建筑工业出版社

图书在版编目（CIP）数据

细看图纸巧做园林工程造价/张国栋主编. —北京：
中国建筑工业出版社，2016.5
ISBN 978-7-112-19432-2

Ⅰ. ①细… Ⅱ. ①张… Ⅲ. ①园林-工程造价
Ⅳ. ①TU986.3

中国版本图书馆 CIP 数据核字（2016）第 098466 号

该书主要以《建设工程工程量清单计价规范》GB 50500—2013 及《园林绿化工程工程量计算规范》GB 50858—2013 与部分省市的预算定额为依据，主要介绍了园林工程工程量清单计价的编制方法，重点阐述园林工程分部工程工程量清单编制、计价格式和方法。内容包括园林工程工程量清单计价、园林工程定额计价、园林工程常用图例、园林工程图纸分析、园林工程算量及工程量清单编制实例、园林工程算量解题技巧及常见疑难问题解答等六大部分。为了适应建筑工程建设施工管理和广大建筑工程造价工作人员的实际需求，组织了多名从事工程造价编制工作的专业人员共同编写了此书，以期为读者提供更好的学习和参考资料。

责任编辑：赵晓菲　朱晓瑜
责任设计：李志立
责任校对：王宇枢　张　颖

细看图纸巧做园林工程造价

工程造价员网

张国栋　主编

*

中国建筑工业出版社出版、发行（北京西郊百万庄）
各地新华书店、建筑书店经销
霸州市顺浩图文科技发展有限公司制版
北京云浩印刷有限责任公司印刷

*

开本：787×1092 毫米　1/16　印张：16　字数：398 千字
2016 年 8 月第一版　2016 年 8 月第一次印刷
定价：**39.00 元**
ISBN 978-7-112-19432-2
（28678）

编写人员名单

主　编　张国栋

参　编　赵小云　　洪　岩　　邵夏蕊　　马　波
　　　　郭芳芳　　王春花　　郑文乐　　齐晓晓
　　　　王　真　　赵家清　　刘　瀚　　李　娟
　　　　郭小段　　王文芳　　张　惠　　徐文金
　　　　韩玉红　　邢佳慧　　宋银萍　　王九雪
　　　　张扬扬　　张　冰　　王瑞金　　程珍珍

前　言

为了推动《建设工程工程量清单计价规范》GB 50500—2013、《园林工程工程量计算规范》GB 50858—2013 的实施，帮助造价工作者提高实际操作水平，特组织编写此书。

本书主要是细看图纸巧做算量，顾名思义就是把图纸看透看明白，把算量做得清清楚楚，书中的编排顺序按照循序渐进的思路一步一步上升，在园林工程造价基本知识和图例认识的前提下对某项工程的定额和清单工程量进行计算，在简单的分部工程量之后，讲解有综合实例，所谓综合性就是分部的工程多了，按照专业的划分综合到一起，进行相应的工程量计算，然后在工程量计算的基础上分析综合单价。最后将通用安装工程实际中的一些常见问题以及容易迷惑的地方集中进行讲解，同时将经验工程师的一些训言和常见问题的解答按照不同的分类分别进行讲解。

本书在编写时参考了《建设工程工程量清单计价规范》GB 50500—2013、《园林工程工程量计算规范》GB 50858—2013 和相应定额，以实例阐述各分项工程的工程量计算方法和清单报价的填写，同时也简要说明了定额与清单的区别，其目的是帮助工作人员解决实际操作问题，提高工作效率。

本书在工程量计算时改变了以前的传统模式，不再是一连串让人感到枯燥的数字，而是在每个分部分项的工程量计算之后相应地配有详细的注释解说，让读者结合注释解说后能方便快速地理解，从而加深对该部分知识的应用。

本书与同类书相比，其显著特点是：

(1) 实际操作性强。书中主要以实际案例详解说明实际操作中的有关问题及解决方法，便于提高读者的实际操作水平。

(2) 通过具体的工程实例，依据定额和清单工程量计算规则把建筑工程各分部分项工程的工程量计算进行了详细讲解，手把手地教读者学预算，从根本上帮读者解决实际问题。

(3) 在详细的工程量计算之后，每道题的后面又针对具体的项目进行了工程量清单综合单价分析，而且在单价分析里面将材料进行了明细，使读者学习和使用起来更方便。

(4) 该书结构清晰，内容全面，层次分明，针对性强，覆盖面广，适用性和实用性强，简单易懂，是造价工作者的一本理想参考书。

本书在编写过程中，得到了许多同行的支持与帮助，在此表示感谢。由于编者水平有限和时间紧迫，书中难免有错误和不妥之处，望广大读者批评指正。如有疑问，请登录 www. gczjy. com（工程造价员网）或 www. ysypx. com（预算员网）或 www. debzw. com（企业定额编制网）或 www. gclqd. com（工程量清单计价网），或发邮件至 zz6219@163. com 或 dlwhgs@tom. com 与编者联系。

目　　录

前言

第1章　园林工程工程量清单计价 ································· 1

1.1　工程量清单计价简述 ································· 1

1.2　工程量清单计价组成及特点 ································· 1

1.3　工程量清单计价流程 ································· 1

第2章　园林工程定额计价 ································· 3

2.1　定额计价简述 ································· 3

2.2　定额计价组成及特点 ································· 3

2.3　定额计价流程 ································· 3

2.4　工程量清单计价与定额计价的区别和联系 ················· 4

第3章　园林工程常用图例 ································· 5

3.1　园林绿化工程常用图例（规划设计、城市绿化、种植、绿地喷灌）········· 5

3.2　园路、园桥工程常用图例 ································· 10

3.3　园林景观工程常用图例 ································· 11

第4章　园林工程图纸分析 ································· 14

4.1　图纸编排顺序 ································· 14

4.2　某广场园林绿化工程图纸分析 ························· 15

4.3　某小区带状绿地规划图纸分析 ························· 29

第5章　园林工程算量及工程量清单编制实例 ················· 44

5.1　园林景观工程工程量计算相关公式 ····················· 44

5.2　工程量计算常用数据及工程量计算规则 ················· 45

5.3　某广场园林绿化工程工程量计算 ····················· 46

5.4　某广场园林绿化工程工程量清单综合单价分析 ··········· 73

5.5　某广场园林绿化工程招标工程量清单编制 ··············· 103

5.6　某小区带状绿地规划图清单项目工程量计算 ············· 111

5.7　某小区带状绿地规划图工程量清单综合单价分析 ········· 193

5.8　某小区带状绿地规划图投标报价编制 ··················· 243

第6章　园林工程算量解题技巧及常见疑难问题解答 …………………… 247

　6.1　解题技巧 …………………………………………………………… 247

　6.2　常见疑难问题解答 ………………………………………………… 249

第1章　园林工程工程量清单计价

1.1　工程量清单计价简述

工程量清单计价就是建设工程投标时，招标人依据工程施工图纸及招标文件的要求，按现行实施的工程量计算规则，为投标人提供的实体工程量项目和技术措施项目的数量清单，供投标单位逐项填写单价。投标人则根据工程量清单自行计算并报出价格，通过市场竞争，最终形成相对合理的中标价并确定中标人，中标后的单价一经合同确认，就成为了竣工决算时的依据。

1.2　工程量清单计价组成及特点

工程量清单计价是指投标人完成由招标人提供的工程量清单所需的全部费用，包括分部分项工程费、措施项目费、其他项目费、规费、税金。

工程量清单计价采用综合单价计价。综合单价是指完成规定计量单位项目所需的人工费、材料费、机械使用费、管理费、利润，并考虑风险因素。

工程量清单计价有如下的特点：

（1）清单量的准确性、项目完整性及风险责任的划分。工程量清单应体现建施双方的真实意愿，又要公平公正。

（2）清单计价的本质就是"市场定价"。它能准确及时地反映建筑产品的市场价格，有利于合理降低工程成本，因此，工程量清单计价提高了企业竞争意识和管理水平。

（3）引入了建设工程造价规范、有序的竞争机制。

（4）注入科学的计价模式。

总之，工程量清单计价模式是真正和市场经济体制相适应的一种投标报价模式，也是未来发展的必然趋势。工程量清单计价真正贯彻了国家当前工程造价体制改革"控制量、指导价、竞争费"的原则，实现了"在国家宏观控制下，以市场形成价格为主的价格机制"的工程造价改革目标。从而为建筑市场步入国际化、标准化、规范化奠定了坚实的基础。

1.3　工程量清单计价流程

工程量清单计价流程如下：

（1）熟悉招标文件和设计文件。

（2）核对清单工程量并计算有关工程量。

（3）参加图纸答疑和查看现场。

（4）询价，确定人工、材料和机械台班单价。

（5）分部分项工程量清单项目综合单价组价。

（6）分部分项清单计价、措施项目清单和其他项目清单计价。

（7）计算单位工程造价。

（8）汇总单项工程造价、工程项目总造价。

（9）填写总价、封面、装订、盖章。

第 2 章 园林工程定额计价

2.1 定额计价简述

定额计价法是使用了几十年的一种计价模式，其基本特征就是：价格＝定额＋费用＋文件规定，并作为法定性的依据强制执行，不论是工程招标编制标底还是投标报价，均以此为唯一的依据，承发包双方共用一本定额和费用标准确定标底价和投标报价，一旦定额计价与市场价脱节就会影响计价的准确性。定额计价是建立在以政府定价为主导的计划经济管理基础上的价格管理模式，它所体现的是政府对工程价格的直接管理和调控。

2.2 定额计价组成及特点

定额计价中园林工程费用包括直接费、间接费、税金及利润等部分。直接费是由措施费和直接工程费组成，直接工程费又包括了材料费（消耗的材料费总和）、人工费、机械费。措施费包括生产工具使用费、测量放线费、临时设施费、缩短工期措施费、垂直及超高增加费、大型机械安拆费及场外运输费、脚手架搭拆费、安全文明施工费、材料二次搬运费、冬雨期施工增加费等等。间接费包括施工管理费和规费。施工管理费一般有管理人员工资、办公费、固定资产使用费、工具用具使用费、差旅交通费、保险费及其他。规费一般包括工程定额测定费、劳动保险统筹基金、职工医疗保险费、职工待业保险费等。税金包括城市维护建设税、教育费附加及建筑税、建筑安装工程造价内的营业税、增值税。利润在定额中为企业投资期望回报。

定额计价是指根据招标文件，按照国家建设行政主管部门发布的建设工程预算定额的"工程量计算规则"，同时参照省级建设行政主管部门发布的人工工日单价、机械台班单价、材料以及设备价格信息及同期市场价格，计算出直接工程费，再按规定的计算方法计算间接费、利润、税金，汇总确定建筑安装工程造价。

2.3 定额计价流程

定额计价的主要流程是：

（1）收集资料，主要收集设计图纸、现行计价依据、工程协议和工程计价手册等基础资料。

（2）熟悉图纸和现场。

（3）计算工作量。

（4）套定额单价。

（5）费用计算。

（6）编制说明，主要说明工程计价的有关情况，包括编制依据、工程性质、内容范围、设计图纸号、所用计价依据、有关部门的调价文件号、套用单价或补充定额子目的情况及其他需要说明的问题。

2.4　工程量清单计价与定额计价的区别和联系

1. 工程量清单计价与定额计价的区别

（1）定额计价模式更多地反映了国家定价或国家指导价阶段，而清单计价模式则反映了市场定价阶段。

（2）计价依据及其性质：定额计价模式的主要计价依据为国家、省、有关专业部门制定的各种定额，其性质为指导性；清单计价模式的主要计价依据为"清单计价规范"，其性质是含有强制性条文的国家标准。

（3）工程量的编制主体：在定额计价方法中，建设工程的工程量分别由招标人和投标人分别按图计算。而在清单计价方法中，工程量由招标人统一计算或委托有关工程造价咨询资质单位统一计算。

（4）单价与报价的组成：定额计价法的单价包括人工费、材料费、机械台班费；而清单计价方法采用综合单价形式，综合单价包括人工费、材料费、机械使用费、管理费、利润，并考虑风险因素。工程量清单计价法除包括定额计价法的报价外，还包括预留金、材料购置费和零星工作项目费等。

（5）评标采用的方法：定额计价投标一般采用百分制评分法。采用工程量清单计价法投标，一般采用合理低报价中标法，既要对总价进行评分，还要对综合单价进行分析评分。

（6）合同价格的调整方式：定额计价方法形成的合同，其价格的主要调整方式有：变更签证、定额解释、政策性调整。而工程量清单计价方法在一般情况下单价是相对固定的。

（7）工程量清单计价把施工措施性消耗单列，并纳入了竞争的范畴。定额计价未区分施工实物性损耗和施工措施性损耗，而工程量清单计价把施工措施与工程实体项目进行分离。

2. 工程量清单计价与定额计价的联系

（1）《园林绿化工程工程量计算规范》GB 50858—2013 中清单项目的设置，参考了各地区预算定额子目的划分，注意使清单计价项目设置与定额计价项目设置的衔接，便于更好地应用工程量清单计价模式。

（2）《园林绿化工程工程量计算规范》GB 50858—2013 中的"工程内容"基本取自定额子目设置的工作内容，它是综合单价的组价内容。

（3）工程量清单计价，企业需要根据自己企业的实际消耗成本报价，在目前多数企业没有企业定额的情况下，现行全国统一定额或者各地区建设主管部门颁布的预算定额起着重要的作用。

第3章 园林工程常用图例

3.1 园林绿化工程常用图例（规划设计、城市绿化、种植、绿地喷灌）

园林绿化工程常用图例见表 3-1。

园林绿化工程常用图例 表 3-1

项目	分类	图 例	名 称
建筑	建筑物		规划的建筑物
			原有的建筑物
			规划扩建的预留地或建筑物
			拆除的建筑物
			地下建筑物
	屋顶建筑		坡屋顶建筑，适用于包括瓦顶、石片顶、饰面砖顶等的建筑
			草顶建筑或简易建筑
水体			自然形水体
			规则形水体
			跌水、瀑布
			旱涧
			溪涧

5

续表

项目	分类	图　例	名　称
工程设施	挡土墙		突出的一侧表示被挡土的一方
	雨水排水沟（井）		排水明沟
			有盖的排水沟
			雨水井
	消火栓井及喷灌点		消火栓井
			喷灌点
	园路及地面		道路
			铺装路面
			台阶
			铺砌场地
	常见桥		车行桥
			人行桥

项目	分类	图　例	名　　称
工程设施	常见桥		亭桥
			铁索桥
	其他园林建筑		汀步
			涵洞
			水闸
用地类型	绿地		游憩、观赏绿地
			防护绿地
	花、草、林用地		苗圃、花圃用地
			针叶林地
			针阔混交林地
			灌木林地
			竹林地

续表

项目	分类	图　　例	名　　称
用地类型	花、草、林用地		阔叶林地
			经济林地
			草原、草甸
植物	乔木与灌木		落叶阔叶乔木
			常绿阔叶乔木
			落叶针叶乔木
	绿篱		常绿针叶乔木
			落叶灌木
			常绿灌木
	花卉、草皮等植物		自然形绿篱
			整形绿篱
			镶边植物

项目	分类	图　例	名　　称
植物	花卉、草皮等植物		一、二年生草木花卉
			多年生及宿根草木花卉
			一般草皮
			缀花草皮
			整形树木
			竹丛
			棕榈植物
			仙人掌植物
			藤本植物
			水生植物
树冠状态			圆锥形
			椭圆形

项目	分类	图 例	名 称
树冠状态			圆球形
			垂枝形
			伞形
			匍匐形

3.2 园路、园桥工程常用图例

园路、园桥工程常用图例见表 3-2。

园路、园桥工程常用图例 表 3-2

序号	图 例	名 称	序号	图 例	名 称
砖 石		天然石材	混凝土		普通混凝土
		毛石			钢筋混凝土
		普通砖	板 材		胶合板
		耐火砖			木材
		空心砖			纤维材料或人造板
		饰面砖			石膏板

续表

序号	图 例	名 称	序号	图 例	名 称
其他材料	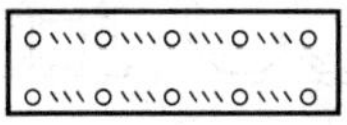	焦矸、矿渣	其他材料	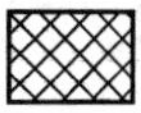	多孔材料
		金属			松散材料
	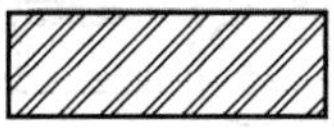			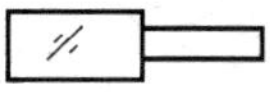	玻璃

3.3 园林景观工程常用图例

园林景观工程常用图例见表 3-3。亭、廊和喷泉的常用图例见图 3-1～图 3-3。

园林景观工程常用图例　　　　　　　　　表 3-3

分类	图 例	名 称	分类	图 例	名 称
水池		雕塑	小品工程	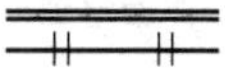	围墙
		花台			栏杆
		坐凳			园灯
花架		花架			饮水台
					指示牌
	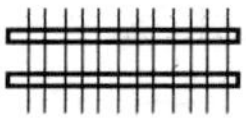		喷泉		喷泉

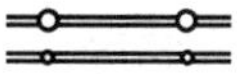

名称	平面基本形式示意	立面基本形式示意	平面立面组合形式示意
三角亭			
方 亭			
长方亭			
六角亭			

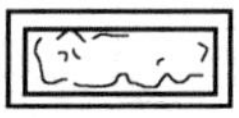

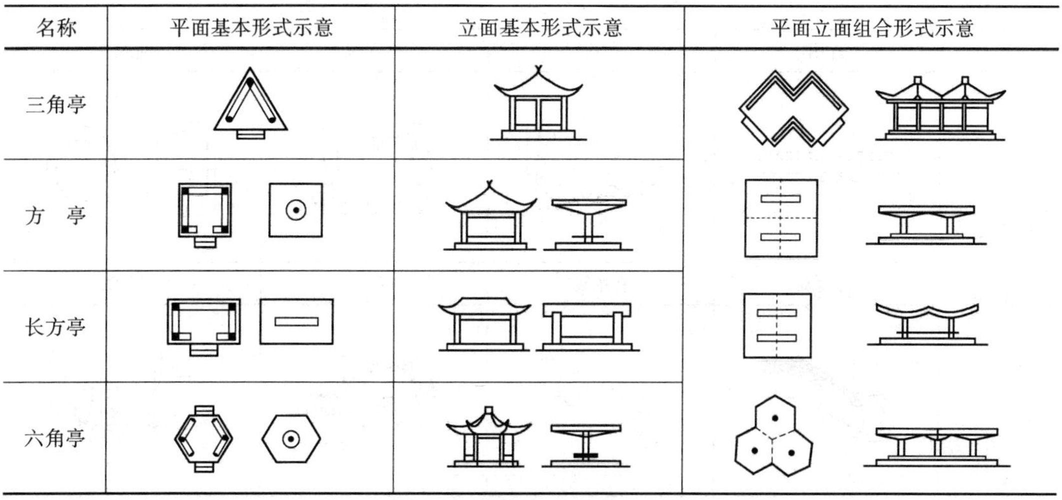

图 3-1　亭的常用形式（一）

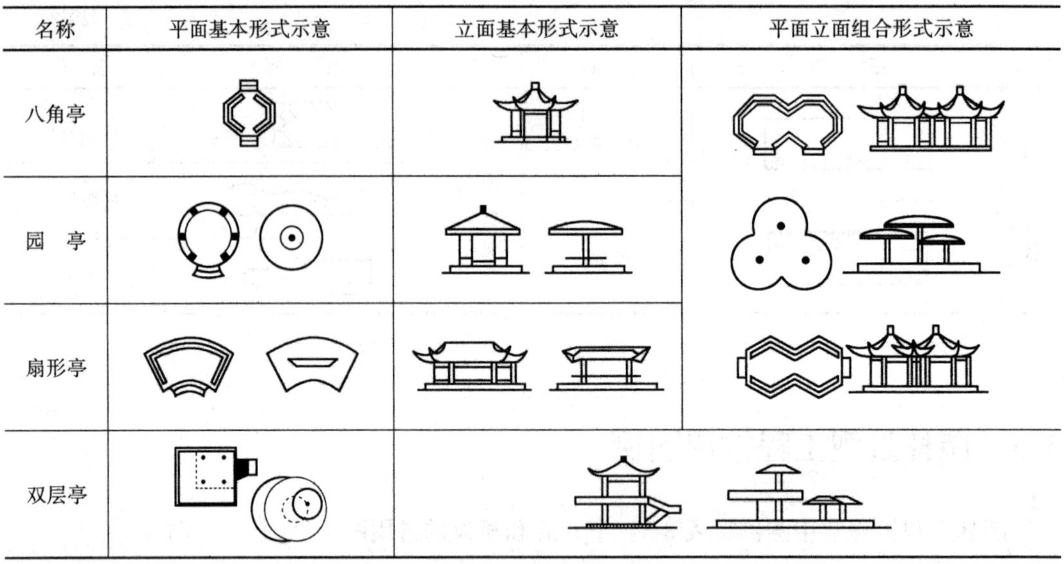

名称	平面基本形式示意	立面基本形式示意	平面立面组合形式示意
八角亭			
园　亭			
扇形亭			
双层亭			

图 3-1　亭的常用形式（二）

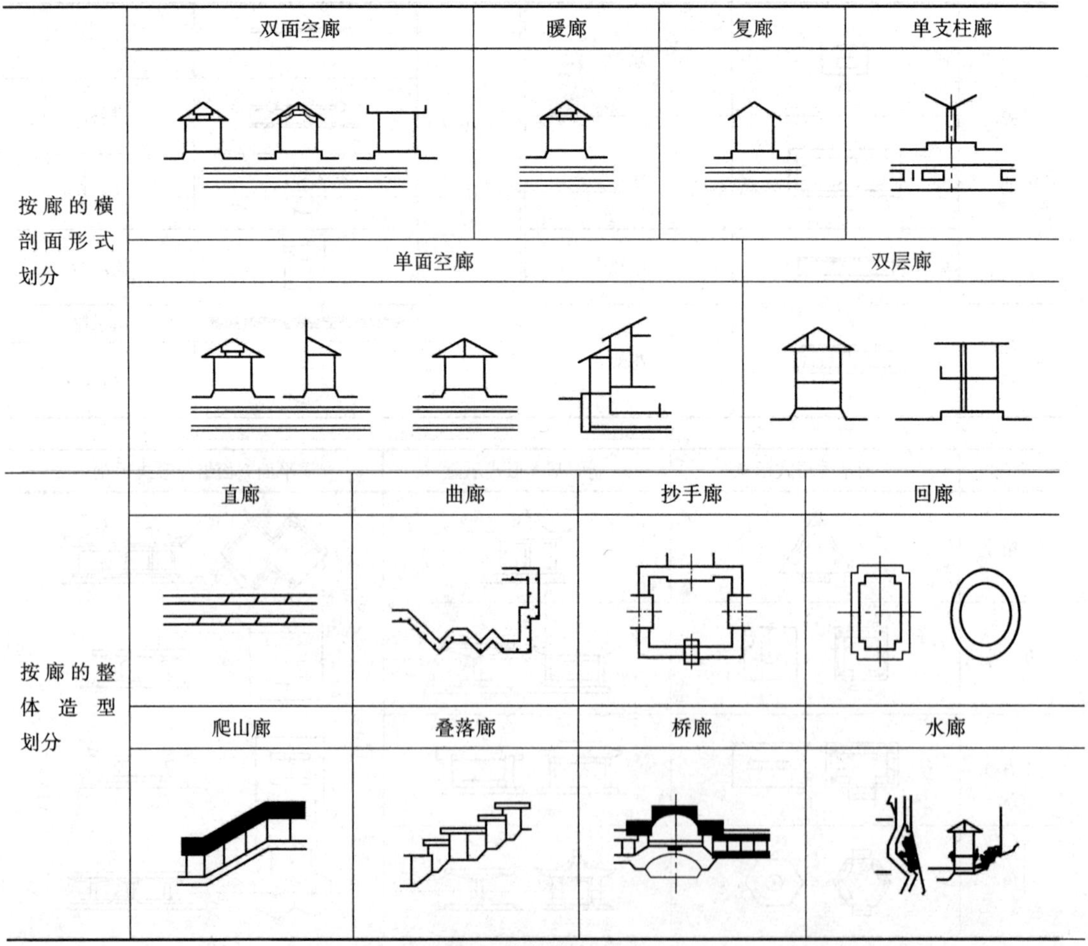

	双面空廊	暖廊	复廊	单支柱廊
按廊的横剖面形式划分				
	单面空廊			双层廊
	直廊	曲廊	抄手廊	回廊
按廊的整体造型划分				
	爬山廊	叠落廊	桥廊	水廊

图 3-2　廊的常用形式

12

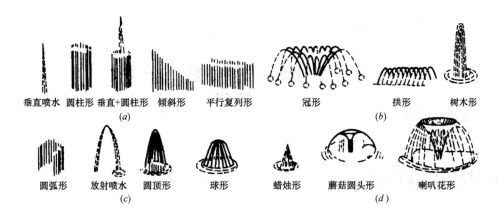

图 3-3 喷泉的常用形式

（a）普通装饰性喷泉；（b）与雕塑结合的喷泉；

（c）艺术性"形体"喷泉；（d）自控喷泉

第4章 园林工程图纸分析

4.1 图纸编排顺序

园林设计的表现对象主要是：山岳奇石、水域风景等自然景观和名胜古迹等历史人文景观以及园林植物、山石、水体、园林建筑、道路广场、园林小品等为素材的人造环境景观。故而园林图表现的对象种类繁多、形态各异。园林图的表现对象大多是以自然形态为主，他们大多没有统一的形状和尺寸，且变化丰富，因而园林图的绘制有一定难度。

园林工程的图纸的类型种类较多，要对图纸有整体的把握，图纸包括总平面和三视图。总平面图表现整个园林内的组成部分（地形、山石、水体、道路系统、植物的种植位置、建筑物位置等）的平面布局、平面轮廓等，是园林设计最基本的图纸，能够较全面地反映园林设计的总体思想及设计意图，是绘制其他施工图及施工管理的主要依据。

园林工程涉及楼阁、亭台时就会有三视图，即平面图、立面图和剖面图。要将一幢房屋的全貌包括内外形状、结构完整地表达清楚，根据正投影原理，按建筑图样的规定画法，通常要画出建筑平面图、建筑立面图和建筑剖面图，对于要进一步表达清楚的细节部分还要画出建筑详图。

1. 平面图

为了表达房屋建筑的平面形状、大小和布置，假想用一水平面经过门窗洞将房屋剖开，移去上部，由上向下投射所得的剖面图，称为建筑平面图，简称平面图。如果是楼房，沿底层剖开所得剖面图称底层平面图，沿二层、三层……剖开所得的剖面图称二层平面图、三层平面图……

2. 立面图

为了反映房屋的外形、高度，在与房屋立面平行的投影面上所作出房屋的正投影图，称为建筑立面图，简称立面图。从房屋的正面由前向后投射的称正立面图。如果房屋四个方向立面的形状不同，则要画出左、右侧立面图和背立面图。立面图的名称也可按房屋的朝向分别称为东立面图、南立面图、西立面图和北立面图，还可按房屋两端轴线的编号来命名。

3. 剖面图

为表明房屋内部垂直方向的主要结构，假想用侧平面或正平面将房屋垂直剖开，移去处于观察者和剖切面之间的部分，把余下的部分向投影面投射所得投影图，称为建筑剖面图，简称剖面图，根据房屋的复杂程度，剖面图可绘制一个或多个。

园林工程的图纸编排应该按照由整体到局部，由大到小的逻辑顺序来编排，这样的编排顺序有利于我们后期工程量的计算。

4.2 某广场园林绿化工程图纸分析

1. 工程简介

某广场园林绿化工程的总平面图如图 4-1 所示，该设计注重生态与环境的融合、功能与形式的统一，简单实用，为附近居民提供了一处休闲娱乐的场所，并设置有适应不同人群活动的设施，以植物造景为主。此广场是附近居民的公共活动绿地，为满足居民的休憩和娱乐活动，广场在多处设置坐凳、围树椅等基础设施，还设置有花架、围栏、景墙、雕塑和水池等景观元素。满足了游人休闲娱乐的功能，该广场设计充分考虑到了游人的需要，为游人提供了一个休闲娱乐的场所。广场园林绿化的工程图纸见图 4-1～图 4-48 及表 4-1。

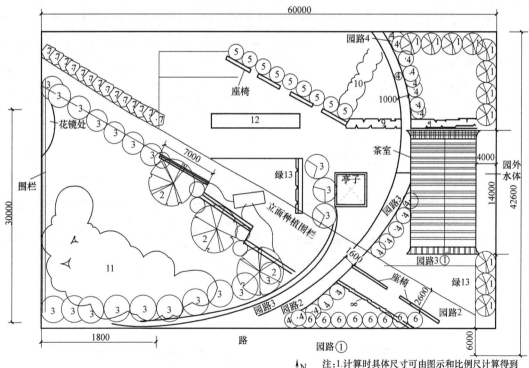

注：1. 计算时具体尺寸可由图示和比例尺计算得到
2. 园栏、花镜处做法见详图

植物配置列表（花境所用花材单列、见花境示意图）

序号	植物种类	单位	数量	规格	序号	植物种类	单位	数量	规格
1	黄山栾树	株	11	冠幅5m	8	小叶女贞绿篱	m	11	高0.9m
2	银杏	株	3	冠幅4m	9	毛竹	株	10	二年生
3	大叶女贞	株	20	冠幅3.5m	10	紫藤	株	4	二年生
4	红叶碧挑	株	17	冠幅2m	11	月季	m²	80	
5	垂丝海棠	株	9	冠幅2m	12	美人蕉	m²	16	
6	郁李	株	8	冠幅2m	13	紫竹	株	60	二年生
7	火棘	株	14	冠幅1.5m	14	高羊茅	m²	1200	

图 4-1 总平面 1：200

图 4-2　花镜立面示意图

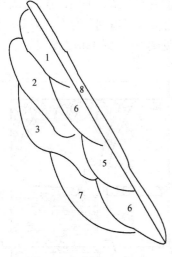

图 4-3　花镜平面示意图

花镜用花材料列表			表 4-1
序号	名称	单位	数量
1	美女樱	m²	8
2	射干	m²	10
3	虞美人	m²	11
4	波斯菊	m²	8
5	串红	m²	8
6	千日红	m²	8
7	大丽花	m²	10
8	雏菊	m²	12

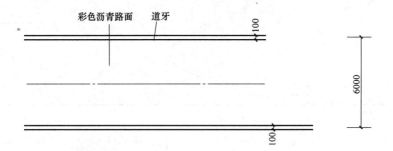

图 4-4　园路 1：彩色沥青路面园路 1：200

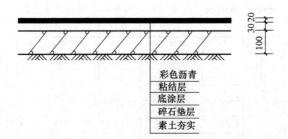

图 4-5　园路 1：彩色沥青路剖面图 1：10

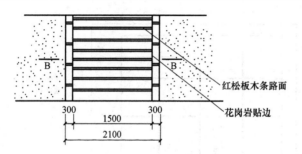

图 4-6 园路 2：林间木板小路平面图 1∶50

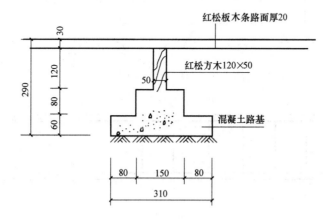

图 4-7 园路 2：路基剖面图 1∶10

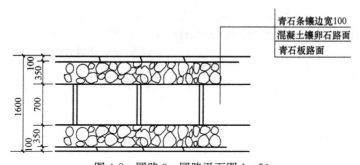

图 4-8 园路 3：园路平面图 1∶50

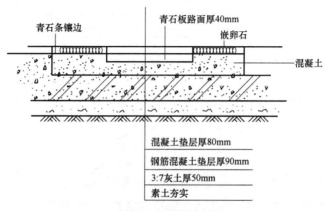

图 4-9 园路 3：园路剖面图 1∶10

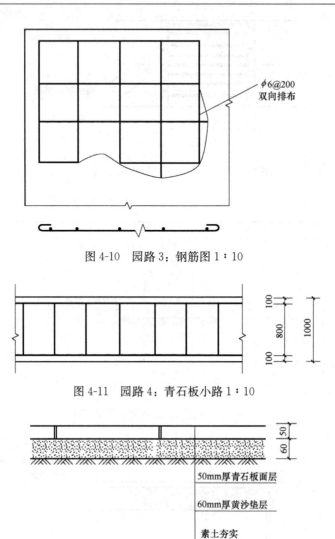

ϕ6@200
双向排布

图 4-10　园路 3：钢筋图 1∶10

100
800
100
1000

图 4-11　园路 4：青石板小路 1∶10

50
60
50mm厚青石板面层
60mm厚黄沙垫层
素土夯实

图 4-12　园路 4：青石板小路剖面图 1∶10

60
30
100
150
混凝土平板
预制砂浆(1:3)
混凝土
碎石垫层
素土夯实

图 4-13　广场剖面图 1∶10

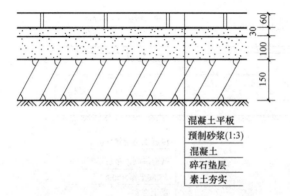

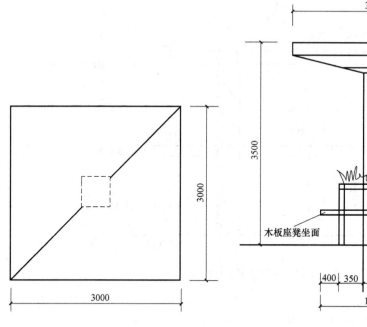

图 4-14 亭顶平面 1：50

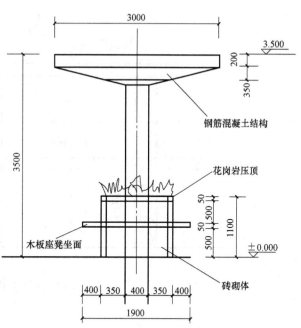

图 4-15 亭立面图 1：50

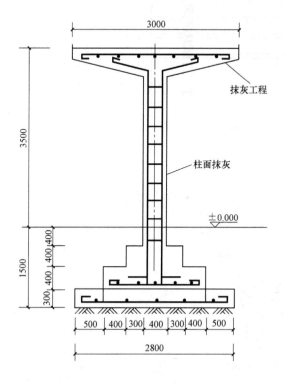

图 4-16 亭剖面图 1：50

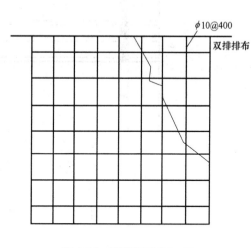

图 4-17 钢筋图示① 1：50

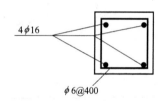

图 4-18 钢筋图示② 1：20

19

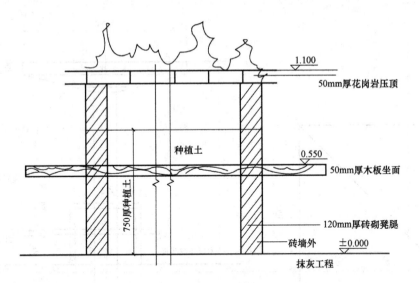

图 4-19　座凳详图 1∶20

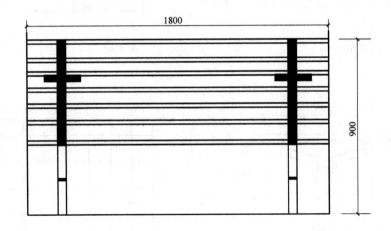

图 4-20　座椅背立面图 1∶20

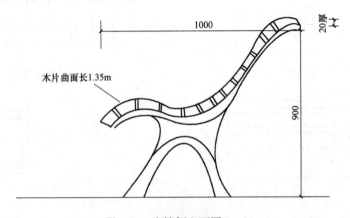

图 4-21　座椅侧立面图 1∶20

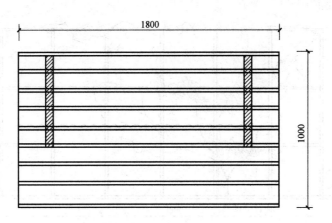

图 4-22 座椅平面图 1∶20

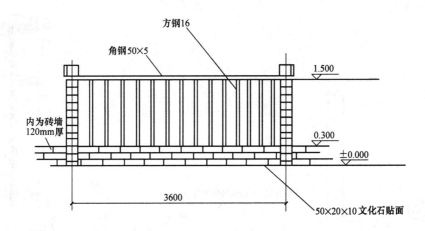

图 4-23 围栏示意图 1∶50

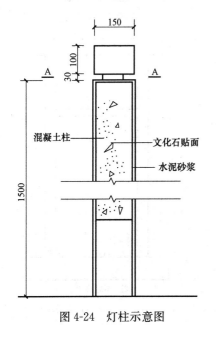

图 4-24 灯柱示意图

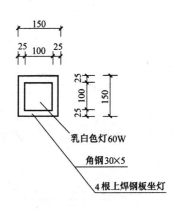

图 4-25 A—A 剖面图 1∶10

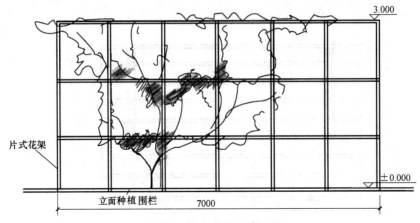

图 4-26 立面种植图

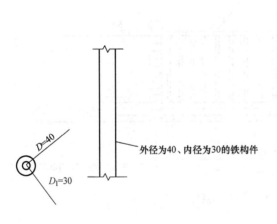

图 4-27 立面种植围栏大样图

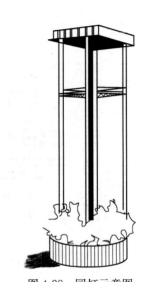

图 4-28 园灯示意图

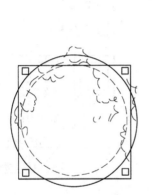

图 4-29 园灯平面图

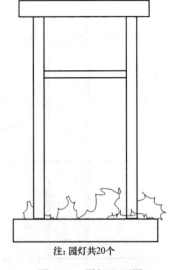

图 4-30 园灯立面图

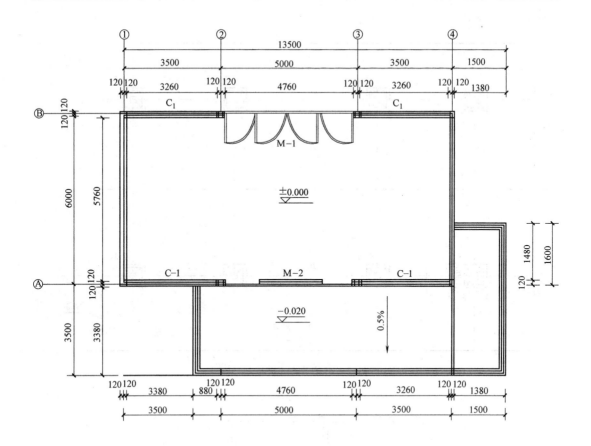

图 4-31 茶室平面图 1：100

2. 识图分析

(1) 从总平面图可知：广场为矩形，长和宽分别为 60m 和 42.6m，广场内布置有 4 条园路。园路 1 是广场的主干道，园路 2、3、4 是广场内的林间小道，广场的西面布置有 3 个立面种植围栏，还分别布置有亭子、座椅、花镜、茶室和园外水体等，并种植有各种绿色植物。

(2) 从花镜的平面图可知，花镜所用的材料分别为美女樱、射干、虞美人、波斯菊、串红、前日红、大丽花和雏菊。数量分别为 8、10、11、8、8、8、10、12，单位为 m²。

(3) 从园路 1 的平面图和剖面图可知，园路 1 宽为 6m，采用彩色沥青路面，路两旁布置有道牙，宽为 0.1m。路基从下到上分别为素土夯实、碎石垫层、底涂层、粘结层和彩色沥青。最上三层的厚度分别为 0.02m、0.03m、0.1m。

(4) 从园路 2 的平面图和剖面图可知，路面总宽为 2.1m，园路 2 为林间木板小路，路面材料为 0.02m 厚的红松板木条，宽为 2.1m，路两边为花岗石贴边，宽为 0.3m，路基从下到上分别为混凝土路基、红松方木和红松板木条路基。路基总宽为 310mm，红松方木的尺寸为 120mm×50mm。

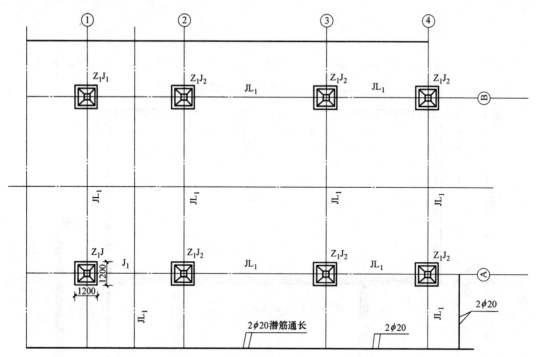

图 4-32　茶室基础平面图 1：100

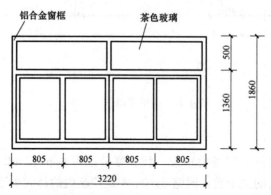

图 4-33　茶室窗立面图 1：50

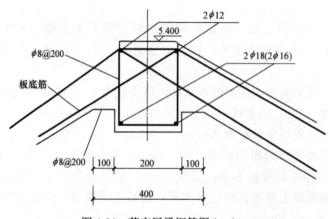

图 4-34　茶室屋梁钢筋图 1：10

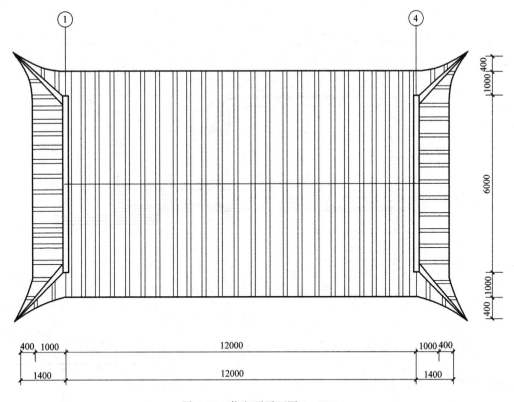

图 4-35 茶室顶平面图 1∶100

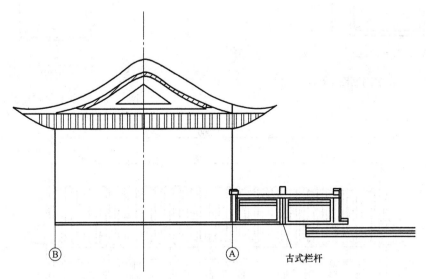

图 4-36 茶室侧立面图 1∶100

（5）从园路 3 的平面图和剖面图可知，园路 3 的路面宽为 1.6m，中间为青石板路面，宽为 0.7m，两边为混凝土镶卵石路面，两边宽度同为 0.35m，最外侧为青石条镶边，宽为 0.1m。路基从下到上分别为素土夯实、50mm 厚的 3∶7 灰土、90mm 厚的钢筋混凝土垫层和 80mm 厚的混凝土垫层。由图 4-10 园路 3 的配筋图可知，园路 3 的配筋为 $\phi 6@200$，双向排布。

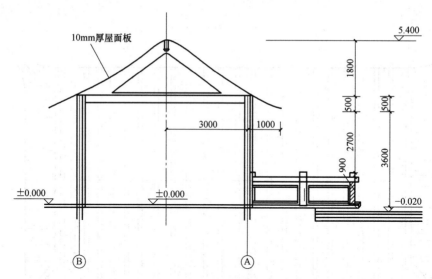

图 4-37　茶室剖面图 1∶100

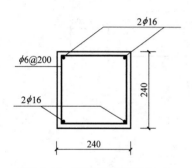

图 4-38　茶室 Z 剖面图 1∶10

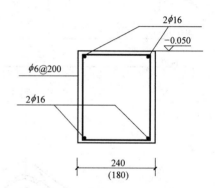

图 4-39　茶室 JL₁（JL₂）1∶10

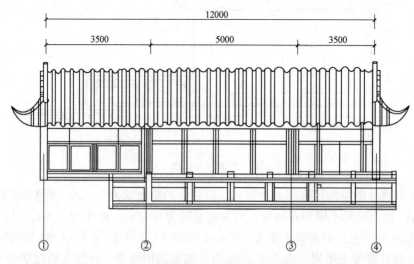

图 4-40　茶室①～④立面图 1∶100

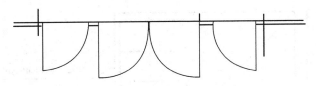

图 4-41 茶室门平面图 1：50

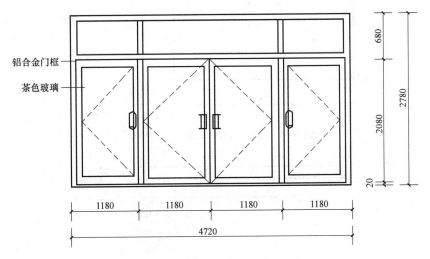

图 4-42 茶室门立面图 1：50

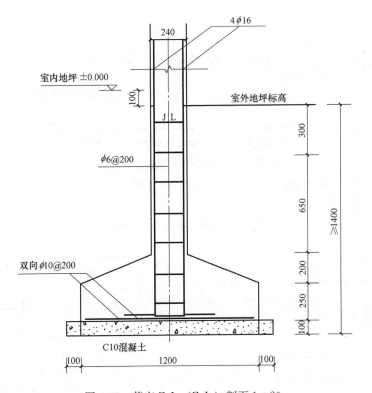

图 4-43 茶室 Z_1J_1（Z_1J_2）剖面 1：20

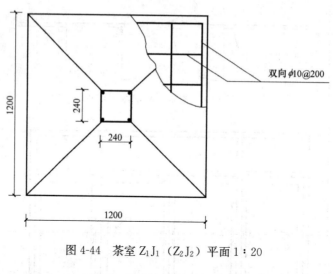

图 4-44　茶室 Z_1J_1（Z_2J_2）平面 1：20

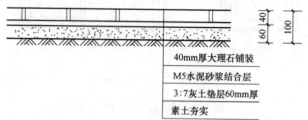

图 4-45　茶室楼地面做法图示 1：10

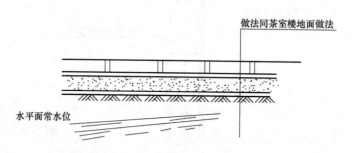

图 4-46　茶室挑台楼地面做法图示 1：10

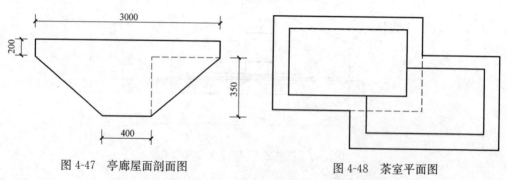

图 4-47　亭廊屋面剖面图　　　　　图 4-48　茶室平面图

（6）从园路 4 的平面图和剖面图可知，园路 4 的路面宽为 1.0m，采用青石板路面，宽度为 0.8m，路基从下到上分别为素土夯实、60mm 厚黄沙垫层和 50mm 青石板路面。

（7）从广场的剖面图可知，广场的路基材料组成从下到上分别为素土夯实、150mm 厚的碎石垫层、100mm 厚混凝土、30mm 厚预制砂浆（1：3）和 60mm 厚混凝土平板。

（8）从亭的平面图、立面图和剖面图可知：亭子的上部是边长为 3m 的正方形，亭子高为 3.5m，亭柱宽 0.4m，上部采用钢筋混凝土结构，中间有砖砌体和木质坐凳坐面。基础采用钢筋混凝土阶形基础，宽度为 2.8m，柱面和上部进行抹灰，从图 4-17 和图 4-18 中可以看出配筋情况，亭柱配筋为 $4\phi16$ 的通长筋和 $\phi6@400$ 的箍筋，亭子的上部和基础配筋为 $\phi10@400$，双向排布。

（9）由坐凳的详图可知，亭子坐凳的坐面为 50mm 厚的木板坐面，凳腿为 120mm 厚的砖砌凳腿，另外有 50mm 厚的花岗石压顶。凳座高为 0.55m，花岗石压顶的高为 1.1m。并进行抹灰。

（10）由座椅背立面图、侧立面图和平面图可知，坐凳的长、宽和高分别为 1.8m、1m 和 0.9m。凳面为木片曲面，长度为 1.35m。

（11）由围栏示意图可知：围栏下部采用 120mm 厚、300mm 高的砖墙，用 $50 \times 20 \times 10$ 的文化石贴面。上部横向和竖向分别采用 16 方钢和 50×5 角钢。每一段长度是 3.6m，高度为 1.5m。

（12）由灯柱示意图和剖面图可知灯柱为混凝土柱，表面为文化石贴面，灯具为 60W 的乳白色灯，灯座上焊钢板，钢板为角钢，尺寸为 30×5。

（13）由种植立面图和围栏立面大样图可知，种植图的长为 7m，高为 3m，种植园的围栏由外径为 40、内径为 30 的铁构件组成。

（14）从茶室平面图、茶室基础平面图、茶室窗立面图、茶室屋梁钢筋图、茶室顶平面、茶室侧立面图、茶室剖面图、茶室 Z 剖面图、茶室①～④立面图、茶室门平面图、茶室门立面图、茶室 Z_1J_1（Z_1J_2）剖面、茶室 Z_1J_1（Z_2J_2）平面、茶室楼地面做法图示、茶室挑台楼地面做法图示可知：茶室的总长为 13.5m，宽为 9.74m，茶室楼地面从下到上分别为素土夯实、60mm 厚的 3：7 灰土垫层、M5 水泥砂浆结合层和 40mm 厚的大理石铺装，茶室挑台楼地面做法与楼地面做法相同。茶室基础采用 C10 混凝土，钢筋采用 $\phi10@200$ 的钢筋并双向铺设。茶室窗采用铝合金门框和茶色玻璃，窗的长和宽分别为 3.222m 和 1.86m。茶室总高是 5.4m，采用 10mm 厚屋面板，茶室前配有古式栏杆。

4.3 某小区带状绿地规划图纸分析

1. 工程简介

在现实的工程施工中以条带状绿地最为常见，如图 4-49 所示，此带状绿地为一小区中的公共活动绿地，为满足游人的休憩功能，绿地设计中多处设置坐凳、围树椅等基础设施，考虑到私密性空间，设置花架，同时整个绿地的规划设计中考虑到景观性，特别设计有雕塑、水池、景墙等景观元素，满足娱乐休闲的要求。该设计充分考虑到游人的需要，集景观、休闲、娱乐为一体，为游人提供一个心旷神怡的环境。

　　该工程基址仅需要做简单的整理即可，不需要保留古树名木，故不需进行砍伐、大面积地开挖以及较大范围的土方变动等，园林植物种类及数量如表4-2所示，植物种植上均为普坚土种植，乔木种植、灌木种植数量如图4-50所示，绿篱、花卉等以图示种植长度、面积或数量计算；土壤为二类干土。带状小区的工程图纸见图4-49～图4-91，具体图号及图名见表4-3。

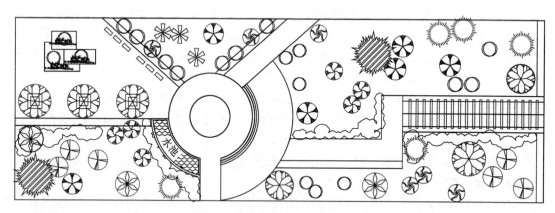

图 4-49　总平面图

植物种植列表　　　　　　　　　　　　　　　　　　　　表 4-2

序号	植物名称	特征描述	计量单位	数量
1	雪松	常绿针叶树,带土球栽植,胸径14～63cm	株	2
2	广玉兰	常绿阔叶树,带土球栽植,胸径10cm	株	3
3	棕榈	常绿阔叶树,带土球栽植,胸径8～10cm	株	6
4	桂花	常绿阔叶树,带土球栽植,胸径8cm	株	3
5	银杏	裸根栽植,胸径14～63cm	株	4
6	南京栾树	裸根栽植,胸径10～12cm	株	2
7	鸡爪槭	裸根栽植,胸径7～8cm	株	6
8	玉兰(白)	裸根栽植,胸径8～9cm	株	5
9	西府海棠	裸根栽植,高1.5～2m	株	6
10	花石榴	裸根栽植,高1.5～2m	株	6
11	日本樱花	裸根栽植,胸径5～6cm,高1.2～1.5m	株	9
12	紫薇	裸根栽植,胸径5～6cm,高1.2～1.5m	株	9
13	金叶女贞	高0.5～0.8m,面积34m²	株	136
14	窄叶黄杨	高0.5～0.8m,面积29m²	株	116
15	龟甲冬青	高25～30cm,面积20m²	株	140
16	金钟连翘	高1～1.2m,面积24m²	株	48
17	贴梗海棠	高0.8～1m,面积34m²	株	68
18	蔷薇	三年生,面积23m²	株	92
19	云南素馨	两年生,面积26m²	株	104
20	矮生麦冬	植于花坛内	m²	29
21	草皮	铺种草皮	m²	950

主要用图列表　　　　　　　　　　　　　　　　　表 4-3

图号	图　名	图号	图　名
图 4-49	带状绿地总平面图	图 4-71	台阶平面图
图 4-50	植物配置图	图 4-72	台阶剖面图
图 4-51	带状绿地平面尺寸详图	图 4-73	雕塑平面图
图 4-52	广场 1 平面图	图 4-74	雕塑立面图
图 4-53	广场 1 剖面图	图 4-75	雕塑剖面图
图 4-54	广场 2 平面图	图 4-76	水池平面图
图 4-55	广场 2 剖面图	图 4-77	水池管线布置图
图 4-56	广场 3 平面图	图 4-78	水池池底池壁剖面图
图 4-57	广场 3 剖面图	图 4-79	水池剖面尺寸详图
图 4-58	围树椅平面图	图 4-80	水池立面图
图 4-59	围树椅剖面图	图 4-81	花架平面图
图 4-60	围树椅立面图	图 4-82	花架立面图
图 4-61	坐凳平面图	图 4-83	花架剖面图
图 4-62	坐凳剖面图	图 4-84	方木条大样图
图 4-63	坐凳立面图	图 4-85	柱基础配筋图
图 4-64	组合花坛平面图	图 4-86	花架座椅剖面图
图 4-65	组合花坛立面图	图 4-87	花架台阶剖面图
图 4-66	组合花坛剖面图	图 4-88	景墙平面图
图 4-67	园路 1 平面图	图 4-89	景墙立面图
图 4-68	园路 2 平面图	图 4-90	景墙剖面图
图 4-69	园路 3 平面图	图 4-91	绿篱栽植平面图
图 4-70	园路剖面图		

序　号	图　例	名　称	数　量
1		雪松	2
2		广玉兰	3
3		棕榈	6
4		桂花	3
5		玉兰	5
6		花石榴	6

图 4-50 植物配置图(一)

序　号	图　例	名　称	数　量
7		西府海棠	6
8		紫薇	9
9		鸡爪槭	6
10	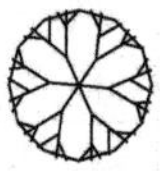	南京栾树	2
11	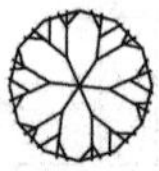	银杏	4
12		紫薇	9
13		金叶女贞	33m²
14	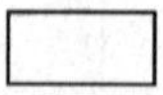	黄杨	29m²
15	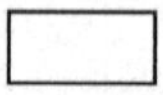	龟甲冬青	20m²
16	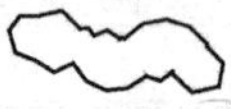	金钟连翘	24m²
17	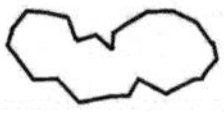	丰花月季	34m²
18	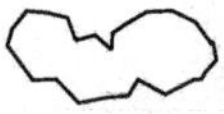	蔷薇	23m²
19	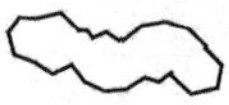	云南素馨	26m²
20		草皮	951m²

图 4-50　植物配置图（二）

2. 识图分析

（1）从总平面图、平面尺寸详图和植物配置图可知：绿地规划所用的植物为 20 种，绿地宽 25m、长 75m，各种植物的数量在表中均可得知，同时能清晰地知道绿地的整体布局和各种植物的种植位置。

（2）从广场 1 的平面图和剖面图可知：广场 1 为一个梯形，总宽为 1.4m，广场 1 右接广场 2，从剖面图可以看出，广场 1 的基层分别为 50mm 厚烧面浅杂黄色花岗石、20mm 厚 1：3 干硬性水泥砂浆、150mm 厚 C15 混凝土、100mm 厚碎石垫层和素土夯实。

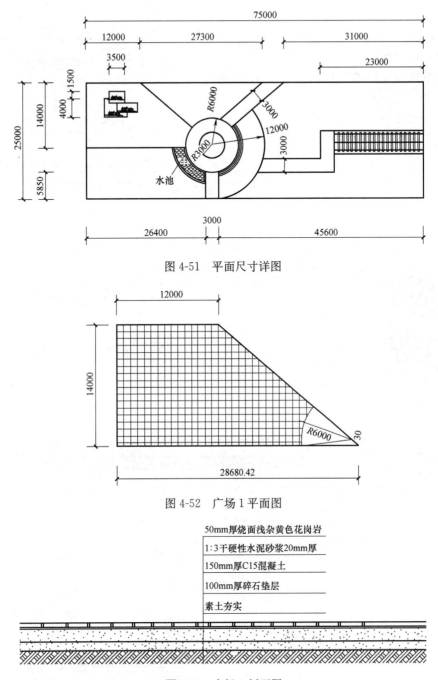

图 4-51 平面尺寸详图

图 4-52 广场 1 平面图

50mm厚烧面浅杂黄色花岗岩

1:3干硬性水泥砂浆20mm厚

150mm厚C15混凝土

100mm厚碎石垫层

素土夯实

图 4-53 广场 1 剖面图

（3）从广场 2 的平面图和剖面图可知：广场 2 的平面为半径为 6m 的圆形广场，地基从下到上分别为素土夯实、150mm 厚 3：7 灰土垫层、100mm 厚 C10 素混凝土、20mm 厚 1：2.5 水泥砂浆、5mm 厚水泥砂浆结合层以及广场砖。

（4）从广场 3 的平面图和剖面图可知：广场 3 的平面为外径 12m、角度为 120°的扇形广场，地基从下到上分别为：素土夯实、200mm 厚 C10 混凝土层、30mm 厚中砂铺垫和植草砖。

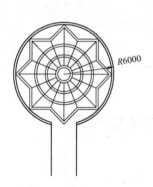

图 4-54 广场 2 平面图

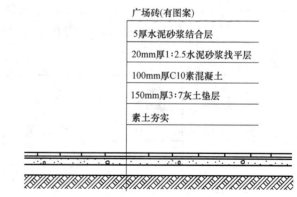

图 4-55 广场 2 剖面图

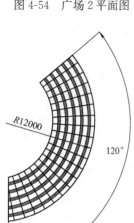

图 4-56 广场 3 平面图

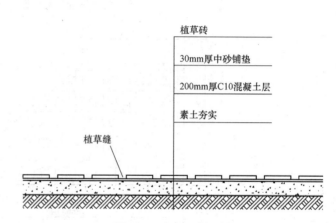

图 4-57 广场 3 剖面图

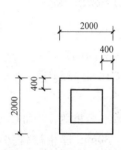

图 4-58 树池座椅平面图

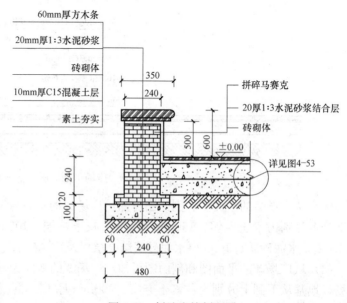

图 4-59 树池座椅剖面图

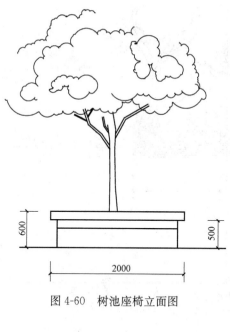

图 4-60 树池座椅立面图

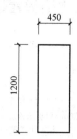

图 4-61 坐凳平面图（共 6 个）

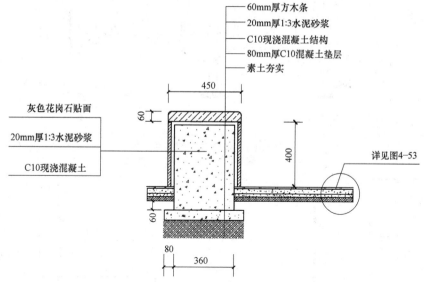

60mm厚方木条
20mm厚1:3水泥砂浆
C10现浇混凝土结构
80mm厚C10混凝土垫层
素土夯实

灰色花岗石贴面
20mm厚1:3水泥砂浆
C10现浇混凝土

详见图4-53

图 4-62 坐凳剖面图

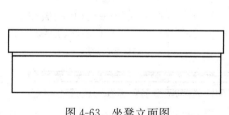

图 4-63 坐凳立面图

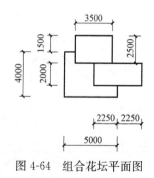

图 4-64 组合花坛平面图

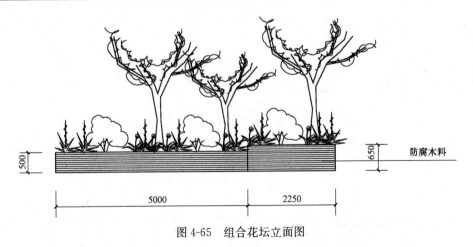

图 4-65　组合花坛立面图

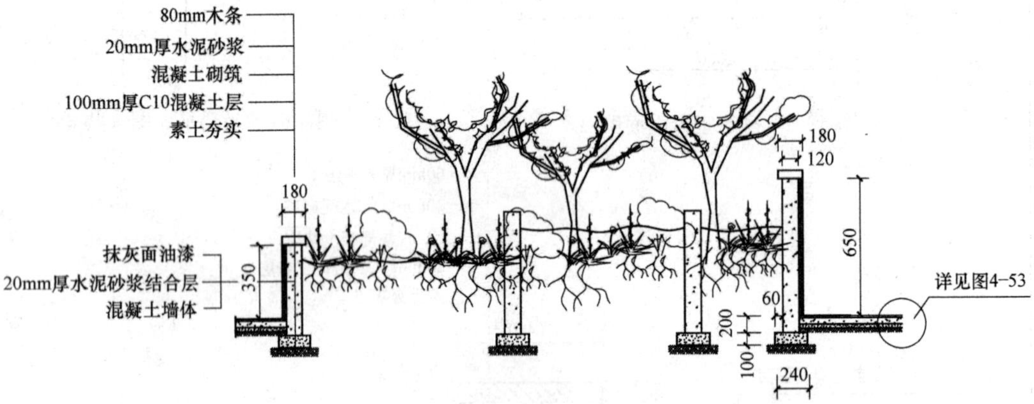

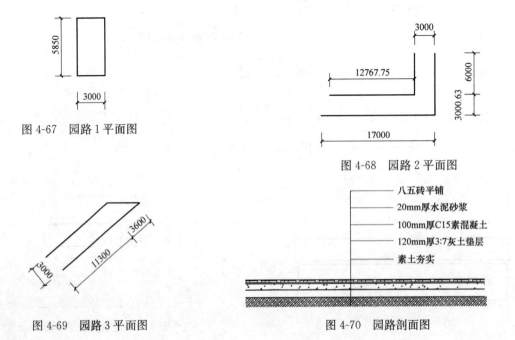

图 4-66　组合花坛剖面图

图 4-67　园路 1 平面图

图 4-68　园路 2 平面图

图 4-69　园路 3 平面图

图 4-70　园路剖面图

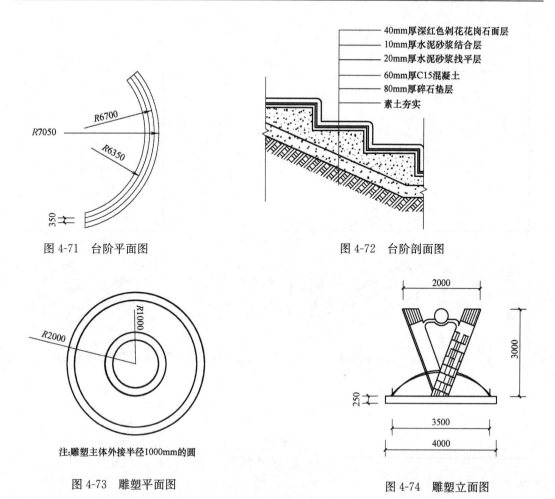

图 4-71 台阶平面图

图 4-72 台阶剖面图

注:雕塑主体外接半径1000mm的圆

图 4-73 雕塑平面图

图 4-74 雕塑立面图

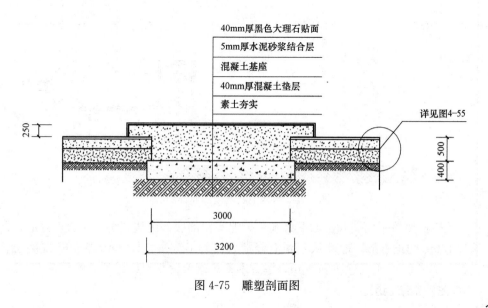

图 4-75 雕塑剖面图

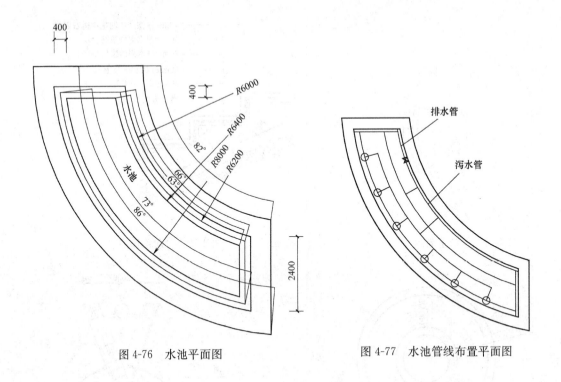

图 4-76　水池平面图　　　　　　　　　　　图 4-77　水池管线布置平面图

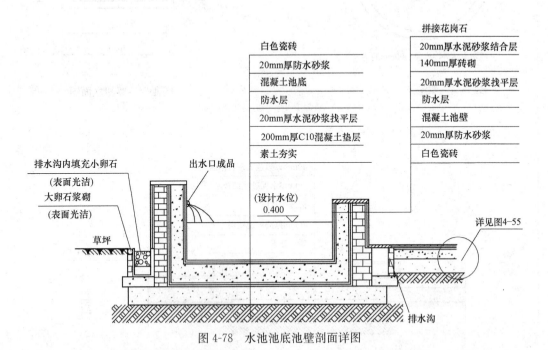

图 4-78　水池池底池壁剖面详图

（5）从树池座椅平面图和剖面图可知：树池座椅的底部为边长为 2m 的正方形，顶部为边长为 1.6m 的正方形。地基从下到上分别为：素土夯实、100mm 厚 C15 混凝土、砖砌体、20mm 厚 1：3 水泥砂浆和 60mm 厚方木条。座椅的材料组成为拼碎马赛克、20mm 厚 1：3 水泥砂浆结合层。

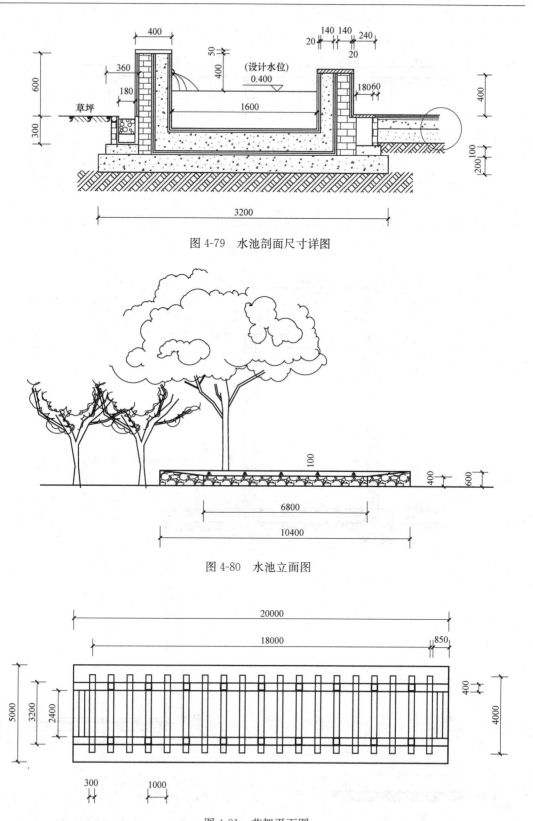

图 4-79 水池剖面尺寸详图

图 4-80 水池立面图

图 4-81 花架平面图

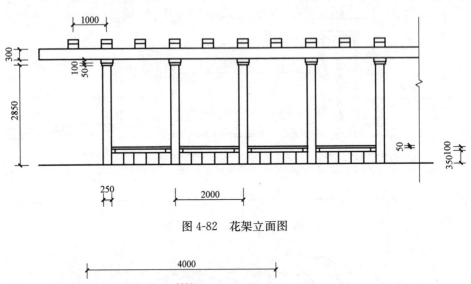

图 4-82 花架立面图

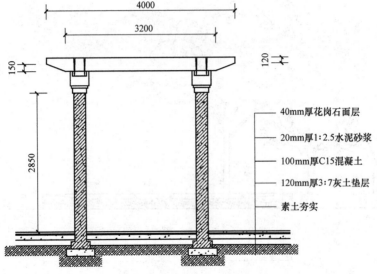

40mm厚花岗石面层

20mm厚1:2.5水泥砂浆

100mm厚C15混凝土

120mm厚3:7灰土垫层

素土夯实

图 4-83 花架剖面图

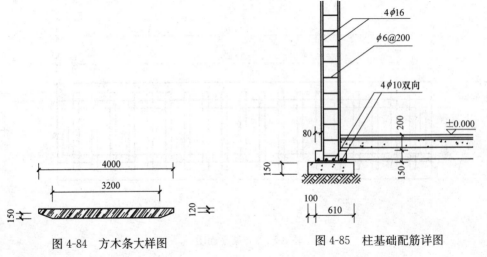

图 4-84 方木条大样图

图 4-85 柱基础配筋详图

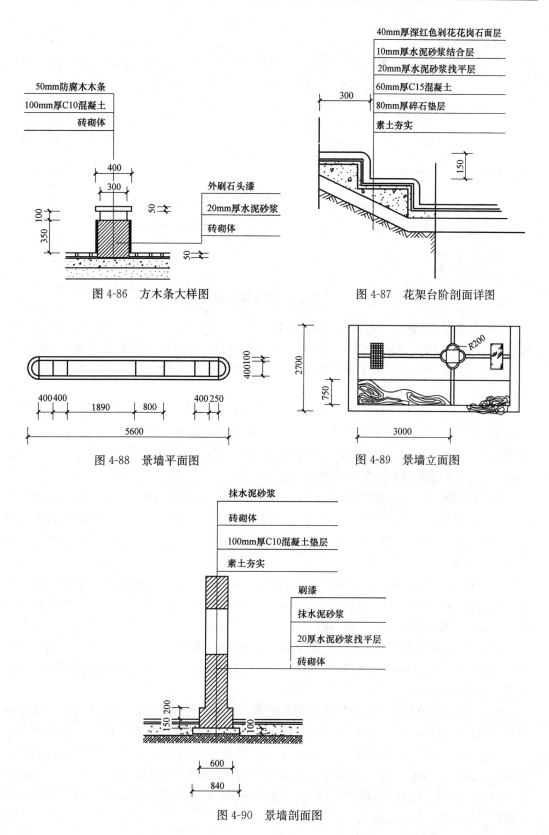

图 4-86 方木条大样图

图 4-87 花架台阶剖面详图

图 4-88 景墙平面图

图 4-89 景墙立面图

图 4-90 景墙剖面图

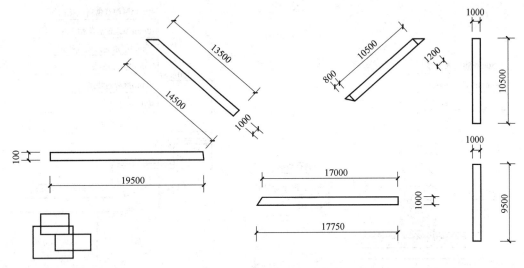

图 4-91　绿篱栽植平面图

（6）从坐凳平面图、剖面图和立面图可知：坐凳为长 1.2m、宽 0.45m 的长方形，地基组成分别为：素土夯实、80mm 厚 C10 混凝土垫层、C10 现浇混凝土结构、20mm 厚 1∶3 水泥砂浆和 60mm 厚方木条。坐凳上部结构分别为 C10 现浇混凝土、20mm 厚 1∶3 水泥砂浆和灰色花岗石贴面。

（7）从组合花坛平面图、立面图和剖面图可知：组合花坛是由多个尺寸的矩形花坛组合而成，花坛四周由防腐木料围成，墙体的基层构成分别为：素土夯实、100mm 厚 C10 混凝土层、混凝土砌筑、20mm 厚水泥砂浆和 80mm 厚木条。墙体的组成为混凝土墙体、20mm 厚水泥砂浆结合层以及抹灰面油漆。

（8）从园路 1、2、3 的平面图和园路剖面图可知：园路 1 为长 5.85m、宽 3m 的长方形，园路 2 是宽为 3m、形状为"L"形，园路 3 宽为 3m、形状为梯形。园路的路基分别为：素土夯实、120mm 厚 3∶7 灰土垫层、100mm 厚 C15 素混凝土、20mm 厚水泥砂浆和八五砖平铺。

（9）由台阶平面图和剖面图可知：台阶为一个环形，它的结构组成分别为：素土夯实、80mm 厚碎石垫层、60mm 厚 C15 混凝土、20mm 厚水泥砂浆、10mm 厚水泥砂浆结合层和 40mm 厚深红色剁花花岗石面层。

（10）由雕塑的平面图、立面图和底座剖面图可知：雕塑的外边半径为 2m，内半径为 1m，高为 3m。底座基础的组成为 40mm 厚黑色大理石贴面、5mm 厚水泥砂浆结合层、混凝土基座、40mm 厚混凝土垫层以及素土夯实。

（11）由水池平面图、水池管线布置平面图、水池池底池壁剖面、水池剖面尺寸详图和水池立面图可知：水池的外径为 8m，内径为 6m，水池管线分别布置有排水管和泄水管，水池池底组成为素土夯实、200mm 厚 C10 混凝土垫层、20mm 厚水泥砂浆找平层、防水层、混凝土池底、20mm 厚防水砂浆和白色瓷砖。池壁的组成为白色瓷砖、20mm 厚防水砂浆、混凝土池壁、防水层、20mm 厚水泥砂浆找平层、140mm 厚砖砌、20mm 厚水泥砂浆结合层、拼碎花岗石。

（12）由花架的平面图、立面图和剖面图可知：花架总宽为宽5m，总长为20m，花架方木条的间距为1m，长为4m。花架柱子间距为2m，柱宽为0.25m。花架基础结构组成为40mm厚花岗石面，20mm厚1：2.5水泥砂浆，100mm厚C15混凝土，120mm厚3：7灰土垫层和素土夯实。花架台阶的结构组成为40mm厚深红色剁花花岗石面层，10mm厚水泥砂浆结合层，20mm厚水泥砂浆找平层，60mm厚C15混凝土，80mm厚碎石垫层，素土夯实。

（13）由景墙的平面图、立面图和剖面图可知：景墙总长5m，宽0.4m，景墙的地基不再赘述。高为2.7m，景墙的地基组成为素土夯实、100mm厚C10混凝土垫层、砖砌体，最外层抹水泥砂浆不再赘述。景墙的墙体结构组成为砖砌体、20mm厚的水泥砂浆找平层、水泥砂浆以及刷漆。

第5章 园林工程算量及工程量清单编制实例

5.1 园林景观工程工程量计算相关公式

1. 平整场地

简单图形（矩形） $S=a\times b$

式中 S——平整场地面积（m^2）；

a、b——平整场地的长和宽（m）。

2. 定额计算中挖土方的工程量的计算式

$$V=(A+2C+KH)\times(B+2C+KH)\times H+\frac{1}{3}K^2H^3$$

式中 V——挖土方工作量（m^3）；

A——基础垫层长度（m）；

B——基础垫层宽度（m）；

C——工作面宽度（m）；

K——放坡系数；

H——土方开挖深度（m）；

$\frac{1}{3}K^2H^3$——放坡边角的角锥体积（m^3）。

3. 叠山、人造独立峰、护角、零星点布、驳岸、山石踏步等假山工程量

一律按设计图示尺寸以吨计算；石笋安装以支计算。

假山工程量计算公式：

$$W=A\cdot H\cdot R\cdot Kn$$

式中 W——石料重量（t）；

A——假山平面轮廓的水平投影面积（m^2）；

H——假山着地点至最高顶点的垂直距离（m）；

R——石料比重：黄（杂）石 2.6t/m^3、湖石 2.2t/m^3；

Kn——折算系数：高度在 2m 以内 $Kn=0.65$，高度在 4m 以内 $Kn=0.56$。

4. 峰石、景石、散点、踏步等工程量的计算公式

$$W_单=L_均\cdot B_均\cdot H_均\cdot R$$

式中 $W_单$——山石单体重量（t）；

$L_均$——长度方向的平均值（m）；

$B_均$——宽度方向的平均值（m）；

$H_均$——高度方向的平均值（m）；

R——石料比重（同前式）。

5.2 工程量计算常用数据及工程量计算规则

1. 计算规则

（1）清单计算规则：

1）栽植树木：按设计图示以数量或面积计算。

2）园路：按设计图示尺寸以面积计算，不包括路牙。

3）广场：按设计图示尺寸以面积计算，不包括路牙。

4）路牙铺设：按设计图示尺寸以长度计算。

5）堆风景石：按设计图示以数量计算。

6）现浇混凝土：按设计图示尺寸以体积计算。

7）装饰抹灰：按设计图示尺寸以面积计算。

8）台阶：按设计图示尺寸以台阶（包括最上层踏步边沿加 300mm）水平投影面积计算。

9）坐凳：按设计图示尺寸以体积计算或者数量计算。

10）土石方回填和开挖地基：按设计图示尺寸以体积计算。

（2）定额计算规则：

1）平整场地：按建筑物外墙外边线每边各加 2m 范围以平方米计算。

2）园路：① 各种园路垫层按设计图示尺寸，两边各放宽 5cm 乘以厚度以立方米计算。

② 各种园路面层按设计图示尺寸，（长×宽）以平方米计算。

③ 路牙按设计图示尺寸以延长米计算。

3）台阶：和清单计算规则相同。

4）花岗石面层：台阶块料面层，按展开（包括两侧）实铺面积以平方米计算。

5）花坛铁艺栏杆：按设计图示尺寸以体积计算。

6）围栏下部 120 砖墙：按设计图示尺寸以体积计算。

7）水泥砂浆粘结层：按照设计图示尺寸以面积计算。

8）文化石贴面：按设计图示尺寸以面积计算。

9）铁栏杆：按设计图示尺寸以面积计算。

10）现浇混凝土：按设计图示尺寸以体积计算。

11）抹灰：按设计图示数量以面积计算。

2. 常用数据

见表 5-1～表 5-4。

土方开挖工程放坡系数表

表 5-1

土壤类别	放坡起点（m）	人工挖土	机械挖土	
			在坑内作业	在坑上作业
一、二类土	1.20	1:0.50	1:0.33	1:0.75
三类土	1.50	1:0.33	1:0.25	1:0.67
四类土	2.00	1:0.25	1:0.10	1:0.33

绿篱沟规格对照参考表　　　　　　　　　　　表 5-2

名　　称	规　　格		挖沟长(cm)×宽(cm)×深(cm)	坑面积(m²)	坑体积(m³)
单排绿篱	修剪后苗高 (cm 以内)	40	100×30×30	0.30	0.0900
		60	100×35×35	0.35	0.1225
		80	100×40×40	0.40	0.1600
		100	100×45×45	0.45	0.2025
		120	100×50×50	0.50	0.2500
双排绿篱	修剪后苗高 (cm 以内)	40	100×50×50	0.50	0.1500
		60	100×55×35	0.55	0.1925
		80	100×60×40	0.60	0.2400
		100	100×65×45	0.65	0.2925
片植绿篱、色带	修剪后苗高 (cm 以内)	40	100×100×30	1.00	0.3000
		60	100×100×35	1.00	0.3500
		80	100×100×40	1.00	0.4000
		100	100×100×45	1.00	0.4500

标准墙厚度计算表　　　　　　　　　　　表 5-3

墙厚(砖)	1/4	1/2	3/4	1	3/2	2	5/2	3
计算厚度(mm)	53	115	180	240	365	490	615	740

砌体基础大放脚增加断面计算表　　　　　　　　　　　表 5-4

放脚层数	增加断面	
	等　　高	不等高
一	0.1575	0.01575
二	0.04725	0.03938
三	0.09450	0.07875
四	0.15750	0.12600
五	0.23625	0.18900
六	0.33075	0.25988

5.3　某广场园林绿化工程工程量计算

1. 清单工程量计算

（1）绿化工程

1）整理绿化用地：

项目编码：050101010001，项目名称：整理绿化用地。

工程量计算规则：按设计图示尺寸以面积计算。

工程量为：长×宽－园外水体长×宽＝60×42.6－14×4＝2500.00m²

2）栽植乔木：

① 项目编码：050102001001，项目名称：栽植乔木——黄山栾树。

工程量计算规则：按设计图示数量计算。

工程量：11 株（由植物配置列表得）。

② 项目编码：050102001002，项目名称：栽植乔木——银杏。

工程量计算规则：按设计图示数量计算。

工程量：3 株（由植物配置列表得）。

③ 项目编码：050102001003，项目名称：栽植乔木——大叶女贞。

工程量计算规则：按设计图示数量计算。

工程量：20 株。

3）栽植灌木：

① 项目编码：050102002001，项目名称：栽植灌木——红叶碧挑。

工程量计算规则：按设计图示数量计算。

工程量：17 株。

② 项目编码：050102002002，项目名称：栽植灌木——垂丝海棠。

工程量计算规则：按设计图示数量计算。

工程量：9 株。

③ 项目编码：050102002003，项目名称：栽植灌木——郁李。

计算规则：按设计图示数量计算。

工程量为：8 株。

④ 项目编码：050102002004，项目名称：栽植灌木——火棘。

计算规则：按设计图示数量计算。

工程量为：14 株。

4）栽植绿篱：

项目编码：050102005001，项目名称：栽植绿篱——小叶女贞。

计算规则：按设计图示以长度或面积计算。则清单工程量为：11m。

5）栽植竹类：

① 项目编码：050102003001，项目名称：栽植竹类——毛竹。

计算规则：按设计图示数量计算，由植物配置列表得：毛竹的清单工程量为：10 株。

② 项目编码：050102003002，项目名称栽植竹类——紫竹。

计算规则：按设计图示数量计算，清单工程量为 60 株。

6）栽植花卉：

① 项目编码：050102008001，项目名称：栽植花卉——月季。

工程量计算规则：按设计图示数量或面积计算。由植物配置列表得：月季的工程量为：80m^2。

② 项目编码：050102008002，项目名称：栽植花卉——美人蕉。

工程量计算规则：按设计图示数量或面积计算。由植物配置列表得美人蕉的工程为：16m^2。

7）栽植缘援植物：

项目编码：050102006001，项目名称：栽植攀缘植物——紫藤。

工程量计算规则：按设计图示数量计算，由植物配置列表得紫藤的工程量为：4 株。

8）喷播植草。

项目编码：050102013001，项目名称：喷播植草——高羊茅。

工程量计算规则：按设计图示尺寸以面积计算，由植物配置列表得高羊茅的工程量为：1200m^2。

9）花境用植物材料：

① 项目编码：050102008003，项目名称：栽植花卉——美女樱。

工程量计算规则：按设计图示数量或面积计算，工程量为：$8m^2$。

② 项目编码：050102008004，项目名称：栽植花卉——射干。

工程量计算规则：按设计图示数量或面积计算，工程量为：$10m^2$。

③ 项目编码：050102008005，项目名称：栽植花卉——虞美人。

工程量计算规则：按设计图示数量或面积计算，工程量为：$11m^2$。

④ 项目编码：050102008006，项目名称：栽植花卉——波斯菊。

工程量计算规则：按设计图示数量或面积计算，工程量为：$8m^2$。

⑤ 项目编码：050102008007，项目名称：栽植花卉——串红。

工程量计算规则：按设计图示数量或面积计算，工程量为：$8m^2$。

⑥ 项目编码：050102008008，项目名称：栽植花卉——千日红。

工程量计算规则：按设计图示数量或面积计算，工程量为：$8m^2$。

⑦ 项目编码：050102008009，项目名称：栽植花卉——大丽花。

工程量计算规则：按设计图示数量或面积计算，工程量为：$10m^2$。

⑧ 项目编码：050102008010，项目名称：栽植花卉——雏菊。

工程量计算规则：按设计图示数量或面积计算，工程量为：$12m^2$。

（2）园路、园桥、假山工程

1）园路 1，项目编码：050201001001，项目名称：园路 1。

工程量计算规则：按设计图示尺寸以面积计算。

工程量为：$60×6＝360.00m^2$

2）园路 2，项目编码：050201001002，项目名称：园路 2。

工程量计算规则：按设计图示尺寸以面积计算。

工程量为：$120×2.1＝252.00m^2$

3）园路 3，项目编码：050201001003，项目名称：园路 3。

工程量计算规则：按设计图示尺寸以面积计算。

则工程量为：$15×1.6＋45×1.6＝96.00m^2$

4）园路 4，项目编码：050201001004，项目名称：园路 4。

工程量计算规则：按设计图示尺寸以面积计算。

工程量为：$20×1.0＝20.00m^2$。

5）广场，项目编码：050201001005，项目名称：广场。

工程量计算规则：按设计图示尺寸以面积计算。

工程量为：$600.00m^2$（由已知条件得）。

（3）园林景观工程

1）亭廊屋面（钢筋混凝土结构）

① 亭顶

项目编码：010505010001，项目名称：现浇混凝土斜屋面板。

工程量计算规则：按设计图示尺寸以体积计算。

$$V＝V_{棱柱}＋V_{棱台}－V_{柱嵌}$$

$V_{棱柱}=S\times H=3\times 3\times 0.2=1.80m^3$

$V_{棱台}=\dfrac{1}{3}(S_1+S_2+\sqrt{S_1\cdot S_2})\times H$ $\quad(S_1=3\times 3=9m^2\quad S_2=0.4\times 0.4=0.16m^2)$

$V_{棱台}=\dfrac{1}{3}\times(9+0.16+\sqrt{9\times 0.16})\times 0.35$

$\qquad=\dfrac{1}{3}\times 10.36\times 0.35$

$\qquad=1.21m^3$。

$V_{柱嵌}=0.4\times 0.4\times(0.35+0.20)=0.088m^3=0.09m^3$

由此：$V=1.80+1.21-0.09=2.92m^3$

② 现浇混凝土柱

项目编码：050304001001，项目名称：现浇混凝土花架柱、梁。

工程量计算规则：按设计图示尺寸以体积计算。

工程量为：$V=0.4\times 0.4\times(3.50+0.4)$

$\qquad\qquad=0.4\times 0.4\times 3.9$

$\qquad\qquad=0.62m^3$

③ 砖砌体小摆设

项目编码：050307018001，项目名称：砖砌体小摆设——种植池。

工程量计算规则：按设计图示尺寸以体积计算或以数量计算，工程量为 1 个。

④ 现浇混凝土基础

项目编码：010501001001，项目名称：垫层。

工程量计算规则：

按设计图示尺寸以体积计算，工程量为：

$V=V_1+V_2+V_3$

$V_1=(0.40+0.3\times 2)\times(0.4+0.3\times 2)\times 0.40=0.40m^3$

$V_2=(0.40+0.30+0.40+0.30+0.40)\times(0.40+0.30+0.40+0.30+0.40)\times 0.40$

$\qquad=1.296m^3$

$V_3=2.80\times 2.80\times 0.30=2.352m^3$

$V=V_1+V_2+V_3=0.40+1.296+2.352=4.05m^3$

⑤ 挖土方

项目编码：010101003001，项目名称：挖沟槽土方。

工程量计算规则：按设计图示尺寸以基础垫层底面积乘以挖土深度计算。

工程量为：$V=SH=2.8\times 2.8\times 1.5=11.76m^3$

⑥ 回填土

项目编码：010103001001，项目名称：回填方。

工程量计算规则：按设计图示尺寸以体积计算。

$V=V_{挖}-(V_1+V_2+V_3+V_4)$

由以上计算可得：$V_1=0.40m^3$，$V_2=1.296m^3$，$V_3=2.352m^3$，$V_4=0.4\times 0.4\times 0.4=0.064m^3$

$$V = V_{挖} - (V_1 + V_2 + V_3 + V_4)$$

$$= 11.76 - (0.40 + 1.296 + 2.352 + 0.064)$$

$$= 11.76 - 4.112$$

$$= 7.648 \text{m}^3$$

⑦ 座凳 1

项目编码：020511001001，项目名称：鹅颈靠背 1。

工程量计算规则：按设计尺寸以座凳面中心线长度计算。

工程量为：$(1.9 - 0.4/2 \times 2) \times 4 = 1.5 \times 4 = 6.00 \text{m}$

⑧ 座凳 2

项目编码：020511001002，项目名称：鹅颈靠背 2。

工程量计算规则：按设计尺寸以座凳面中心线长度计算，共 6 个（见平面图）。

工程量为：$1.8 \times 6 = 10.80 \text{m}$

2）围栏

① 项目编码：050307006001，项目名称：花坛铁艺栏杆 1。

工程量计算规则：按设计图示尺寸以长度计算。

工程量为：$L = 30.00 + 18.00 = 48.00 \text{m}$

② 立面种植围栏

项目编码：050307006002，项目名称：花坛铁艺栏杆——立面种植围栏。

工程量计算规则：按设计图示尺寸以长度计算。

工程量为：$7.00 \times 3 = 21.00 \text{m}$

3）茶室

① 平整场地

项目编码：010101001001，项目名称：平整场地。

工程量计算规则：按设计图示尺寸以建筑物首层面积计算。

大厅面积＝长×宽

$$= (3.5 + 5.0 + 3.5 + 0.24) \times (6 + 0.24)$$

$$= 12.24 \times 6.24$$

$$= 76.38 \text{m}^2$$

挑台面积＝$(0.88 + 0.12 + 5 + 3.5 + 1.5) \times 3.38 + 1.38 \times (1.48 + 0.12)$

$$= 11 \times 3.38 + 1.38 \times 1.6$$

$$= 39.39 \text{m}^2$$

故平面整场地面积为：$76.38 + 39.39 = 115.77 \text{m}^2$

② 人工挖基础土方

项目编码：010101003002，项目名称：挖沟槽土方——柱基础。

工程量计算规则：按设计图示尺寸以基础垫层底面积乘以挖土深度计算。

工程量为：挖柱基，$Z_1 J_1$、$Z_1 J_2$ 共 8 根柱。

$$V_1 = (0.1 + 0.25 + 0.2 + 0.65 + 0.3) \times (1.2 + 0.1 + 0.1) \times (1.2 + 0.1 + 0.1)$$

$$= 1.5 \times 1.4 \times 1.4$$

$$= 2.94 \text{m}^3$$

$V = V_1 \times 8 = 2.94 \times 8 = 23.52 \text{m}^3$

③ 现浇混凝土柱基础垫层

项目编码：010501001002，项目名称：垫层。

工程量计算规则：按设计图示尺寸以体积计算。共有 8 个。

$V_1 = (1.2 + 0.1 + 0.1) \times (1.2 + 0.1 + 0.1) \times 0.1$

$\quad = 1.4 \times 1.4 \times 0.1$

$\quad = 0.196 \text{m}^3$

$V = V_1 \times 8 = 0.196 \times 8 = 1.568 \text{m}^3 = 1.57 \text{m}^3$

④ 项目编码：010501003001，项目名称：独立基础。

工程量计算规则：按设计图示尺寸以体积计算。

$V = (V_1 + V_2) \times 8, \quad V_1 = 1.2 \times 1.2 \times 0.25 = 0.36 \text{m}^3$

$V_2 = \dfrac{H}{3}(S_1 + S_2 + \sqrt{S_1 \cdot S_2})$

$\quad = \dfrac{1}{3} \times 0.2 \times (0.24 \times 0.24 + 1.2 \times 1.2 + \sqrt{0.24 \times 0.24 \times 1.2 \times 1.2})$

$\quad = \dfrac{1}{3} \times 0.2 \times (0.0576 + 1.44 + 0.288)$

$\quad = 0.11904 \text{m}^3$

$V = (V_1 + V_2) \times 8 = (0.36 + 0.11904) \times 8 = 3.83 \text{m}^3$

⑤ 混凝土柱

项目编码：010502001001，项目名称：现浇钢筋混凝土——矩形柱。

工程量计算规则：按设计图示尺寸以体积计算。

工程量为：$V = (V_埋 + V_露) \times n, \quad n = 8$ 根

$V_埋 = S \times H$

$\quad = (0.24 \times 0.24) \times (0.65 + 0.30)$

$\quad = 0.05 \text{m}^3$

$V_露 = S \times H = (0.24 \times 0.24) \times (3.6 + 0.1 + 0.5) = 0.24 \text{m}^3$

$V = (V_埋 + V_露) \times 8 = (0.05 + 0.24) \times 8 = 2.32 \text{m}^3$

⑥ 砌筑工程：M5 砂浆砌 240 外墙

项目编码：010401003001，项目名称：实心砖墙。

工程量计算规则：按照设计图示尺寸以体积计算。

工程量为：$V = V_墙 - V_{M_1} - V_{M_2} - 4V_{C_1}$

$L_墙 = 2 \times [(3.5 + 5 + 3.5) + 6]$

$\quad = (12.00 + 6.00) \times 2$

$\quad = 36.00 \text{m}$

$V_墙 = L_墙 \times H \times 厚度 = 36.00 \times 3.6 \times 0.24 = 31.10 \text{m}^3$

$V_{门_1} = 4.72 \times 2.78 \times 0.24 = 3.15 \text{m}^3$

$V_{门_2} = 4.72 \times 2.78 \times 0.24 = 3.15 \text{m}^3$

$V_{窗_1} = 3.22 \times 1.86 \times 0.24 = 1.44 \text{m}^3$

$V = 31.10 - 3.15 - 3.15 - 1.44 \times 4$

$$=19.04m^3$$

⑦ 现浇混凝土屋面板

项目编码：010505003001，项目名称：平板。

工程量计算规则：按照设计图示尺寸以体积计算。

$$V=S \times H-V_{柱嵌入}$$

$$S=\sqrt{(1.8+0.5)^2+(3+1)^2} \times (12+1\times2) （近似算法）$$

$$V_{柱嵌入}=S \times H \times n=0.24 \times 0.24 \times 0.1 \times 8=0.046m^3$$

$$V=\sqrt{(1.8+0.5)^2+(3+1)^2} \times (12+1\times2) \times 0.1 \times 2-0.046$$

$$=\sqrt{2.3^2+4^2} \times 1.4 \times 2-0.046$$

$$=12.87m^3$$

⑧ 琉璃瓦屋顶

项目编码：010901001001，项目名称：琉璃瓦屋面。

工程量计算规则：按设计图示尺寸以斜面积计算。

$$S=\left[\sqrt{(1.8+0.5)^2+(3+1)^2} \times (12+1\times2)\right] \times 2$$

$$=\left(\sqrt{2.3^2+4^2} \times 14\right) \times 2$$

$$=129.19m^2$$

⑨ 屋面防水（PVC卷材）

项目编码：010902001001，项目名称：屋面防水卷材。

工程量计算规则：按照设计图示尺寸以面积计算。

工程量为：$S=129.19m^2$（计算方法同上）。

⑩ 块料楼地面

项目编码：011102003001，项目名称：块料楼地面。

工程量计算规则：按设计图示尺寸以面积计算。

工程量为：$S=S_{室内}+S_{挑台}$

$$S_{室内}=(6-0.24) \times (3.5+5+3.5-0.24)=67.7376m^2$$

$$S_{挑台}=\left[(0.88+5+3.5+1.5-0.24-0.12) \times (3.38-0.24-0.12)\right]+(1.6-$$

$$0.24) \times (1.38-0.24)$$

$$=10.52 \times 3.02+1.36 \times 1.14$$

$$=33.32m^2$$

$$S=67.7376+33.32=101.06m^2$$

⑪门

a. 项目编码：010802001001，项目名称：金属平开门。

工程量计算规则：按设计图示数量计算。

工程量为1樘。

b. 项目编码：010802001002，项目名称：金属推拉门。

工程量计算规则：按设计图示数量计算，工程量为1樘。

⑫窗

项目编码：010807001001，项目名称：金属推拉窗。

工程量计算规则：按设计图示数量计算，工程量为 4 樘。

⑬挑台栏杆

项目编码：011503002001，项目名称：栏杆，扶手。

工程量计算规则：按设计图示尺寸以长度计算。

$$\begin{aligned} 工程量为：L &= (3.5-0.12-0.12) + (0.88+5+3.5+1.5-0.12) + (3.50+1.6 \\ &\quad -0.12\times2) + (1.5-0.12) \\ &= 3.26+10.76+4.86+1.26 \\ &= 20.14\text{m} \end{aligned}$$

⑭回填土

项目编码：010103001002，项目名称：回填方。

工程量计算规则：按设计图示尺寸以体积计算，即 $V_{挖} - V_{埋入地下}$。

由：茶室楼地面做法示意图 4-45、茶室挑台挑地面做法示意图 4-46 及茶室柱基础剖面图 4-43 所示，得房心不挖不填，故回填土的工程量为：$V = V_{挖} - V_{埋}$

$$\begin{aligned} V_{挖} = V_{挖柱} = V_1\times8 &= (0.1+0.25+0.2+0.65+0.3)\times(1.2+0.1+0.1)^2\times8 \\ &= 23.52\text{m}^3 \end{aligned}$$

$$V_{埋} = V_{垫层}+V_{柱基础}+V_{柱埋深}$$

$$\begin{aligned} V_{垫层} = V_2\times8 &= (1.2+0.1+0.1)\times(1.2+0.1+0.1)\times0.1\times8 \\ &= 1.57\text{m}^3 \end{aligned}$$

$$V_{柱基础} = (V_3+V_4)\times8$$

$$V_3 = 1.2\times1.2\times0.25 = 0.36\text{m}^3$$

$$\begin{aligned} V_4 &= \frac{1}{3}H\times(S_1+S_2+\sqrt{S_1\times S_2}) \\ &= \frac{1}{3}\times0.2\times(0.24\times0.24+1.2\times1.2+\sqrt{0.24\times0.24\times1.2\times1.2}) \\ &= 0.11904\text{m}^3 \end{aligned}$$

$$V_{柱基础} = (V_3+V_4)\times8 = (0.36+0.11904)\times8 = 3.83\text{m}^3$$

$$\begin{aligned} V_{柱埋深} &= S\times H\times n \\ &= (0.24\times0.24)\times(0.65+0.30)\times8 \\ &= 0.24\times0.24\times0.95\times8 \\ &= 0.44\text{m}^3 \end{aligned}$$

$$V_{埋} = 1.57+3.83+0.44 = 5.84\text{m}^3$$

$$V = 23.52-5.84 = 17.68\text{m}^3$$

清单工程量计算表   表 5-5

序号	项目编码	项目名称	项目特征描述	计量单位	工程量
1	050101010001	整理绿化用地		m²	2500.00
2	050102001001	栽植乔木	黄山栾树,冠幅 5m,裸根	株	11
3	050102001002	栽植乔木	银杏,冠幅 4m,裸根	株	3

续表

序号	项目编码	项目名称	项目特征描述	计量单位	工程量
4	050102001003	栽植乔木	大叶女贞，冠幅3.5m，带土球	株	20
5	050102002001	栽植灌木	红叶碧桃，冠幅2m，裸根	株	17
6	050102002002	栽植灌木	垂丝海棠，冠幅2m，裸根	株	9
7	050102002003	栽植灌木	郁李，冠幅2m，裸根	株	8
8	050102002004	栽植灌木	火棘，冠幅1.5m，带土球	株	14
9	050102005001	栽植绿篱	小叶女贞，高0.9m	m	11
10	050102003001	栽植竹类	毛竹，二年生	株	10
11	050102003002	栽植竹类	紫竹，二年生	株	60
12	050102008001	栽植花卉	月季	m²	80.00
13	050102008002	栽植花卉	美人蕉	m²	16.00
14	050102006001	栽植攀缘植物	紫藤，二年生	株	4
15	050102013001	喷播植草	高羊茅	m²	1200.00
16	050102008003	栽植花卉	美女樱	m²	8.00
17	050102008004	栽植花卉	射干	m²	10.00
18	050102008005	栽植花卉	虞美人	m²	11.00
19	050102008006	栽植花卉	波斯菊	m²	8.00
20	050102008007	栽植花卉	一串红	m²	8.00
21	050102008008	栽植花卉	千日红	m²	8.00
22	050102008009	栽植花卉	大丽花	m²	10.00
23	050102008010	栽植花卉	雏菊	m²	12.00
24	050201001001	园路1	彩色沥青路面厚20mm，宽6000mm	m²	360.00
25	050201001002	园路2	红松板木条，路面厚20mm	m²	252.00
26	050201001003	园路3	混凝土垫层厚80mm 钢筋混凝土垫层厚90mm 3：7灰土厚50mm 青石板路面厚40mm、宽700mm 混凝土镶卵石路面宽350mm	m²	96.00
27	050201001004	园路4	青石板路面厚50mm、宽800mm	m²	20.00
28	050201001005	园路5—广场	混凝土平板厚60mm 预制砂浆（1：3）厚30mm 混凝土厚100mm 碎石垫层厚150mm	m²	600.00
29	010505010001	现浇混凝土斜屋面板		m³	2.92
30	050304001001	现浇混凝土花架柱梁		m³	0.62
31	050307018001	砖砌体小摆设	种植池	个	1
32	010501001001	垫层		m³	4.05
33	010101003001	挖沟槽土方		m³	11.76

序号	项目编码	项目名称	项目特征描述	计量单位	工程量
34	010103001001	回填方		m³	7.65
35	020511001001	鹅颈背靠1	木板50mm厚	m	6.00
36	020511001002	鹅颈背靠2	木板20mm厚	m	10.80
37	050307006001	花坛铁艺栏杆1		m	48.00
38	050307006002	花坛铁艺栏杆2	立面种植围栏	m	21.00
39	010101001001	平整场地		m²	115.77
40	010101003002	挖沟槽土方	柱基础	m³	23.52
41	010501001002	垫层		m³	1.57
42	010501003001	独立基础		m³	3.83
43	010502001001	现浇钢筋混凝土柱—矩形柱	柱高3600mm	m³	2.32
44	010401003001	实心砖墙		m³	19.04
45	010505003001	平板		m³	12.87
46	010901001001	琉璃瓦屋面		m²	129.19
47	010902001001	屋面防水卷材		m²	129.19
48	011102003001	块料楼地面	3:7灰土垫层60mm厚，M5水泥砂浆结合层大理石面层，40mm厚	m²	101.06
49	010802001001	金属平开门1	铝合金门框，茶色玻璃	樘	1
50	010807001002	金属推拉门2	铝合金门框，茶色玻璃	樘	1
51	010807001001	金属推拉窗	铝合金门框，茶色玻璃	樘	4
52	011503002001	栏杆，扶手		m	20.14
53	010103001002	回填方		m³	17.68

2. 定额工程量计算

定额工程计算参照《江苏省仿古建筑与园林工程计价表》。

（1）绿化工程：

1）整理绿化用地

平整场地，工程量计算规则：按建筑物外墙外边线每边各加2m范围以平方米计算。

工程量为：（60+2×2）×（42.6+2×2）-14×4

$\qquad$ =2918.4m²

即为：（长+2×2）×（宽+2×2）-园外水体长×宽（套用定额1-121）。

2）栽植乔木：工程量计算规则同清单工程量计算规则。

① 黄山栾树，栽植乔木（裸根），冠幅5m，胸径10cm。

工程量为：11株=1.1（10株），套用定额3-120。

② 银杏，栽植乔木，裸根栽植，为落叶乔木，冠幅4m，胸径8cm。

工程量为：3株=0.3（10株），套用定额3-119。

③ 大叶女贞，栽植乔木，带土球，为常绿乔木，冠幅3.5m，胸径7cm。

工程量为：20株=2（10株），套用定额3-119。

3）栽植灌木：工程量计算规则同清单工程量计算规则。

① 红叶碧挑，栽植灌木，落叶灌木，裸根栽植，规格为冠幅 2m。

工程量为：17 株＝1.7（10 株），套用定额 3－155。

② 垂丝海棠，栽植灌木，落叶灌木，裸根栽植，规格为：冠幅 2m。

工程量为：9 株＝0.9（10 株），套用定额 3－155。

③郁李，栽植灌木，落叶灌木，裸根栽植，规格为：冠幅 2m。

工程量为：8 株＝0.8（10 株），套用定额 3－155。

④ 火棘，栽植灌木，常绿小灌木，带土球，规格为：冠幅 1.5m。

工程量为：14 株＝1.4（10 株），套用定额 3－140。

4）栽植绿篱：工程量计算规则与清单工程量计算规则相同。

小叶女贞绿篱，栽植绿篱，常绿，以长度计算，规格为：高度为 0.9m。

工程量为：11 米＝1.1（10m），套用定额 3－161。

5）栽植竹类：工程量计算规则同清单工程量计算规则。

① 毛竹，栽植竹类，常绿，为两年生。

工程量为：10 株＝1（10 株），套用定额 3－178。

② 紫竹，栽植竹类，常绿，为两年生。

工程量为：60 株＝6（10 株），套用定额 3－178。

6）栽植攀缘植物：工程量计算规则同清单工程量计算规则。

紫藤，栽植攀缘植物，紫藤为落叶藤本，木本，规格为两年生。

紫藤，工程量为：4 株＝0.4（10 株），套用定额 3－190。

7）栽植花卉：工程量计算规则同清单工程量计算。

① 月季，栽植花卉，木本花卉，落叶，工程量为：80m²＝8（10m²）。

套用定额 3－196。

② 美人蕉，栽植花卉，草本花卉，工程量为：16m²＝1.6（10m²）。

套用定额 3－196。

8）喷播植草：工程量计算规则同清单工程量计算规则。

高羊茅：喷播植草，坡度 1：1 以下，坡长 12m 以外。

工程量为：1200m²＝120（10m²），套用定额 3－216。

9）花境用植物材料（参见花境用花材料表 5-3）：

工程量计算规则同清单工程量计算规则。

① 美女樱：栽植花卉，工程量计算规则：按设计图示数量或面积计算。

草本花卉。工程量为：8m²＝0.8（10m²），套用定额 3－196。

② 射干栽：栽植花卉，工程量计算规则：按设计图示数量或面积计算。

草本花卉。工程量为 10m²＝1（10m²），套用定额 3－196。

③ 虞美人：栽植花开，工程量计算规则：按设计图示数量或面积计算。

草本花卉。工程量为 11m²＝1.1（10m²），套用定额 3－196。

④ 波斯菊，栽植花卉，草本植物，工程量计算规则：按设计图示数量或面积计算。

工程量为：8m²＝0.8（10m²），套用定额 3－196。

⑤ 一串红，栽植花卉，草本植物，工程量计算规则：按设计图示数量或面积计算。

工程量为：8m²＝0.8（10m²），套用定额 3－196。

⑥ 千日红，栽植花卉，草本植物，工程量计算规则：按设计图示数量或面积计算。

工程量为：$8m^2 = 0.8$（$10m^2$），套用定额 3－196。

⑦ 大丽花，栽植花卉，球根花卉，工程量计算规则：按设计图示数量或面积计算。

工程量为：$10m^2 = 1$（$10m^2$），套用定额 3－196。

⑧ 雏菊，栽植花卉，草本植物，工程量计算规则：按设计图示数量或面积计算。

工程量为：$12m^2 = 1.2$（$10m^2$），套用定额 3－196。

（2）园路、园桥、假山工程

园路工程，工程量计算规则：

① 各种园路垫层按设计图示尺寸，两边各放宽 5cm 乘以厚度，以立方米计算。

② 各种园路面层按设计图示尺寸，（长×宽）以平方米计算。

③ 路牙按设计图示尺寸以延长米计算。

a. 园路 1

ⓐ 面层，彩色沥青

工程量为：$(6-0.1\times2)\times L = 5.8\times60 = 3.48$（$100m^2$）。

工程量计算规则：按图示设计尺寸长×宽求面积，套用海南定额 2－3－20。

ⓑ 园路土基整理路床（素土夯实），工程量计算规则：两边各放宽 5cm 以面积计算。

工程量为：$(6+0.05\times2)\times(60+0.05\times2)$

$$= 366.60m^2$$

$$= 36.66（10m^2）套用定额 3－491$$

ⓒ 碎石垫层，工程量计算规则：两边各放宽 5cm，乘以厚度以体积计算。

工程量为：$(6+0.05\times2)\times(60+0.05\times2)\times0.1$

$$= 60.1\times6.1\times0.1$$

$$= 36.66m^3 \qquad 套用定额 3－495$$

ⓓ 底涂层，工程量计算规则：同园路土基整理路床。

工程量为：$(6+0.05\times2)\times(60+0.05\times2)$

$$= 60.1\times6.1$$

$$= 36.66（10m^2）\quad 套用定额 3－491$$

ⓔ 粘结层，水泥砂浆结合层。工程量计算规则：同园路土基整理路床。

工程量为：$(6+0.05\times2)\times(60+0.05\times2)$

$$= 60.1\times6.1$$

$$= 36.66（10m^2）\quad 套用定额 1－846$$

ⓕ 路牙，工程量计算规则：以延长米计算。

工程量为 $60\times2 = 120m = 12$（$10m$），套用定额 3－525。

b. 园路 2，林间木板小路（图 4-6、图 4-7）

ⓐ 园路土基路床（素土夯实），工程量计算规则：两边各放宽 5cm，以面积来计算。

工程量为：$(2.1+0.05\times2)\times(120+0.05\times2)$

$$= 2.2\times120.1 = 264.22m^2$$

$=26.42$（10m²）　　套用定额 3－491

ⓑ 混凝土路基，工程量计算规则：两边各放宽 5cm，乘以厚度，以体积计算。

工程量为：$(0.31+0.05×2)×0.06×(120+0.05×2)+(0.15+0.05×2)×0.08×$

$(120+0.05×2)$

$=2.95440+2.402$

$=5.36m³$　　套用定额 3－496

ⓒ 红松木条 120×50，工程量计算规则：按设计图示尺寸以体积计算。

工程量为：$0.12×0.05×120=0.72m³$，套用定额 1－682。

ⓓ 红松板木条路面厚 20mm，工程量计算规则：按设计图示尺寸（长×宽）以面积计算。

工程量为：$S=长×宽=1.5×120$

$=180m²=18$（10m²）套用定额 1－689

ⓔ 花岗石贴边。工程量计算规则：按设计图示尺寸（长×宽）以面积计算。

工程量为：$S=2×长×宽=2×0.3×120$

$=72m²=7.2$（10m²）套用定额 3－527

c. 园路 3：（图 4-8、图 4-9）

ⓐ 园路土基整理路床（素土夯实）。工程量计算规则：两边各放宽 5cm，以面积计算。

工程量为：$(1.6+0.05×2)×(45+15+0.05×4)$

$=1.7×60.2$

$=102.34m²$

$=10.23$（10m²）　　套用定额 3－491

ⓑ 3∶7 灰土垫层厚 50mm，工程量计算规则：图示尺寸两边各放宽 5cm 乘以厚度以立方米计算。

工程量为：$(1.6+0.05×2)×(45+15+0.05×4)×0.05$

$=102.34×0.05$

$=5.12m³$　　　套用定额 3－493

ⓒ 钢筋混凝土垫层厚 90mm，工程量计算规则：图示尺寸两边各放宽 5cm 乘以厚度以立方米计算。

则工程量为：$(1.6+0.05×2)×(45+15+0.05×4)×0.09$

$=102.34×0.09$

$=9.21m³$　　　套用定额 3－496

ⓓ 混凝土垫层厚 80mm，工程量计算规则：同ⓒ。则：

工程量为：$(1.6+0.05×2)×(45+15+0.05×4)×0.085$

$=102.34×0.08$

$=8.19m³$　　　套用定额 3－495

ⓔ 青石板路面厚 40mm，工程量计算规则：按图示数量以面积计算。

则工程量为：$0.7×(45+15)=42m²=4.2$（10m²）套用定额 3－524

ⓕ 嵌卵石，工程量计算规则：按设图示数量以面积计算。

工程量为：$0.35 \times 2 \times (45+15)$ m^2

$= 42$m$^2 = 4.2$（10m^2）　　　　　　　　套用定额 3－522

ⓖ 青石条镶边，工程量计算规则：按设图示数量以面积计算。

工程量为：$0.1 \times 2 \times (45+15)$

$= 12$m$^2 = 1.2$（10m^2）　　　　　　　　套用定额 3－527

d. 园路 4（图 4-11、图 1-12）：

ⓐ 园路土基整理路床（素土夯实）。工程量计算规则：两边各放宽 5cm，以面积来计算。

工程量为：$(1+0.05 \times 2) \times (20+0.05 \times 2)$

$= 22.11$m^2

$= 2.21$（10m^2）　　　　　　　　套用定额 3－491

ⓑ 60mm 厚黄沙垫层，工程量计算规则：两边各放宽 5cm 乘以厚度，以体积计算。

工程量为：$(1+0.05 \times 2) \times (20+0.05 \times 2) \times 0.06$

$= 1.1 \times 20.1 \times 0.06$

$= 22.11 \times 0.06$

$= 1.33$m^3　　　　　　　　套用定额 3－492

ⓒ 50mm 厚青石板面层，工程量计算规则：按设计图示尺寸以面积计算。

工程量为：$1 \times 20 = 20$m$^2 = 2$（10m^2），套用定额 3－524。

e. 园路 5：广场，工程量计算规则同清单工程量计算规则。

ⓐ 园路土基整理路床（素土夯实），工程量计算规则：按设计图尺寸以面积计算。

工程量为：600m$^2 = 60$（10m^2），套用定额 3－491。

ⓑ 150mm 厚碎石垫层，工程量计算规则：以体积计算。

工程量为：$600 \times 0.15 = 90$m^3，套用定额 3－495。

ⓒ 100mm 厚混凝土垫层，工程量计算规则：以体积计算。

工程量为：$600 \times 0.1 = 60$m^3，套用定额 3－496。

ⓓ 30mm 厚预制砂浆（1:3），工程量计算规则：以体积计算。

工程量为 $600 \times 0.03 = 18$m^3，套用定额 3－492。

ⓔ 60mm 厚混凝土平板面层，工程量计算规则：按设计图示尺寸以面积计算。

工程量为：600m$^2 = 60$（10m^2），套用定额 3－502。

（3）园林景观工程

1）亭子工程

① 亭廊屋面（钢筋混凝土结构）：亭顶现浇混凝土斜屋面板，工程量计算规则同清单工程量计算规则。

$V = V_{棱柱} + V_{棱台} - V_{柱嵌入}$

$V_{棱柱} = S \times H = 3 \times 3 \times 0.2 = 1.8$m^3

$V_{棱台} = \dfrac{1}{3} H \times (S_1 + S_2 + \sqrt{S_1 \times S_2})$

其中 $S_1 = 3 \times 3$，$S_2 = 0.4 \times 0.4$

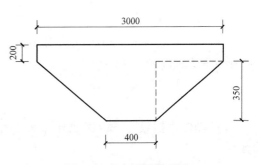

图 5-1　亭廊屋面剖面图

$$V_{棱台}=\frac{1}{3}\times 0.35\times (3\times 3+0.4\times 0.4+\sqrt{3\times 3\times 0.4\times 0.4})$$

$$=\frac{1}{3}\times 0.35\times (9+0.16+1.2)$$

$$=1.21m^3$$

$V_{柱嵌入}=0.4\times 0.4\times (0.35+0.20)=0.09m^3$

则：$V=1.8+1.21-0.09=2.92m^3$，　　　　　　套用定额 1-322。

② 亭屋面抹灰，工程量计算规则：按设计图示尺寸求表面积。

工程量为：$S=S_{上}+4S_{侧棱柱}+4S_{侧棱台}$

$S_{上}=3\times 3=9m^2$

$S_{侧棱柱}=3\times 0.2=0.6m^2$

$S_{侧棱台}=(a+b)\times h/2$，其中 $a=0.4m$，$b=3m$

$$h=\sqrt{0.35^2+(\frac{3-0.4}{2})^2}=\sqrt{0.1225+1.69}=1.35m$$

故 $S_{侧棱台}=(0.4+3)\times 1.35/2=2.30m^2$

则 $S=9+0.6\times 4+2.30\times 4$

$$=20.60m^2$$

$$=2.06（10m^2）　　　　　　　　　套用定额 1-873$$

③ 现浇混凝土柱，工程量计算规则同清单工程量计算规则

工程量为：$V=0.4\times 0.4\times (3.50+0.4)$

$$=0.4\times 0.4\times 3.9$$

$$=0.62m^3　　　　　　　　　套用定额 1-279$$

④ 柱面抹灰，工程量计算规则：按照图示设计尺寸以表面积计算。

则工程量为：$S=4S_{侧柱}$

$S_{侧柱}=a\times H=0.4\times 3.5=1.4$

故 $S=4S_{侧柱}=4\times 1.4=5.6m^2=0.56（10m^2）$　　套用定额 1-873

⑤ 砖砌体小摆设——种植池，120 厚砖墙砌筑

工程量计算规则：按照设计图示尺寸以体积计算。

则工程量为：$V=L_{中心线}\times H\times a$

$L_{中心线}=(1.9-0.4\times 2-0.12)\times 4$

$$=(1.9-0.8-0.12)\times 4$$

$$=3.92m$$

$H=1.1-0.05=1.05m$，$a=0.12m$

则 $V=L_{中心线}\times H\times a$

$$=3.92\times 1.05\times 0.12$$

$$=0.49m^3　　　　　　　　　套用定额 3-590$$

⑥ 砖砌体小摆设——种植池外抹灰工程，工程量计算规则：按设计图示尺寸以面积计算。

则 $S=4\times L\times H$

$$=4\times(1.1-0.05)\times(1.1\times4)$$
$$=4\times1.05\times4.4$$
$$=18.48m^2$$
$$=1.85(10m^2) \qquad\qquad 套用定额1-834$$

⑦ 现浇混凝土基础垫层，工程量计算规则同清单工程量计算规则。

则工程量为：$V=V_1+V_2+V_3$

$V_1=(0.40+0.3\times2)\times(0.40+0.3\times2)\times0.4$
$\quad=1\times1\times0.4$
$\quad=0.4m^3$

$V_2=(0.4+0.3+0.4+0.3+0.4)\times(0.4+0.3+0.4+0.3+0.4)\times0.4$
$\quad=1.8\times1.8\times0.4$
$\quad=1.296m^3$

$V_3=2.8\times2.8\times0.3=2.352m^3$

则 $V=V_1+V_2+V_3$
$\quad=0.4+1.296+2.352$
$\quad=4.05m^3 \qquad\qquad 套用定额1-171$

⑧ 挖土方。工程量计算规则：深度为1.5m，在2m以内，根据工程量计算规则，无须放坡，基础材料为混凝土基础支模板，各边增加工作面宽度，以基础边距地槽边300mm，故工程量为：$V=(a+0.3)\times(b+0.3)\times H$，$a=2.8m$，$b=2.8m$，$H=1.5m$

故 $V=(2.8+0.3)\times(2.8+0.3)\times1.5$
$\quad=3.1\times3.1\times1.5$
$\quad=14.42m^3 \qquad\qquad 套用定额1-2$

⑨ 回填土。工程量计算规则：挖土方-基础埋填体积。

则工程量为：$V=V_挖-(V_1+V_2+V_3+V_4)$

由以上计算得：$V_1=(0.4+0.3\times2)\times(0.4+0.3\times2)\times0.4$
$\qquad\qquad\qquad=0.4m^3$

$V_2=(0.4+0.3+0.4+0.3+0.4)\times(0.4+0.3+0.4+0.3+0.4)\times0.4$
$\quad=1.8\times1.8\times0.4$
$\quad=1.296m^3$

$V_3=2.8\times2.8\times0.3=2.352m^3$

$V_4=0.4\times0.4\times0.4=0.064m^3$

故 $V=V_挖-(V_1+V_2+V_3+V_4)$
$\quad=14.42-(0.4+1.296+2.352+0.064)$
$\quad=14.42-4.112$
$\quad=10.31m^3 \qquad\qquad 套用定额1-127$

2）园林座椅

① 鹅颈靠背1，工程量计算规则：按设计图尺寸以长度计算。

工程量为：$S=L_{中心线}\times a$

$L_{中心线}=(1.9-0.4/2\times2)\times4=6m$，$a=0.4m$

则 $S=6\times0.4=2.4m^2=0.24$（$10m^2$）　　　　　　　套用宁夏定额 7—4—3

② 鹅颈靠背 2，工程量计算规则：按照设计图示尺寸以长度计算。

已知座椅长 1.8m，共有 6 个：

$L=1.8\times6=10.8m=0.11$（100m）　　　　　　　套用宁夏定额 7—4—1

3）围栏

① 花坛铁艺栏杆

a. 混凝土结构围栏柱：工程量计算规则：按设计图示尺寸以体积计算。

工程量为：$V=S\times H\times n$

$$=0.15\times0.15\times1.5\times\left[(\frac{30}{3.6}+1)+(\frac{18}{3.6}+1)\right]$$

$$=0.15\times0.15\times1.5\times(9+1+5+1)$$

$$=0.54m^3 \qquad\qquad\qquad 套用定额 1—426$$

b. 围栏下部 120 砖墙，工程量计算规则：按设计图示尺寸以体积计算。

工程量为：$V=$厚度$\times$高度$\times$长度$-$柱子所占体积

柱子所占体积 $V_{柱占}=0.3\times0.12\times0.15\times n$

$n=\frac{30}{3.6}+1+\frac{18}{3.6}+1=(9+1+5+1)$ 根 $=16$ 根

故 $V_{柱占}=0.3\times0.12\times0.15\times16=0.0864m^3$

$V=0.12\times0.3\times(18+30)-0.0864$

$\quad=1.728-0.0864$

$\quad=1.64m^3 \qquad\qquad\qquad 定额套用 1—189$

c. 水泥砂浆粘结层，工程量计算规则：按照设计图示尺寸以面积计算。

工程量为：$S=S_{混凝土柱}+S_{砖墙}$

$S_{混凝土柱}=4\times0.15\times1.5\times16=14.40m^2$

$S_{砖墙}=0.3\times(18+30)\times2=28.80m^2$

故 $S=14.4+28.8=43.2m^2=4.32$（$10m^2$）　　套用定额 1—846

d. 文化石贴面，工程量计算规则：按设计图示尺寸以面积计算。

工程量计算方法同水泥砂浆粘结层，故工程量为：

$S=43.2m^2=4.32$（$10m^2$）　　　　　　　　　　定额套用 1—920

e. 铁栏杆，工程量计算规则：按设计图示尺寸以面积计算。

工程量计算：$S=$长$\times$高$-S_{柱}$

$S_{柱}=0.15\times(1.5-0.3)\times n$，$n=16$ 根

$S_{柱}=0.15\times(1.5-0.3)\times16=2.88m^2$

$S=(18+30)\times(1.5-0.3)-2.88$

$\quad=57.6-2.88$

$\quad=54.72m^2=5.47$（$10m^2$）　　　　　　　套用定额 2—558

② 立面种植围栏，工程量计算规则：按设计图示尺寸以面积计算

故工程量为：$S=L\times H\times n=7\times3\times3=63m^2=6.3$（$10m^2$）

套用定额 2—558。

4）茶室（图5-1）

① 平整场地，工程量计算规则：按设计图示尺寸每边各加2m，以面积计算。

故所求工程量为：$S=(3.5+5.0+3.5+0.24+2\times2)\times(6+0.24+2\times2)+[(0.88$
$+0.12+5+3.5+1.5+2\times2)\times3.38+1.38\times(1.6+2\times2)]$
$=229.85m^2=22.99（10m^2）$　　套用定额1-121

注：如图5-2所示，注意外扩后哪些量变了，哪些没有变，对比清单工程量计算。即大厅面积＋挑台面积是共同的计算方法。

② 人工挖基础土方：如清单所述，房心无需挖填，因此只计算柱基挖土方量即可。

工程量计算规则：按设计图示尺寸两边各加300mm工作面，以体积计算，无需放坡。

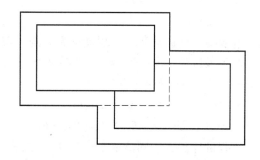

图5-2　茶室平面图

故工程量为：$V_1=(0.1+0.25+0.2+0.65+0.3)\times(1.2+0.1+0.1+0.3\times2)\times$
$(1.2+0.1+0.1+0.3\times2)$
$=1.5\times2\times2$
$=6m^3$

由已知条件知共有8根，因此，工程量为$V=8\times V_1=8\times6=48.00m^3$，　　套用定额1-18。

③ 现浇混凝土柱基础垫层。工程量计算规则：按设计图示尺寸以体积计算。

共有8个，$V=V_1\times8$

故所求工程量为：$V_1=(1.2+0.1\times2)\times(1.2+0.1\times2)\times0.1$
$=1.4\times1.4\times0.1$
$=0.196m^3$

$V=V_1\times8=0.196\times8=1.568m^3=1.57m^3$，　　套用定额1-170。

④ 独立柱基础，为钢筋混凝土结构，工程量计算规则：按设计图示尺寸以体积计算。

所求工程量为：$V=(V_1+V_2)\times8$

$V_1=1.2\times1.2\times0.25=0.36m^3$

$V_2=\dfrac{1}{3}H(S_1+S_2+\sqrt{S_1+S_2})$

$=\dfrac{1}{3}\times0.2\times(0.24\times0.24+1.2\times1.2+\sqrt{0.24\times0.24\times1.2\times1.2})$

$=0.11904m^3$

$V=(V_1+V_2)\times8$
$=(0.36+0.11904)\times8$
$=3.83m^3$　　　　　　　　　　　套用定额1-275

⑤ 混凝土柱：为现浇钢筋土矩形柱，工程量计算规则：按设计图示尺寸以体积

计算。

所求工程量为：$V=(V_埋+V_露)\times n$，$n=8$ 根

$V_埋=S\times H=(0.24\times0.24)\times(0.65+0.30)=0.05m^3$

$V_露=S\times H=(0.24\times0.24)\times(3.6+0.1+0.5)=0.24m^3$

$V=(V_埋+V_露)\times8$

$\quad=(0.05+0.24)\times8$

$\quad=2.32m^3$ 　　　　　　　　　　　　套用定额 1-279

⑥混凝土柱面抹灰，工程量计算规则：按设计图示尺寸以面积计算。

则工程量为：$S=S_1\times8$（8 为柱子数量）

$S_1=0.24\times3.6=0.864m^2$

$S=S_1\times8=6.912m^2=6.91m^2=0.69（10m^2）$　　套用定额 1-851

⑦砌筑工程——M5 砂浆砌 240 外墙，工程量计算规则：按设计图示尺寸以体积计算。工程量计算方法同清单工程量计算方法。

砌筑工程量为：外墙中心线×墙体厚度×墙体高度−门窗面积×厚度×个数。

即：工程量 $V=V_墙-V_{M_1}-V_{M_2}-4V_{C_1}$

其中 $L_墙=2\times[(3.5+5+3.5)+6]$

$\quad\quad\quad=(12.00+6.00)\times2$

$\quad\quad\quad=36.00m$

$V_墙=L_墙\times H\times厚度=36.00\times3.6\times0.24=31.00m^3$

$V_{门_1}=4.72\times2.78\times0.24$

$\quad\quad=3.15m^3$

$V_{窗1}=3.22\times1.86\times0.24=1.44m^3$

$V=31.10-3.15-3.15-1.44\times4$

$\quad=31.10-3.15-3.15-5.76$

$\quad=19.04m^3$ 　　　　　　　　　　　　套用定额 1-205

⑧ 墙面抹灰，为双面抹灰，工程量计算规则：按设计图示数量以面积计算。

故工程量为：$S=2(S_总-S_{M1}-S_{M2}-4S_{C1})$

$S_总=L_墙\times H$

$\quad=2\times[(3.5+5+3.5+0.24)+(6+0.24)]$

$\quad=(12.24+6.24)\times2\times3.6$

$\quad=133.056m^2$

$S_{M_1}=4.72\times2.78=13.1216m^2$

$S_{M_2}=4.72\times2.78=13.1216m^2$

$S_{C_1}=3.22\times1.86=5.9892m^2$

故 $S=2\times(S_总-S_{M_1}-S_{M_2}-4S_{C_1})$

$\quad=2\times(133.056-13.1216-13.1216-5.9892\times4)$

$\quad=165.71m^2=16.57（10m^2）$　　套用定额 1-834

⑨ 现浇混凝土面板，工程量计算规则：按设计图示尺寸以体积计算。

$V=S\times H-V_{柱嵌入}$

$$S=\left[\sqrt{(1.8+0.5)^2+\,(3+1)^2}\times(12+1\times2)\right]$$

$$V_{柱嵌入}=S\times H\times n=0.24\times0.24\times0.1\times8=0.046m^3$$

$$V=\sqrt{(1.8+0.5)^2+\,(3+1)^2}\times(12+1\times2)\times0.1\times2-0.046$$

$$=12.87m^3 \qquad\qquad 套用定额 1-322$$

⑩ M5 水泥砂浆粘结层，工程量计算规则：按设计图示尺寸以斜面积计算。

计算方法与屋顶计算方法相同。

工程量为：$S=\sqrt{(1.8+0.5)^2+\,(3+1)^2}\times(12+1\times2)\times2$

$$=\sqrt{2.3^2+4^2}\times14\times2$$

$$=129.19m^2$$

$$=12.92\ (10m^2) \qquad\qquad 套用定额 1-846$$

⑪ 琉璃瓦屋顶，工程量计算规则：按设计图示尺寸以斜面面积计算。

则工程量为：$S=\sqrt{(1.8+0.5)^2+\,(3+1)^2}\times(12+1\times2)\times2$

$$=\sqrt{2.3^2+4^2}\times14\times2m^2$$

$$=129.19m^2$$

$$=12.92\ (10m^2) \qquad\qquad 套用定额 2-269$$

⑫ 屋面防水（PVC 卷材），工程量计算规则：按设计图示尺寸以面积计算，计算方法同琉璃瓦屋顶工程量计算方法。

工程量为：$S=129.19m^2=12.92\ (10m^2)$ 套用定额 1-800

⑬ 块料楼地面，工程量计算规则：按设计图示尺寸以面积计算。

工程量为：$S=S_{室内}+S_{挑台}$

$$S_{室内}=(6-0.24)\times(3.5+5+3.5-0.24)$$

$$=5.76\times11.76$$

$$=67.7376m^2$$

$$S_{挑台}=(0.88+5+3.5+1.5-0.24-0.12)\times(3.38-0.24-0.12)+(1.6-0.24)$$

$$\times(1.38-0.24)$$

$$=10.52\times3.02+1.36\times1.14$$

$$=33.32m^2$$

$$S=67.7376+33.32$$

$$=101.06m^2$$

$$=10.11\ (10m^2) \qquad\qquad 套用定额 1-785$$

⑭ M5 水泥砂浆结合层，工程量计算规则：按设计图示尺寸以面积计算。

工程量为：$S=S_{室内}+S_{挑台}$

注：具体做法参照图 4-45 及图 4-46。

$$S=S_{室内}+S_{挑台}, \quad S_{室内}$$

$$=(6-0.24)\times(3.5+5+3.5-0.24)$$

$$=5.76\times11.76$$

$$=67.7376m^2$$

$$S_{挑台} = (0.88+5+3.5+1.5-0.24-0.12) \times (3.38-0.24-0.12) + (1.6-0.24)$$
$$\times (1.38-0.24)$$
$$= 33.32 \text{m}^2$$

$$S = 67.7376+33.32$$
$$= 101.06 \text{m}^2$$
$$= 10.11 \ (10\text{m}^2) \qquad\qquad\qquad 套用定额 1-846$$

⑮ 3∶7 灰土垫层 60mm 厚，工程量计算规则：按设计图示尺寸乘以厚度以体积计算。

工程量为：$V=S\times H=101.06\times 0.06=6.06 \text{m}^3$　套用定额 3-493

⑯ 门 1（金属门），工程量计算规则：按设计图示尺寸以面积计算。

工程量为：$S=4.72\times 2.78$
$$= 13.12\text{m}^2 = 1.31 \ (10\text{m}^2) \qquad\qquad 套用定额 1-561$$

⑰ 门 2（推拉门），工程量计算规则：按设计图示尺寸以面积计算。

工程量为 $S=4.72\times 2.78$
$$= 13.12\text{m}^2 = 1.31 \ (10\text{m}^2) \qquad\qquad 套用定额 1-561$$

⑱ 窗 1，共 4 个，工程量计算规则：按设计图示尺寸以面积计算。

工程量为：$S=4S_1=4\times 3.22\times 1.86$
$$= 23.96\text{m}^2$$
$$= 2.40 \ (10\text{m}^2) \qquad\qquad\qquad 套用定额 1-562$$

⑲ 挑台栏杆，工程量计算规则：按设计图示尺寸以面积计算。

工程量为：$S=L\times H$
$$= [(3.5-0.12-0.12) + (0.88+5+3.5+1.5-0.12) + (3.50+$$
$$1.6-0.12\times 2) + (1.5-0.24)] \times 0.9$$
$$= 18.13\text{m}^2 = 1.81 \ (10\text{m}^2) \qquad\qquad 套用定额 2-558$$

⑳ 回填土，工程量计算规则：按设计图示尺寸体积计算：$V_{回填}=V_{挖}-V_{埋入}$

$V_{挖}=48\text{m}^3$（由第②步得）

$V_{埋入}=V_{垫层}+V_{柱基}+V_{柱埋}$
$$= 1.57+3.83+0.05\times 8$$
$$= 5.8\text{m}^3$$

$V_{回填}=V_{挖}-V_{埋入}=48-5.8=42.20\text{m}^3 \qquad\qquad 套用定额 1-127$

具体见表 5-6、表 5-7。

工程施工图预算表　　　　　　　　　　　　　　　　表 5-6

序号	定额编码	分项工程名称	计量单位	工程量	基价（元）	人工费	材料费	机械费	管理费	利润	合价（元）
						其中（元）					
1	1-121	平整场地	m²	2918.40	35.96	23.20	—	—	9.98	2.78	104945.66
2	3-120	栽植乔木黄山栾树(裸根)	10 株	1.1	126.20	92.50	4.10	—	16.65	12.95	138.82

序号	定额编码	分项工程名称	计量单位	工程量	基价（元）	其中（元）					合价（元）
						人工费	材料费	机械费	管理费	利润	
3	3—119	栽植乔木银杏（裸根）	10株	0.3	72.92	52.91	3.08	—	9.52	7.41	21.88
4	3—119	栽植乔木大叶女贞（带土球）	10株	2	72.92	52.91	3.08	—	9.52	7.41	145.84
5	3—155	栽植灌木红叶碧挑（裸根）	10株	1.7	199.46	148.00	4.10	—	26.64	20.72	339.08
6	3—155	栽植灌木垂丝海棠（裸根）	10株	0.9	199.46	148.00	4.10	—	26.64	20.72	179.51
7	3—155	栽植灌木郁李（裸根）	10株	0.8	199.46	148.00	4.10	—	26.64	20.72	159.57
8	3—140	栽植灌木火棘（带土球）	10株	1.4	111.51	82.14	3.08	—	14.79	11.50	156.11
9	3—161	栽植绿篱（小叶女贞）	10m	1.10	36.19	90.70	2.46	—	7.33	5.70	61.81
10	3—178	栽植竹类（毛竹）	10株	1	126.20	92.50	4.10	—	16.65	12.95	126.20
11	3—178	栽植竹类（紫竹）	10株	6	126.20	92.50	4.10	—	16.65	12.95	757.20
12	3—190	栽植攀缘植物（紫藤）	10株	0.4	159.37	118.40	3.08	—	21.31	16.58	63.75
13	3—196	栽植花卉（月季）	10m²	8.00	80.19	59.57	1.56	—	10.72	8.34	641.52
14	3—196	栽植花卉（美人蕉）	10m²	1.60	80.19	59.57	1.56	—	10.72	8.34	128.304
15	3—216	喷播植草（高羊茅）	10m²	120.00	51.97	18.65	7.15	20.20	3.36	2.61	6236.40
16	3—196	栽植花卉（美女樱）	10m²	0.80	80.19	59.57	1.56	—	10.72	8.34	64.15
17	3—196	栽植花卉（射干）	10m²	1.00	80.19	59.57	1.56	—	10.72	8.34	80.19
18	3—196	栽植花卉（虞美人）	10m²	1.10	80.19	59.57	1.56	—	10.72	8.34	88.21
19	3—196	栽植花卉（波斯菊）	10m²	0.80	80.19	59.57	1.56	—	10.72	8.34	64.15
20	3—196	栽植花卉（一串红）	10m²	0.80	80.19	59.57	1.56	—	10.72	8.34	64.15
21	3—196	栽植花卉（千日红）	10m²	0.80	80.19	59.57	1.56	—	10.72	8.34	64.15
22	3—196	栽植花卉（大丽花）	10m²	1.00	80.19	59.57	1.56	—	10.72	8.34	80.19
23	3—196	栽植花卉（雏菊）	10m²	1.20	80.19	59.57	1.56	—	10.72	8.34	96.23

续表

序号	定额编码	分项工程名称	计量单位	工程量	基价（元）	人工费	材料费	机械费	管理费	利润	合价（元）
						其中（元）					
24	3－491	园路土基整理路床	10m²	36.66	21.98	16.65	—	—	3.00	2.33	805.79
25	3－495	碎石垫层	m³	36.66	97.08	27.01	60.23	1.20	4.86	3.78	3558.95
26	3－491	园路土基整理路床	10m²	36.66	21.98	16.65	—	—	3.00	2.33	805.79
27	1－846	抹水泥砂浆	10m²	36.66	277.61	146.08	42.69	5.48	65.17	18.19	10177.18
28	3－491	园路土基整理路床	10m²	26.42	21.98	16.65	—	—	3.00	2.33	580.71
29	3－496	基础垫层——混凝土	m³	5.36	258.79	67.34	159.42	10.48	12.12	9.43	1387.11
30	3－525	花岗石路牙	10m	12.00	796.02	41.44	724.41	16.91	7.46	5.80	9552.24
31	3－527	花岗石筑口贴边	10m²	7.20	3383.71	547.23	2571.88	89.49	98.50	76.61	243627.71
32	3－491	园路土基整理路床	10m²	10.23	21.98	16.65	—	—	3.00	2.33	224.86
33	3－493	基础垫层——灰土3：7	m³	5.12	115.41	37.00	64.97	1.60	6.66	5.18	590.90
34	3－496	基础垫层——钢筋混凝土	m³	9.21	258.79	67.34	159.42	10.48	12.12	9.43	2383.46
35	3－495	基础垫层——混凝土	m³	8.19	97.08	27.01	60.23	1.20	4.86	3.78	795.09
36	3－524	青石板路面	10m²	4.20	576.66	370.00	88.26	—	66.60	51.80	2421.97
37	3－522	嵌卵石	10m²	4.20	515.01	296.00	114.90	9.39	53.28	41.44	2163.04
38	3－527	青石条镶边	10m²	1.20	3383.71	547.23	2571.88	89.49	98.50	76.61	4060.45
39	3－491	园路土基整理路床	10m²	2.21	21.98	16.65	—	—	3.00	2.33	48.58
40	3－492	基础垫层——砂	m³	1.33	82.91	18.50	57.59	0.90	3.33	2.59	110.27
41	3－524	青石板路面	10m²	2.00	576.66	370.00	88.26	—	66.60	51.80	1153.32
42	3－502	混凝土平板面层	10m²	60.00	749.18	92.50	627.08	—	16.65	12.95	44950.80
43	1－322	平板——自拌	m³	2.92	319.92	55.50	220.71	8.51	27.52	7.68	934.17
44	1－873	亭屋面抹灰	10m²	2.06	438.71	236.65	66.65	3.39	103.22	28.80	898.48
45	1－279	现浇混凝土柱	m³	0.62	350.49	85.25	204.96	8.64	40.37	11.27	217.30
46	1－873	柱面抹灰	10m²	0.56	438.71	236.65	66.65	3.39	103.22	28.80	280.77

序号	定额编码	分项工程名称	计量单位	工程量	基价（元）	其中（元）					合价（元）
						人工费	材料费	机械费	管理费	利润	
47	3−590	砖砌小摆设	m³	0.49	560.71	166.50	336.89	4.04	29.97	23.31	925.17
48	1−834	种植池外抹灰	10m²	1.85	176.99	77.70	47.26	6.00	35.99	10.04	237.87
49	1−171	基础垫层	m³	4.05	289.84	21.31	235.87	13.51	14.97	4.18	1173.85
50	1−2	人工挖土方	m³	14.42	11.36	7.33	—	—	3.15	0.88	163.81
51	1−127	回填土	m³	10.31	19.68	11.40	—	1.30	5.46	1.52	202.90
52	1−426	现场预制混凝土构件——柱	m³	0.54	302.10	40.40	212.79	17.22	24.78	6.91	163.13
53	1−189	砌砖	m³	1.64	260.71	48.47	179.42	3.98	22.55	6.29	427.56
54	1−846	抹水泥砂浆	10m²	4.32	277.61	146.08	42.69	5.48	65.17	18.19	1199.28
55	1−920	文化石贴面	10m²	4.32	907.78	296.15	431.57	11.08	132.11	36.87	3921.61
56	2−558	栏杆	10m²	5.47	927.95	299.25	459.16	3.20	130.05	36.29	5075.89
57	2−558	栏杆	10m²	6.30	927.95	299.25	459.16	3.20	130.05	36.29	5846.09
58	1−121	平整场地	10m²	22.99	35.96	23.20	—	—	9.98	2.78	753.00
59	1−18	人工挖基础土方	m³	48.00	17.04	10.99	—	—	4.73	1.32	817.92
60	1−170	柱基础垫层	m³	1.57	261.88	60.83	160.23	4.75	28.20	7.87	411.15
61	1−275	独立柱基础	m³	3.83	269.47	33.30	182.89	22.56	24.02	6.70	1032.07
62	1−279	现浇钢筋混凝土柱	m³	2.32	350.49	85.25	204.96	8.64	40.37	11.27	729.02
63	1−851	柱抹水泥砂浆	10m²	0.69	212.33	102.12	44.94	5.87	46.44	12.96	146.51
64	1−205	砖砌外墙	m³	19.04	294.12	68.08	182.53	3.91	30.96	8.64	5844.16
65	1−834	墙面抹灰	10m²	16.57	176.99	77.70	47.26	6.00	35.99	10.04	2932.72
66	1−322	现浇混凝土屋面板	m³	12.87	319.92	55.50	220.71	8.51	27.52	7.63	2050.69
67	1−846	抹水泥砂浆	10m²	12.92	277.61	146.08	42.69	5.48	65.17	18.19	1793.36
68	2−269	琉璃瓦屋面	10m²	12.92	1418.94	516.89	580.25	24.20	232.67	64.93	9166.35
69	1−800	PVC卷材防水层	10m²	12.92	552.85	25.90	512.70	—	11.14	3.11	3571.40
70	1−785	块料楼地面	10m²	10.11	659.75	185.59	363.16	5.76	82.28	22.96	6564.51
71	1−846	抹水泥砂浆	10m²	10.11	277.61	146.08	42.69	5.48	65.17	18.19	2806.64
72	3−493	基础垫层——灰土3∶7	m³	6.06	115.41	37.00	64.97	1.60	6.66	5.18	699.38
73	1−561	铝合金门——平开门	10m²	1.31	3798.08	199.80	3464.18	15.62	92.63	25.85	4975.48
74	1−561	铝合金门——推拉门	10m²	1.31	3798.08	199.80	3464.18	15.62	92.63	25.85	4975.48
75	1−562	铝合金窗——推拉窗	10m²	2.40	2832.26	204.61	2490.90	15.62	94.70	26.43	6797.42
76	2−558	栏杆	10m²	1.81	927.95	299.25	459.16	3.20	130.05	36.29	1670.31

续表

序号	定额编码	分项工程名称	计量单位	工程量	基价（元）	人工费	材料费	机械费	管理费	利润	合价（元）
77	1—127	回填土	m³	42.20	19.68	11.40	—	1.30	5.46	1.52	830.50
78	7—4—3（套用宁夏定额）	座凳平盘	10m²	0.24	1191.33	223.38	908.09	—	39.83	20.03	285.92
79	7—4—2（套用宁夏定额）	飞来椅	100m	0.11	15604.5	10472.00	4348.50	—	521.68	262.32	1560.45
80	3—491	园路土基整理路床	10m²	60.00	21.98	16.65	—	—	3.00	2.33	1318.80
81	3—495	基础垫层——碎石	m³	90.00	97.08	27.01	60.23	1.20	4.86	3.78	8737.20
82	3—496	基础垫层——混凝土	m³	60.00	258.79	67.34	159.42	10.48	12.12	9.43	15527.4
83	1—492	基础垫层——砂	m³	18.00	82.91	18.50	57.59	0.90	3.33	2.59	1492.38
84	3—682	方木楞	m³	0.72	1953.25	112.48	1771.14	5.01	50.52	14.10	1406.34
85	1—689	平口板铺在大木楞上	10m²	18	775.71	54.39	687.67	2.41	24.42	6.82	13962.78
86	2—3—20（套用海南省定额）	沥青路面	100m²	3.48	2135.37	93.58	1774.11	182.19	49.64	35.85	7431.09

分部分项工程量清单与计价表　　　　　表5-7

工程名称：某广场园林绿化工程　　　　　标段：　　　　　第　页　共　页

序号	项目编码	项目名称	项目特征描述	计量单位	工程量	综合单价	合价	其中:暂估价
1	050101010001	整理绿化用地		m²	2500.00	41.96	104900.00	
2	050102001001	栽植乔木	黄山栾树，冠幅5m，胸径10cm，裸根栽植	株	11	213.62	2349.82	
3	050102001002	栽植乔木	银杏，冠幅4m，胸径8cm，裸根栽植	株	3	129.84	389.52	
4	050102001003	栽植乔木	大叶女贞，冠幅3.5m，胸径7cm，带土球栽植	株	20	109.44	2188.80	
5	050102002001	栽植灌木	红叶碧挑，冠幅2m，落叶灌木，裸根栽植	株	17	62.70	1065.90	
6	050102002002	栽植灌木	垂丝海棠，冠幅2m，落叶灌木，裸根栽植	株	9	57.45	517.05	
7	050102002003	栽植灌木	郁李，冠幅2m，落木灌叶，裸根栽植	株	8	57.45	459.60	
8	050102002004	栽植灌木	火棘，冠幅1.5m，常绿小灌木，带土球栽植	株	14	25.60	358.40	
9	050102005001	栽植绿篱	小叶女贞，常绿，高0.9m	m	11	37.55	413.05	

续表

序号	项目编码	项目名称	项目特征描述	计量单位	工程量	金额(元)		
						综合单价	合价	其中:暂估价
10	050102003001	栽植竹类	毛竹,常绿,二年生	株	10	33.55	335.50	
11	050102003002	栽植竹类	紫竹,常绿,二年生	株	60	33.55	2013.00	
12	050102008001	栽植花卉	月季,木本花卉,落叶	m²	80.00	9.69	775.20	
13	050102008002	栽植花卉	美人蕉,草本花卉	m²	16.00	13.57	217.12	
14	050102006001	栽植攀缘植物	紫藤,落叶藤本,木本,二年生	株	4	42.64	170.56	
15	050102013001	喷播植草	高羊茅,坡度1:1以下,坡长12m以外	m²	1200.00	5.90	7080.00	
16	050102008003	栽植花卉	美女樱,草本花卉	m²	8.00	10.00	80.00	
17	050102008004	栽植花卉	射干,草本花卉	m²	10.00	18.67	186.70	
18	050102008005	栽植花卉	虞美人,草本花卉	m²	11.00	10.00	110.00	
19	050102008006	栽植花卉	波斯菊,草本花卉	m²	8.00	29.69	237.52	
20	050102008007	栽植花卉	一串红,草本花卉	m²	8.00	41.62	332.96	
21	050102008008	栽植花卉	千日红,草本花卉	m²	8.00	46.72	373.76	
22	050102008009	栽植花卉	大丽花,球根花卉	m²	10.00	41.11	411.10	
23	050102008010	栽植花卉	雏菊,草本花卉	m²	12.00	41.62	499.44	
24	050201001001	园路1	彩色沥青面层20mm厚,水泥砂浆结合层30mm厚,底涂层,碎石垫层100mm厚,路牙	m²	360.00	85.89	30920.40	
25	050201001002	园路2	红松木条面层厚20mm,红松木条120×50,混凝土路基,花岗石贴边	m²	252.00	163.41	41179.32	
26	050201001003	园路3	青石板路面40mm厚,混凝土垫层80mm厚,钢筋混凝土垫层90mm厚,3:7灰土50mm厚,混凝土镶卵石路面,青石条镶边	m²	96.00	133.56	12821.76	
27	050201001004	园路4	黄沙垫层60mm厚,青石板面层50mm厚	m²	20	65.65	1313.00	
28	050201001005	园路5—广场	混凝土平板60mm厚,预制砂浆(1:3)30mm厚,混凝土100mm厚,碎石垫层150mm厚	m²	600.00	120.06	72036.00	

续表

序号	项目编码	项目名称	项目特征描述	计量单位	工程量	金额(元)		
						综合单价	合价	其中:暂估价
29	010505010001	现浇混凝土斜屋面板		m³	2.92	627.38	1831.95	
30	050304001001	现浇混凝土花架柱、梁		m³	0.62	745.34	462.11	
31	050307018001	砖砌小摆设—种植池		个	1	602.20	602.20	
32	010501001001	垫层	现浇混凝土基础垫层	m²	4.05	289.84	1173.85	
33	010101003001	挖沟槽土方		m³	11.76	13.98	164.40	
34	010103001001	回填方		m³	7.65	26.57	203.26	
35	020511001001	鹅颈靠背1	木板50mm厚	m	6.00	47.65	285.90	
36	020511001002	鹅颈靠背2	木板20mm厚	m	10.80	2230.05	24084.54	
37	050307006001	花坛铁艺栏杆1	混凝土结构围栏杆,围栏下部120砖墙,水泥砂浆粘结层,文化石贴面,铁栏杆	m	48.00	248.65	11935.20	
38	050307006002	花坛铁艺栏杆2	立面种植围栏	m	21.00	278.39	5846.19	
39	010101001001	平整场地		m²	115.77	7.16	828.91	
40	010101003002	挖沟槽土方	柱基础	m³	23.52	34.76	817.56	
41	010501001002	垫层		m³	1.57	261.88	411.15	
42	010501003001	独立基础		m³	3.83	269.47	1032.07	
43	010502001001	现浇钢筋混凝土柱——矩形柱		m³	2.32	414.19	960.92	
44	010401003001	实心砖墙		m³	19.04	448.11	8532.01	
45	010505003001	平板		m³	12.87	600.23	7724.96	
46	010901001001	琉璃瓦屋面		m²	129.19	141.90	18332.06	
47	010902001001	屋面防水卷材	PVC卷材	m²	129.19	55.29	7142.92	
48	011102003001	块料楼地面	大理石面层40mm厚,M5水泥砂浆结合层,3:7灰土垫层60厚	m²	101.06	101.81	10288.92	
49	010802001001	金属平开门1	铝合金门框,茶色玻璃	樘	1	4975.49	4975.49	
50	010802001002	金属推拉门2	铝合金门框,茶色玻璃	樘	1	4975.49	4975.49	
51	010807001001	金属推拉窗	铝合金门框,茶色玻璃	樘	4	1699.36	6797.44	
52	011503002001	栏杆,扶手		m	20.14	83.51	1681.89	
53	010103001002	回填方		m³	17.68	47.04	831.67	
合计							405958.34	

5.4 某广场园林绿化工程工程量清单综合单价分析

具体参见表 5-8～表 5-60。

综合单价分析表　　　　　　　　　　　　　　　表 5-8

工程名称：某广场园林绿化工程　　　　　　　标段：　　　　　　　第 1 页　共 53 页

项目编码	050101010001	项目名称	整理绿化用地	计量单位	m²	工程量	2500.00

清单综合单价组成明细

定额编号	定额名称	定额单位	数量	单价				合价			
				人工费	材料费	机械费	管理费和利润	人工费	材料费	机械费	管理费和利润
1—121	平整场地	m²	1.167	23.20	—	—	12.76	27.07	—	—	14.89
人工单价		小　计						27.07	—	—	14.89
37.00 元/工日		未计价材料费									
清单项目综合单价								41.96			

材料费明细	主要材料名称、规格、型号				单位	数量	单价（元）	合价（元）	暂估单价（元）	暂估合价（元）
	其他材料费									
	材料费小计									

注：材料费明细中只列出未计价材料。

综合单价分析表　　　　　　　　　　　　　　　表 5-9

工程名称：某广场园林绿化工程　　　　　　　标段：　　　　　　　第 2 页　共 53 页

项目编码	050102001001	项目名称	栽植乔木	计量单位	株	工程量	11

清单综合单价组成明细

定额编号	定额名称	定额单位	数量	单价				合价			
				人工费	材料费	机械费	管理费和利润	人工费	材料费	机械费	管理费和利润
3—120	栽植乔木（黄山栾树）	10 株	0.1	92.50	4.10	—	29.60	9.25	0.41	—	2.96
人工单价		小　计						9.25	0.41	—	2.96
37.00 元/工日		未计价材料费						201.00			
清单项目综合单价								213.62			

材料费明细	主要材料名称、规格、型号	单位	数量	单价（元）	合价（元）	暂估单价（元）	暂估合价（元）
	基肥	kg	0.8	15.00	12.00		
	苗木	株	1.05	180.00	189.00		
	其他材料费				—		
	材料费小计				201.00		

注：材料费明细中只列出未计价材料。

综合单价分析表

表 5-10

工程名称：某广场园林绿化工程　　　　　　　标段：　　　　　　　　第 3 页　共 53 页

| 项目编码 | 050102001002 | 项目名称 | 栽植乔木 | 计量单位 | 株 | 工程量 | 3 |

清单综合单价组成明细

定额编号	定额名称	定额单位	数量	单价				合价			
				人工费	材料费	机械费	管理费和利润	人工费	材料费	机械费	管理费和利润
3－119	栽植乔木（银杏）	10株	0.1	52.91	3.08	—	16.93	5.291	0.308	—	1.693
人工单价		小　计						5.291	0.308	—	1.693
37.00 元/工日		未计价材料费						122.55			
清单项目综合单价								129.84			

材料费明细	主要材料名称、规格、型号	单位	数量	单价（元）	合价（元）	暂估单价（元）	暂估合价（元）
	苗木	株	1.02	120.00	122.40		
	基肥	kg	0.01	15.00	0.15		
	其他材料费				—		
	材料费小计				122.55		

注：材料费明细中只列出未计价材料。

综合单价分析表

表 5-11

工程名称：某广场园林绿化工程　　　　　　　标段：　　　　　　　　第 4 页　共 53 页

| 项目编码 | 050102001003 | 项目名称 | 栽植乔木 | 计量单位 | 株 | 工程量 | 20 |

清单综合单价组成明细

定额编号	定额名称	定额单位	数量	单价				合价			
				人工费	材料费	机械费	管理费和利润	人工费	材料费	机械费	管理费和利润
3－119	栽植乔木（大叶女贞）	10株	0.1	52.91	3.08	—	16.93	5.291	0.308	—	1.693
人工单价		小　计						5.291	0.308	—	1.693
37.00 元/工日		未计价材料费						102.15			
清单项目综合单价								109.44			

材料费明细	主要材料名称、规格、型号	单位	数量	单价（元）	合价（元）	暂估单价（元）	暂估合价（元）
	苗木	株	1.02	100.00	102.00		
	基肥	kg	0.01	15.00	0.15		
	其他材料费				—		
	材料费小计				102.15		

注：材料费明细中只列出未计价材料。

综合单价分析表

表 5-12

工程名称：某广场园林绿化工程　　　　　标段：　　　　　第 5 页　共 53 页

项目编码	050102002001	项目名称	栽植灌木	计量单位	株	工程量	17

清单综合单价组成明细

定额编号	定额名称	定额单位	数量	单价				合价			
				人工费	材料费	机械费	管理费和利润	人工费	材料费	机械费	管理费和利润
3—155	栽植灌木（红叶碧挑）	10株	0.1	148.00	4.10	—	47.36	14.80	0.41	—	4.736
人工单价		小　计						14.80	0.41	—	4.736
37.00元/工日		未计价材料费						42.75			
清单项目综合单价								62.70			

材料费明细	主要材料名称、规格、型号	单位	数量	单价（元）	合价（元）	暂估单价（元）	暂估合价（元）
	苗木	株	1.05	35.00	36.75		
	基肥	kg	0.40	15.00	6.00		
	其他材料费				—		
	材料费小计				42.75		

注：材料费明细中只列出未计价材料。

综合单价分析表

表 5-13

工程名称：某广场园林绿化工程　　　　　标段：　　　　　第 6 页　共 53 页

项目编码	050102002002	项目名称	栽植灌木	计量单位	株	工程量	9

清单综合单价组成明细

定额编号	定额名称	定额单位	数量	单价				合价			
				人工费	材料费	机械费	管理费和利润	人工费	材料费	机械费	管理费和利润
3—155	栽植灌木（垂丝海棠）	10株	0.1	148.00	4.10	—	47.36	14.80	0.41	—	4.736
人工单价		小　计						14.80	0.41	—	4.736
37.00元/工日		未计价材料费						37.50			
清单项目综合单价								57.45			

材料费明细	主要材料名称、规格、型号	单位	数量	单价（元）	合价（元）	暂估单价（元）	暂估合价（元）
	苗木	株	1.05	30.00	31.50		
	基肥	kg	0.40	15.00	6.00		
	其他材料费				—		
	材料费小计				37.50		

注：材料费明细中只列出未计价材料。

综合单价分析表

表 5-14

工程名称：某广场园林绿化工程 　　　　　标段： 　　　　　第7页 共53页

项目编码	050102002003	项目名称	栽植灌木	计量单位	株	工程量	8

清单综合单价组成明细

定额编号	定额名称	定额单位	数量	单 价				合 价			
				人工费	材料费	机械费	管理费和利润	人工费	材料费	机械费	管理费和利润
3—155	栽植灌木（郁李）	10株	0.1	148.00	4.10	—	47.36	14.80	0.41	—	4.736
人工单价		小　　计						14.80	0.41	—	4.736
37.00元/工日		未计价材料费						37.50			
清单项目综合单价								57.45			

	主要材料名称、规格、型号	单位	数量	单价（元）	合价（元）	暂估单价（元）	暂估合价（元）
材料费明细	苗木	株	1.05	30.00	31.50		
	基肥	kg	0.40	15.00	6.00		
	其他材料费				—		
	材料费小计				37.50		

注：材料费明细中只列出未计价材料。

综合单价分析表

表 5-15

工程名称：某广场园林绿化工程 　　　　　标段： 　　　　　第8页 共53页

项目编码	050102002004	项目名称	栽植灌木	计量单位	株	工程量	14

清单综合单价组成明细

定额编号	定额名称	定额单位	数量	单 价				合 价			
				人工费	材料费	机械费	管理费和利润	人工费	材料费	机械费	管理费和利润
3—140	栽植灌木（火棘）	10株	0.1	82.14	3.08	—	14.79	8.214	0.308	—	1.479
人工单价		小　　计						8.214	0.308	—	1.479
37.00元/工日		未计价材料费						15.60			
清单项目综合单价								25.60			

	主要材料名称、规格、型号	单位	数量	单价（元）	合价（元）	暂估单价（元）	暂估合价（元）
材料费明细	苗木	株	1.05	12.00	12.60		
	基肥	kg	0.20	15.00	3.00		
	其他材料费				—		
	材料费小计				15.60		

注：材料费明细中只列出未计价材料。

综合单价分析表

表 5-16

工程名称：某广场园林绿化工程　　　　　标段：　　　　　

| 项目编码 | 050102005001 | 项目名称 | 栽植绿篱 | 计量单位 | m | 工程量 | 11 |

清单综合单价组成明细

定额编号	定额名称	定额单位	数量	单价				合价			
				人工费	材料费	机械费	管理费和利润	人工费	材料费	机械费	管理费和利润
3—123	栽植绿篱（小叶女贞）	10m	0.1	56.19	2.46	—	13.70	5.62	0.25	—	1.37
人工单价		小　计						5.62	0.25	—	1.37
37.00 元/工日		未计价材料费						30.31			
清单项目综合单价								37.55			

材料费明细	主要材料名称、规格、型号	单位	数量	单价（元）	合价（元）	暂估单价（元）	暂估合价（元）
	苗木	株	0.204	1.50	0.31		
	基肥	kg	2.00	15.00	30.00		
	—						
	其他材料费				—		
	材料费小计				30.31		

注：材料费用明细只列出未计价材料。

综合单价分析表

表 5-17

工程名称：某广场园林绿化工程　　　　　标段：　　　　　

| 项目编码 | 050102003001 | 项目名称 | 栽植竹类 | 计量单位 | 株 | 工程量 | 10 |

清单综合单价组成明细

定额编号	定额名称	定额单位	数量	单价				合价			
				人工费	材料费	机械费	管理费和利润	人工费	材料费	机械费	管理费和利润
3—178	栽植竹类（毛竹）	10株	0.1	92.50	4.10	—	29.60	9.25	0.41	—	2.96
人工单价		小　计						9.25	0.41	—	2.96
37.00 元/工日		未计价材料费						20.93			
清单项目综合单价								33.55			

材料费明细	主要材料名称、规格、型号	单位	数量	单价（元）	合价（元）	暂估单价（元）	暂估合价（元）
	苗木	株	1.05	8.50	8.93		
	基肥	kg	0.8	15.00	12.00		
	其他材料费				—		
	材料费小计				20.93		

注：材料费用明细只列出未计价材料。

综合单价分析表

表 5-18

工程名称：某广场园林绿化工程　　　　　　标段：　　　　　　第 11 页　共 53 页

| 项目编码 | 050102003002 | 项目名称 | 栽植竹类 | 计量单位 | 株 | 工程量 | 60 |

清单综合单价组成明细

定额编号	定额名称	定额单位	数量	单价				合价			
				人工费	材料费	机械费	管理费和利润	人工费	材料费	机械费	管理费和利润
3-178	栽植竹类（紫竹）	10株	0.1	92.50	4.10	—	29.60	9.25	0.44	—	2.96
人工单价			小　计					9.25	0.41	—	2.96
37.00 元/工日			未计价材料费					20.93			
		清单项目综合单价						33.55			

材料费明细	主要材料名称、规格、型号	单位	数量	单价（元）	合价（元）	暂估单价（元）	暂估合价（元）
	苗木	株	1.05	8.50	8.93		
	基肥	kg	0.8	15.00	12.00		
	其他材料费				—		
	材料费小计				20.93		

注：材料费用明细只列出未计价材料。

综合单价分析表

表 5-19

工程名称：某广场园林绿化工程　　　　　　标段：　　　　　　第 12 页　共 53 页

| 项目编码 | 050102008001 | 项目名称 | 栽植花卉 | 计量单位 | m² | 工程量 | 80.00 |

清单综合单价组成明细

定额编号	定额名称	定额单位	数量	单价				合价			
				人工费	材料费	机械费	管理费和利润	人工费	材料费	机械费	管理费和利润
3-196	栽植花卉（月季）	10m²	0.1	59.57	1.56	—	19.06	5.957	0.156	—	1.906
人工单价			小　计					5.957	0.156	—	1.906
37.00 元/工日			未计价材料费					1.67			
		清单项目综合单价						9.69			

材料费明细	主要材料名称、规格、型号	单位	数量	单价（元）	合价（元）	暂估单价（元）	暂估合价（元）
	苗木	m²	1.02	1.20	1.22		
	基肥	kg	0.03	15.00	0.45		
	其他材料费				—		
	材料费小计				1.67		

注：材料费用明细只列出未计价材料。

综合单价分析表　　　　　　　　　　　　　　　　　　表5-20

工程名称：某广场园林绿化工程　　　　标段：　　　　　　　　第13页 共53页

| 项目编码 | 050102008002 | 项目名称 | 栽植花卉 | 计量单位 | m² | 工程量 | 16.00 |

清单综合单价组成明细

定额编号	定额名称	定额单位	数量	单价				合价			
				人工费	材料费	机械费	管理费和利润	人工费	材料费	机械费	管理费和利润
3—196	栽植花卉（美人蕉）	10m²	0.1	59.57	1.56	—	19.06	5.957	0.156	—	1.906
人工单价			小　计					5.957	0.156	—	1.906
37.00元/工日			未计价材料费					5.55			
清单项目综合单价								13.57			

材料费明细	主要材料名称、规格、型号	单位	数量	单价（元）	合价（元）	暂估单价（元）	暂估合价（元）
	苗木	m²	1.02	5.00	5.10		
	基肥	kg	0.03	15.00	0.45		
	其他材料费				—		
	材料费小计				5.55		

注：材料费用明细只列出未计价材料。

综合单价分析表　　　　　　　　　　　　　　　　　　表5-21

工程名称：某广场园林绿化工程　　　　标段：　　　　　　　　第14页 共53页

| 项目编码 | 050102006001 | 项目名称 | 栽植攀缘植物 | 计量单位 | 株 | 工程量 | 4 |

清单综合单价组成明细

定额编号	定额名称	定额单位	数量	单价				合价			
				人工费	材料费	机械费	管理费和利润	人工费	材料费	机械费	管理费和利润
3—190	栽植攀缘植物（紫藤）	10株	0.1	118.40	3.08	—	37.89	11.84	0.308	—	3.789
人工单价			小　计					11.84	0.308	—	3.789
37.00元/工日			未计价材料费					26.70			
清单项目综合单价								42.64			

材料费明细	主要材料名称、规格、型号	单位	数量	单价（元）	合价（元）	暂估单价（元）	暂估合价（元）
	苗木	株	1.05	20.00	21.00		
	基肥	kg	0.38	15.00	5.70		
	其他材料费				—		
	材料费小计				26.70		

注：材料费用明细只列出未计价材料。

综合单价分析表

表 5-22

工程名称：某广场园林绿化工程　　　　　　标段：　　　　　　第 15 页　共 53 页

项目编码	050102013001	项目名称		喷播植草		计量单位	m²	工程量	1200.00

清单综合单价组成明细

定额编号	定额名称	定额单位	数量	单价				合价			
				人工费	材料费	机械费	管理费和利润	人工费	材料费	机械费	管理费和利润
3—216	喷播植草（高羊茅）	10m²	0.1	18.65	7.15	20.20	5.97	1.865	0.715	2.02	0.597
人工单价			小　计					1.865	0.715	2.02	0.597
37.00 元/工日			未计价材料费					0.70			
清单项目综合单价								5.90			

	主要材料名称、规格、型号	单位	数量	单价（元）	合价（元）	暂估单价（元）	暂估合价（元）
材料费明细	种子	kg	0.035	20.00	0.70		
	其他材料费				—		
	材料费小计				0.70		

注：材料费用明细只列出未计价材料。

综合单价分析表

表 5-23

工程名称：某广场园林绿化工程　　　　　　标段：　　　　　　第 16 页　共 53 页

项目编码	050102008003	项目名称		栽植花卉		计量单位	m²	工程量	8.00

清单综合单价组成明细

定额编号	定额名称	定额单位	数量	单价				合价			
				人工费	材料费	机械费	管理费和利润	人工费	材料费	机械费	管理费和利润
3—196	栽植花卉（美女樱）	10m²	0.1	59.57	1.56	—	19.06	5.957	0.156	—	1.906
人工单价			小　计					5.957	0.156	—	1.906
37.00 元/工日			未计价材料费					1.98			
清单项目综合单价								10.00			

	主要材料名称、规格、型号	单位	数量	单价（元）	合价（元）	暂估单价（元）	暂估合价（元）
材料费明细	苗木	m²	1.02	1.50	1.53		
	基肥	kg	0.03	15.00	0.45		
	—						
	其他材料费				—		
	材料费小计				1.98		

注：材料费明细只列出未计价材料。

综合单价分析表

表 5-24

工程名称：某广场园林绿化工程　　　　　　标段：　　　　　　第 17 页　共 53 页

项目编码	050102008004	项目名称	栽植花卉	计量单位	m²	工程量	10.00

清单综合单价组成明细

定额编号	定额名称	定额单位	数量	单价				合价			
				人工费	材料费	机械费	管理费和利润	人工费	材料费	机械费	管理费和利润
3－196	栽植花卉（射干）	10m²	0.1	59.57	1.56	—	19.06	5.957	0.156	—	1.906
人工单价			小　计					5.957	0.156	—	1.906
37.00 元/工日			未计价材料费					10.65			
清单项目综合单价								18.67			

材料费明细	主要材料名称、规格、型号	单位	数量	单价（元）	合价（元）	暂估单价（元）	暂估合价（元）
	苗木	m²	1.02	10.00	10.20		
	基肥	kg	0.03	15.00	0.45		
	其他材料费				—		
	材料费小计				10.65		

注：材料费明细只列出未计价材料。

综合单价分析表

表 5-25

工程名称：某广场园林绿化工程　　　　　　标段：　　　　　　第 18 页　共 53 页

项目编码	050102008005	项目名称	栽植花卉	计量单位	m²	工程量	11.00

清单综合单价组成明细

定额编号	定额名称	定额单位	数量	单价				合价			
				人工费	材料费	机械费	管理费和利润	人工费	材料费	机械费	管理费和利润
3－196	栽植花卉（虞美人）	10m²	0.1	59.57	1.56	—	19.06	5.957	0.156	—	1.906
人工单价			小　计					5.957	0.156	—	1.906
37.00 元/工日			未计价材料费					1.98			
清单项目综合单价								10.00			

材料费明细	主要材料名称、规格、型号	单位	数量	单价（元）	合价（元）	暂估单价（元）	暂估合价（元）
	苗木	m²	1.02	1.50	1.53		
	基肥	kg	0.03	15.00	0.45		
	—						
	其他材料费				—		
	材料费小计				1.98		

注：材料费明细只列出未计价材料。

综合单价分析表

表 5-26

工程名称：某广场园林绿化工程　　　　　　标段：　　　　　　　　　第19页 共53页

项目编码	050102008006	项目名称	栽植花卉	计量单位	m²	工程量	8.00

清单综合单价组成明细

定额编号	定额名称	定额单位	数量	单价				合价			
				人工费	材料费	机械费	管理费和利润	人工费	材料费	机械费	管理费和利润
3—196	栽植花卉（波斯菊）	10m²	0.1	59.57	1.56	—	19.06	5.957	0.156	—	1.906
人工单价			小　计					5.957	0.156	—	1.906
37.00 元/工日			未计价材料费					21.67			
清单项目综合单价								29.69			

	主要材料名称、规格、型号	单位	数量	单价（元）	合价（元）	暂估单价（元）	暂估合价（元）
材料费明细	苗木	m²	1.02	20.80	21.22		
	基肥	kg	0.03	15.00	0.45		
	其他材料费				—		
	材料费小计				21.67		

注：材料费明细只列出未计价材料。

综合单价分析表

表 5-27

工程名称：某广场园林绿化工程　　　　　　标段：　　　　　　　　　第20页 共53页

项目编码	050102008007	项目名称	栽植花卉	计量单位	m²	工程量	8.00

清单综合单价组成明细

定额编号	定额名称	定额单位	数量	单价				合价			
				人工费	材料费	机械费	管理费和利润	人工费	材料费	机械费	管理费和利润
3—196	栽植花卉（一串红）	10m²	0.1	59.57	1.56	—	19.06	5.957	0.156	—	1.906
人工单价			小　计					5.957	0.156	—	1.906
37.00 元/工日			未计价材料费					33.60			
清单项目综合单价								41.62			

	主要材料名称、规格、型号	单位	数量	单价（元）	合价（元）	暂估单价（元）	暂估合价（元）
材料费明细	苗木	m²	1.02	32.5	33.15		
	基肥	kg	0.03	15.00	0.45		
	其他材料费				—		
	材料费小计				33.60		

注：材料费明细只列出未计价材料。

综合单价分析表

表 5-28

工程名称：某广场园林绿化工程　　　　　　标段：　　　　　　第 21 页　共 53 页

| 项目编码 | 050102008008 | 项目名称 | 栽植花卉 | 计量单位 | m² | 工程量 | 8.00 |

清单综合单价组成明细

定额编号	定额名称	定额单位	数量	单价				合价			
				人工费	材料费	机械费	管理费和利润	人工费	材料费	机械费	管理费和利润
3-196	栽植花卉（千日红）	10m²	0.1	59.57	1.56	—	19.06	5.957	0.156	—	1.906

人工单价		小　计				5.957	0.156	—	1.906
37.00 元/工日		未计价材料费				38.70			
清单项目综合单价						46.72			

材料费明细	主要材料名称、规格、型号	单位	数量	单价（元）	合价（元）	暂估单价（元）	暂估合价（元）
	苗木	m²	1.02	37.50	38.25		
	基肥	kg	0.03	15.00	0.45		
	其他材料费				—		
	材料费小计				38.70		

注：材料费明细只列出未计价材料。

综合单价分析表

表 5-29

工程名称：某广场园林绿化工程　　　　　　标段：　　　　　　第 22 页　共 53 页

| 项目编码 | 050102008009 | 项目名称 | 栽植花卉 | 计量单位 | m² | 工程量 | 10.00 |

清单综合单价组成明细

定额编号	定额名称	定额单位	数量	单价				合价			
				人工费	材料费	机械费	管理费和利润	人工费	材料费	机械费	管理费和利润
3-196	栽植花卉（大丽花）	10m²	0.1	59.57	1.56	—	19.06	5.957	0.156	—	1.906

人工单价		小　计				5.957	0.156	—	1.906
37.00 元/工日		未计价材料费				33.09			
清单项目综合单价						41.11			

材料费明细	主要材料名称、规格、型号	单位	数量	单价（元）	合价（元）	暂估单价（元）	暂估合价（元）
	苗木	m²	1.02	32.00	32.64		
	基肥	kg	0.03	15.00	0.45		
	其他材料费				—		
	材料费小计				33.09		

注：材料费明细只列出未计价材料。

综合单价分析表

表 5-30

工程名称：某广场园林绿化工程　　　　　标段：　　　　　第 23 页　共 53 页

项目编码	050102008010	项目名称	栽植花卉	计量单位	m²	工程量	12.00

清单综合单价组成明细

定额编号	定额名称	定额单位	数量	单价				合价			
				人工费	材料费	机械费	管理费和利润	人工费	材料费	机械费	管理费和利润
3—196	栽植花卉（雏菊）	10m²	0.1	59.57	1.56	—	19.06	5.957	0.156	—	1.906
人工单价		小　计						5.957	0.156	—	1.906
37.00 元/工日		未计价材料费						33.60			
清单项目综合单价								41.62			

	主要材料名称、规格、型号	单位	数量	单价（元）	合价（元）	暂估单价（元）	暂估合价（元）
材料费明细	苗木	m²	1.02	32.5	33.15		
	基肥	kg	0.03	15.00	0.45		
	其他材料费				—		
	材料费小计				33.60		

注：材料费明细只列出未计价材料。

综合单价分析表

表 5-31

工程名称：某广场园林绿化工程　　　　　标段：　　　　　第 24 页　共 53 页

项目编码	050201001001	项目名称	园路1	计量单位	m²	工程量	360.00

清单综合单价组成明细

定额编号	定额名称	定额单位	数量	单价				合价			
				人工费	材料费	机械费	管理费和利润	人工费	材料费	机械费	管理费和利润
2—3—20（套用海南省定额）	沥青路面	100m²	0.0097	93.58	1774.11	182.19	85.49	0.91	17.21	1.77	0.83
1—122	原土打底夯	10m²	0.102	4.07	—	1.16	2.88	0.415	—	0.118	0.294
3—495	碎石垫层	m³	0.102	27.01	60.23	1.20	8.64	2.755	6.143	0.122	0.88
3—491	园路土基整理路床	10m²	0.102	16.65	—		5.33*	1.698	—		0.544
1—846	抹水泥砂浆	10m²	0.102	146.08	42.69	5.48	83.36	14.90	4.354	0.559	8.503
3—525	花岗石路牙	10m	0.03	41.44	724.41	16.91	13.26	1.24	21.73	0.51	0.40
人工单价		小　计						21.92	49.44	3.08	11.45
37.00 元/工日		未计价材料费						—			
清单项目综合单价								85.89			

	主要材料名称、规格、型号	单位	数量	单价（元）	合价（元）	暂估单价（元）	暂估合价（元）
材料费明细	碎石	t	0.17	36.80	6.143		
	水泥砂浆 1：2	m³	0.00812	221.77	1.801		
	水泥砂浆 1：3	m³	0.0139	182.43	2.536		
	801 胶素水泥浆	m³	0.0002	495.03	0.10		
	水	m³	0.0083	4.10	0.034		
	花岗石路牙 100×200	m	0.303	70.00	21.21		
	碎石 5～40mm	t	0.006	36.50	0.22		
	合金钢切割锯片	片	0.0018	61.75	0.11		
	石油沥青 60～100 号	t	0.0049	2800.00	13.72		
	碎石 25mm	m³	0.0436	47.80	2.08		
	碎石 30mm	m³	0.0129	47.8	0.62		
	石屑 0～5mm	m³	0.0129	37.74	0.49		
	中砂	m³	0.003	26.67	0.08		
	煤	t	0.0010	374.55	0.37		
	其他材料费				—		
	材料费小计				49.44		

综合单价分析表　　　　表 5-32

工程名称：某广场园林绿化工程　　　　标段：　　　　

项目编码	050201001002	项目名称		园路 2		计量单位	m²	工程量	252.00

清单综合单价组成明细

定额编号	定额名称	定额单位	数量	单价				合价			
				人工费	材料费	机械费	管理费和利润	人工费	材料费	机械费	管理费和利润
3－491	园路土基整理路床	10m²	0.105	16.65	—	—	5.33	1.75	—	—	0.56
3－496	基础垫层——混凝土	m³	0.021	67.34	159.42	10.48	21.55	1.41	3.35	0.22	0.45
3－527	花岗石锁口筑边	10m²	0.028	547.23	2571.88	89.49	175.11	15.32	72.01	2.51	4.90
1－682	方木楞	m³	0.003	112.48	1771.14	5.01	64.62	0.34	5.31	0.02	0.19
1－689	平口板铺在大楞上	10m²	0.071	54.39	687.67	2.41	31.24	3.86	48.82	0.17	2.22
人工单价			小　计					22.68	129.49	2.92	8.32
37.00 元/工日			未计价材料费					—			
清单项目综合单价								163.41			

主要材料名称、规格、型号	单位	数量	单价（元）	合价（元）	暂估单价（元）	暂估合价（元）
C10 混凝土 40mm、水泥强度等级为 32.5	m³	0.0214	154.28	3.302		
水	m³	0.0121	4.10	0.05		
花岗石锁口 300×150	m²	0.2856	245.00	69.972		
干硬性水泥砂浆	m³	0.008	167.12	1.337		
合金钢切割锯片	片	0.0085	61.75	0.525		
普通成材	m³	0.003	1589.00	4.78		
垫木	m³	0.0002	1249.00	0.25		
铁钉	kg	0.0915	4.10	0.375		
水柏油	kg	0.006	1.90	0.011		
平口木地板	m²	0.7455	65.00	48.46		
其他材料费				0.07		
材料费小计				129.15		

材料费明细

综合单价分析表   表 5-33

工程名称：某广场园林绿化工程   标段：   第 26 页 共 53 页

项目编码	050201001003	项目名称	园路 3	计量单位	m²	工程量	96.00

清单综合单价组成明细

定额编号	定额名称	定额单位	数量	单价				合价			
				人工费	材料费	机械费	管理费和利润	人工费	材料费	机械费	管理费和利润
3—522	嵌卵石	10m²	0.044	296.00	114.90	9.39	94.72	13.02	5.06	0.41	4.17
3—491	园路土基整理路床	10m²	0.107	16.65	—	—	5.33	1.78	—	—	0.57
3—493	基础垫层——灰土 3：7	m³	0.053	37.00	64.97	1.60	11.84	1.96	3.44	0.08	0.63
3—496	基础垫层——钢筋混凝土	m³	0.096	67.34	159.42	10.48	21.55	6.46	15.30	1.01	2.07
3—495	基础垫层——混凝土	m³	0.085	27.01	60.23	1.20	8.64	2.30	5.12	0.10	0.73
3—524	青石板路面	10m²	0.044	370.00	88.26	—	118.40	16.28	3.88	—	5.21
3—521	青石条镶边	10m²	0.013	547.23	2571.88	89.49	175.11	7.11	33.43	1.16	2.28
人工单价		小 计						48.91	66.23	2.76	15.66
37.00 元/工日		未计价材料费						—			
清单项目综合单价								133.56			

	主要材料名称、规格、型号	单位	数量	单价（元）	合价（元）	暂估单价（元）	暂估合价（元）
材料费明细	本色卵石	t	0.024	170.00	4.08		
	水泥砂浆 1：2.5	m³	0.0044	207.03	0.91		
	水	m³	0.0866	4.10	0.36		
	灰土 3：7	m³	0.0535	63.51	3.40		
	C10 混凝土 40mm、水泥强度等级为 32.5	m³	0.0979	154.28	15.10		
	碎石 5～40mm	t	0.14	36.50	5.11		
	素水泥浆	m³	0.0057	457.23	2.61		
	米石	t	0.014	81.00	1.13		
	花岗石锁口 300×150	m²	0.1326	245.00	32.49		
	干硬性水泥砂浆	m³	0.0039	167.12	0.65		
	合金钢切割锯片	片	0.004	61.75	0.24		
	其他材料费				0.15		
	材料费小计				66.23		

综合单价分析表 表 5-34

工程名称：某广场园林绿化工程　　　　　　　标段：　　　　　　　第 27 页 共 53 页

项目编码	050201001004	项目名称	园路 4	计量单位	m²	工程量	20.00

清单综合单价组成明细

定额编号	定额名称	定额单位	数量	单价				合价			
				人工费	材料费	机械费	管理费和利润	人工费	材料费	机械费	管理费和利润
3－491	园路土基整理路床	10m²	0.11	16.65	—		5.33	1.83			0.59
3－492	基础垫层——砂	m³	0.067	18.50	57.59	0.90	5.92	1.24	3.86	0.06	0.40
3－524	青石板路面	10m²	0.1	370.00	88.26	—	118.40	37.00	8.83	—	11.84
人工单价			小　计					40.07	12.69	0.06	12.83
37.00 元/工日			未计价材料费					—			
清单项目综合单价								65.65			

	主要材料名称、规格、型号	单位	数量	单价（元）	合价（元）	暂估单价（元）	暂估合价（元）
材料费明细	山砂	t	0.11	33.00	3.78		
	水	m²	0.02	4.10	0.08		
	素水泥浆	m³	0.013	457.23	5.94		
	米石	t	0.0312	81.00	2.53		
	水	m³	0.05	4.10	0.21		
	其他材料费				0.15		
	材料费小计				12.69		

综合单价分析表　　　　　　　　　　　表 5-35

工程名称：某广场园林绿化工程　　　　　　标段：　　　　　　　第 28 页　共 53 页

项目编码	050201001005		项目名称	园路5——广场		计量单位	m²	工程量	60.00

清单综合单价组成明细

定额编号	定额名称	定额单位	数量	单价				合价			
				人工费	材料费	机械费	管理费和利润	人工费	材料费	机械费	管理费和利润
3—502	混凝土平板面层	10m²	0.1	92.50	627.08	—	29.60	9.25	62.71	—	2.96
3—491	园路土基整理路床	10m²	0.1	16.65	—	—	5.33	1.67	—	—	0.53
3—495	基础垫层——碎石	m³	0.15	27.01	60.23	1.20	8.64	4.05	9.03	0.18	1.30
3—496	基础垫层——混凝土	m³	0.1	67.34	159.42	10.48	21.55	6.73	15.94	1.05	2.16
3—492	基础垫层——砂	m³	0.03	18.50	57.59	0.90	5.92	0.56	1.73	0.03	0.18
人工单价			小　计					22.26	89.41	1.26	7.13
37.00 元/工日			未计价材料费					—			
清单项目综合单价								120.06			

材料费明细	主要材料名称、规格、型号	单位	数量	单价（元）	合价（元）	暂估单价（元）	暂估合价（元）
	山砂	t	0.0842	33.00	2.78		
	预制混凝土道板（矩形）	m³	0.102	585.00	59.67		
	碎石 5～40mm	t	0.248	36.50	9.03		
	C10 混凝土 40mm, 水泥强度等级为32.5	m³	0.102	154.28	15.74		
	山砂	t	0.051	33.00	1.69		
	水	m³	0.066	4.10	0.27		
	其他材料费				0.23		
	材料费小计				89.41		

综合单价分析表　　　　　　　　　　　表 5-36

工程名称：某广场园林绿化工程　　　　　　标段：　　　　　　　第 29 页　共 53 页

项目编码	010505010001		项目名称	现浇混凝土斜屋面板		计量单位	m³	工程量	2.92

清单综合单价组成明细

定额编号	定额名称	定额单位	数量	单价				合价			
				人工费	材料费	机械费	管理费和利润	人工费	材料费	机械费	管理费和利润
1—322	平板——自拌	m³	1.00	55.50	220.71	8.51	35.20	55.50	220.71	8.51	35.20
1—873	亭屋面抹灰	10m²	0.70	236.65	66.65	3.39	132.02	165.66	46.66	2.73	92.41
人工单价			小　计					221.16	267.37	11.24	127.61
37.00 元/工日			未计价材料费					—			
清单项目综合单价								627.38			

	主要材料名称、规格、型号	单位	数量	单价（元）	合价（元）	暂估单价（元）	暂估合价（元）
材料费明细	C25 混凝土 20mm，水泥强度等级为 32.5	m³	1.015	203.37	206.42		
	塑料薄膜	m²	5.94	0.86	5.11		
	水	m³	2.24	4.10	9.18		
	水泥白石子砂浆 1：2	m³	0.07	360.62	25.75		
	水泥砂浆 1：3	m³	0.086	182.43	15.71		
	801 胶素水泥浆	m³	0.0056	495.03	2.77		
	普通成材	m³	0.0014	1599.00	2.24		
	水	m³	0.0462	4.10	0.19		
	其他材料费						
	材料费小计				267.37		

综合单价分析表　　　　　　　　　　　　　表 5-37

工程名称：某广场园林绿化工程　　　　　　标段：　　　　　　

项目编码	050304001001			项目名称	现浇混凝土花架柱梁		计量单位		m³		工程量	0.62

清单综合单价组成明细

定额编号	定额名称	定额单位	数量	单价				合价			
				人工费	材料费	机械费	管理费和利润	人工费	材料费	机械费	管理费和利润
1—279	现浇混凝土柱	m³	1.00	85.25	204.96	8.64	51.64	85.25	204.96	8.64	51.64
1—873	柱面抹灰	10m²	0.90	236.65	66.65	3.39	132.02	212.99	59.99	3.05	118.82
人工单价			小　计					298.24	264.95	11.69	170.46
37.00 元/工日			未计价材料费					—			
清单项目综合单价								745.34			

	主要材料名称、规格、型号	单位	数量	单价（元）	合价（元）	暂估单价（元）	暂估合价（元）
材料费明细	C25 混凝土 31.5mm，水泥强度等级为 32.5	m³	0.985	195.79	192.85		
	水泥砂浆 1：2	m³	0.031	221.71	6.87		
	塑料薄膜	m²	0.28	0.86	0.24		
	水	m³	1.22	4.10	5.00		
	水泥白石子砂浆 1：2	m³	0.0918	360.62	33.10		
	水泥砂浆 1：3	m³	0.1107	182.43	20.20		
	801 胶素水泥浆	m³	0.0072	495.03	3.56		
	普通成材	m³	0.0018	1599.00	2.88		
	水	m³	0.0594	4.10	0.24		
	其他材料费				—		
	材料费小计				264.95		

综合单价分析表

表5-38

工程名称：某广场园林绿化工程　　　　　　　标段：　　　　　　第31页　共53页

| 项目编码 | 050307018001 | 项目名称 | 砖砌小摆设——种植池 | 计量单位 | 个 | 工程量 | 1 |

清单综合单价组成明细

定额编号	定额名称	定额单位	数量	单价				合价			
				人工费	材料费	机械费	管理费和利润	人工费	材料费	机械费	管理费和利润
3—590	砖砌小摆设	m³	0.49	166.50	336.89	4.04	53.28	81.59	165.08	1.98	26.11
1—834	种植池外抹灰	10m²	1.85	77.70	47.26	6.00	46.03	143.75	87.43	11.10	85.16
人工单价			小　计					225.34	252.51	13.08	111.27
37.00元/工日			未计价材料费					—			
清单项目综合单价								602.20			

	主要材料名称、规格、型号	单位	数量	单价（元）	合价（元）	暂估单价（元）	暂估合价（元）
材料费明细	水泥砂浆 M5	m³	0.1205	125.10	15.07		
	标准砖240×115×53	百块	2.6019	28.20	73.38		
	钢筋（综合）	t	0.0196	3800.00	74.48		
	水泥砂浆1∶2.5	m³	0.1591	207.03	32.94		
	水泥砂浆1∶3	m³	0.2627	182.43	47.92		
	普通成材	m²	0.0037	1599.00	5.92		
	水	m³	0.1591	4.10	0.65		
	其他材料费				2.15		
	材料费小计				252.51		

综合单价分析表

表5-39

工程名称：某广场园林绿化工程　　　　　　　标段：　　　　　　第32页　共53页

| 项目编码 | 010501001001 | 项目名称 | 垫层 | 计量单位 | m³ | 工程量 | 4.05 |

清单综合单价组成明细

定额编号	定额名称	定额单位	数量	单价				合价			
				人工费	材料费	机械费	管理费和利润	人工费	材料费	机械费	管理费和利润
1—171	基础垫层	m³	1.00	21.31	235.87	13.51	19.15	21.31	235.87	13.51	19.15
人工单价			小　计					21.31	235.87	13.51	19.15
37.00元/工日			未计价材料费					—			
清单项目综合单价								289.84			

	主要材料名称、规格、型号	单位	数量	单价（元）	合价（元）	暂估单价（元）	暂估合价（元）
材料费明细	C15 泵送商品混凝土	m³	1.015	230.00	233.45		
	水	m³	0.53	4.10	2.17		
	泵管摊销费				0.25		
	其他材料费						
	材料费小计				235.87		

综合单价分析表

表 5-40

工程名称：某广场园林绿化工程　　　　　　　　标段：　　　　　　　　第 33 页　共 53 页

项目编码	010101003001	项目名称	挖沟槽土方	计量单位	m³	工程量	11.76

清单综合单价组成明细

定额编号	定额名称	定额单位	数量	单价				合价			
				人工费	材料费	机械费	管理费和利润	人工费	材料费	机械费	管理费和利润
1—2	人工挖土方	m³	1.23	7.33	—	—	4.03	9.02	—	—	4.96
人工单价			小　计					9.02	—	—	4.96
37.00 元/工日			未计价材料费					—			
清单项目综合单价								13.98			

材料费明细	主要材料名称、规格、型号				单位	数量	单价（元）	合价（元）	暂估单价（元）	暂估合价（元）
	其他材料费									
	材料费小计									

综合单价分析表

表 5-41

工程名称：某广场园林绿化工程　　　　　　　　标段：　　　　　　　　第 34 页　共 53 页

项目编码	010103001001	项目名称	回填方	计量单位	m³	工程量	7.65

清单综合单价组成明细

定额编号	定额名称	定额单位	数量	单价				合价			
				人工费	材料费	机械费	管理费和利润	人工费	材料费	机械费	管理费和利润
1—127	回填土	m³	1.35	11.40	—	1.30	6.98	15.39	—	1.76	9.42
人工单价			小　计					15.39	—	1.76	9.42
37.00 元/工日			未计价材料费					—			
清单项目综合单价								26.57			

材料费明细	主要材料名称、规格、型号				单位	数量	单价（元）	合价（元）	暂估单价（元）	暂估合价（元）
	其他材料费									
	材料费小计									

综合单价分析表

表 5-42

工程名称：某广场园林绿化工程　　　　标段：　　　　　　

项目编码	020511001001	项目名称	鹅颈靠背1	计量单位	m	工程量	6.00

清单综合单价组成明细

定额编号	定额名称	定额单位	数量	单价				合价			
				人工费	材料费	机械费	管理费和利润	人工费	材料费	机械费	管理费和利润
7—4—3（套用宁夏定额）	座凳平盘	10m²	0.04	223.38	908.09	—	59.86	8.94	36.32	—	2.39
人工单价		小　计						8.94	36.32	—	2.39
37.00 元/工日		未计价材料费						—			
清单项目综合单价								47.65			

	主要材料名称、规格、型号	单位	数量	单价（元）	合价（元）	暂估单价（元）	暂估合价（元）
材料费明细	乳胶	kg	0.288	6.16	1.77		
	铁钉	kg	0.048	4.20	0.20		
	锯材	m³	0.0256	1340.00	34.30		
	其他材料费				0.04		
	材料费小计				36.32		

综合单价分析表

表 5-43

工程名称：某广场园林绿化工程　　　　标段：　　　　　　

项目编码	020511001002	项目名称	鹅颈靠背2	计量单位	m	工程量	10.80

清单综合单价组成明细

定额编号	定额名称	定额单位	数量	单价				合价			
				人工费	材料费	机械费	管理费和利润	人工费	材料费	机械费	管理费和利润
7—4—2（套用宁夏定额）	飞来椅	100m	0.01	10472.00	4348.50	—	784.00	104.72	43.49	—	7.84
人工单价		小　计						104.72	43.49	—	7.84
37.00 元/工日		未计价材料费						2074.00			
清单项目综合单价								2230.05			

	主要材料名称、规格、型号	单位	数量	单价（元）	合价（元）	暂估单价（元）	暂估合价（元）
材料费明细	预埋铁件	t	0.34	6100.00	2074.00		
	其他材料费				—		
	材料费小计				2074.00		

注：材料费用明细只列出未计价材料。

综合单价分析表

表 5-44

工程名称：某广场园林绿化工程　　　　　标段：　　　　　第 37 页　共 53 页

项目编码		050307006001	项目名称		花坛铁艺栏杆1	计量单位		m	工程量	48.00

清单综合单价组成明细

定额编号	定额名称	定额单位	数量	单价				合价			
				人工费	材料费	机械费	管理费和利润	人工费	材料费	机械费	管理费和利润
1—426	现场预制混凝土构件——柱	m³	0.01	40.40	212.79	17.22	31.69	0.40	2.13	0.17	0.32
1—189	砌砖	m³	0.03	48.47	179.42	3.98	28.84	1.45	5.38	0.12	0.87
1—846	抹水泥砂浆	10m²	0.09	146.08	42.69	5.48	83.36	13.15	3.84	0.49	7.50
1—920	文化石贴面	10m²	0.09	296.15	431.57	11.08	48.98	26.65	38.84	1.00	44.08
2—558	栏杆	10m²	0.11	299.25	459.16	3.20	166.34	32.92	50.51	0.35	18.30
人工单价				小　　计				74.57	100.70	2.13	71.07
37.00/45.00 元/工日				未计价材料费				—			
清单项目综合单价								248.65			

	主要材料名称、规格、型号		单位	数量	单价（元）	合价（元）	暂估单价（元）	暂估合价（元）
材料费明细	C25 混凝土 20mm、水泥强度等级为 32.5		m³	0.01	203.37	2.03		
	塑料薄膜		m²	0.009	0.86	0.01		
	水		m³	0.036	4.10	0.15		
	水泥砂浆 M5		m³	0.007	125.10	0.91		
	标准砖 240×115×53		百块	0.158	28.20	4.46		
	水泥砂浆 1：2		m³	0.015	221.77	3.33		
	水泥砂浆 1：3		m³	0.028	182.43	5.11		
	801 胶素水泥浆		m³	0.00006	495.03	0.03		
	文化石		m²	0.945	35.00	33.08		
	合金钢切割锯片		片	0.008	61.75	0.47		
	棉纱头		kg	0.01	5.30	0.05		
	水泥砂浆 1：1		m³	0.002	267.49	0.60		
	结构成材枋板材		m³	0.019	2700.00	50.19		
	铁钉		kg	0.042	4.10	0.17		
	其他材料费					0.14		
	材料费小计					100.73		

综合单价分析表

表 5-45

工程名称：某广场园林绿化工程　　　　　　标段：　　　　　　第 38 页　共 53 页

项目编码	050307006002	项目名称	花坛铁艺栏杆 2	计量单位	m	工程量	21.00

清单综合单价组成明细

定额编号	定额名称	定额单位	数量	单　价				合　价			
				人工费	材料费	机械费	管理费和利润	人工费	材料费	机械费	管理费和利润
2-558	栏杆	10m²	0.3	299.25	459.16	3.20	166.34	89.78	137.75	0.96	49.90
人工单价		小　计						89.78	137.75	0.96	49.90
45.00 元/工日		未计价材料费						—			
清单项目综合单价								278.39			

	主要材料名称、规格、型号	单位	数量	单价（元）	合价（元）	暂估单价(元)	暂估合价(元)
材料费明细	结构成材枋板材	m³	0.0507	2700.00	136.89		
	铁钉	kg	0.114	4.10	0.47		
	其他材料费				0.39		
	材料费小计				137.75		

综合单价分析表

表 5-46

工程名称：某广场园林绿化工程　　　　　　标段：　　　　　　第 39 页　共 53 页

项目编码	010101001001	项目名称	平整场地	计量单位	m²	工程量	115.77

清单综合单价组成明细

定额编号	定额名称	定额单位	数量	单　价				合　价			
				人工费	材料费	机械费	管理费和利润	人工费	材料费	机械费	管理费和利润
1-121	平整场地	10m²	0.199	23.20	—	—	12.76	4.62	—	—	2.54
人工单价		小　计						4.62	—	—	2.54
37.00 元/工日		未计价材料费						—			
清单项目综合单价								7.16			

	主要材料名称、规格、型号	单位	数量	单价（元）	合价（元）	暂估单价(元)	暂估合价(元)
材料费明细							
	其他材料费						
	材料费小计						

综合单价分析表

表 5-47

工程名称:某广场园林绿化工程　　　　　　　标段:　　　　　　　

项目编码	010101003002	项目名称	挖沟槽土方	计量单位	m³	工程量	23.52

清单综合单价组成明细

定额编号	定额名称	定额单位	数量	单　价				合　价			
				人工费	材料费	机械费	管理费和利润	人工费	材料费	机械费	管理费和利润
1—18	人工挖基础土方	m³	2.04	10.99	—		6.05	22.42	—		12.34
人工单价			小　计					22.42	—		12.34
37.00 元/工日			未计价材料费					—			
清单项目综合单价								34.76			

材料费明细	主要材料名称、规格、型号				单位	数量	单价(元)	合价(元)	暂估单价(元)	暂估合价(元)
	其他材料费									
	材料费小计									

综合单价分析表

表 5-48

工程名称:某广场园林绿化工程　　　　　　　标段:　　　　　　　

项目编码	010501001002	项目名称	垫层	计量单位	m³	工程量	1.57

清单综合单价组成明细

定额编号	定额名称	定额单位	数量	单　价				合　价			
				人工费	材料费	机械费	管理费和利润	人工费	材料费	机械费	管理费和利润
1—170	柱基础垫层	m³	1.00	60.83	160.23	4.75	36.07	60.83	160.23	4.75	36.07
人工单价			小　计					60.83	160.23	4.75	36.07
37.00 元/工日			未计价材料费					—			
清单项目综合单价								261.88			

材料费明细	主要材料名称、规格、型号				单位	数量	单价(元)	合价(元)	暂估单价(元)	暂估合价(元)
	C15 混凝土 40mm,水泥强度等级为 32.5				m³	1.01	156.61	158.18		
	水				m³	0.50	4.10	2.05		
	其他材料费									
	材料费小计							160.23		

综合单价分析表　　　　　　　　　　　　　表 5-49

工程名称：某广场园林绿化工程　　　　　　　　　标段：　　　　　　　第 42 页　共 53 页

项目编码	010502001001	项目名称	现浇钢筋混凝土柱——矩形柱	计量单位	m³	工程量	2.32

清单综合单价组成明细

定额编号	定额名称	定额单位	数量	单价				合价			
				人工费	材料费	机械费	管理费和利润	人工费	材料费	机械费	管理费和利润
1—279	现浇钢筋混凝土柱	m³	1.00	85.25	204.96	8.64	51.64	85.25	204.96	8.64	51.64
1—851	柱抹水泥砂浆	10m²	0.30	102.12	44.94	5.87	59.40	30.64	13.48	1.76	17.82
人工单价			小　计					115.89	218.44	10.40	69.46
37.00 元/工日			未计价材料费					—			
清单项目综合单价								414.19			

	主要材料名称、规格、型号	单位	数量	单价（元）	合价（元）	暂估单价（元）	暂估合价（元）
材料费明细	C25 混凝土 31.5mm、水泥强度等级为 32.5	m³	0.985	195.79	192.85		
	水泥砂浆 1：2	m³	0.031	221.77	6.87		
	塑料薄膜	m²	0.28	0.86	0.24		
	水	m³	1.246	4.10	5.11		
	水泥砂浆 1：2.5	m³	0.026	207.03	5.39		
	水泥砂浆 1：3	m³	0.041	182.43	7.48		
	801 胶素水泥浆	m³	0.001	495.03	0.50		
	其他材料费				—		
	材料费小计				218.44		

综合单价分析表　　　　　　　　　　　　　表 5-50

工程名称：某广场园林绿化工程　　　　　　　　　标段：　　　　　　　第 43 页　共 53 页

项目编码	010501003001	项目名称	独立基础	计量单位	m³	工程量	3.83

清单综合单价组成明细

定额编号	定额名称	定额单位	数量	单价				合价			
				人工费	材料费	机械费	管理费和利润	人工费	材料费	机械费	管理费和利润
1—275	独立柱基础	m³	1.00	33.30	182.89	22.56	30.72	33.30	182.89	22.56	30.72
人工单价			小　计					33.30	182.89	22.56	30.72
37.00 元/工日			未计价材料费					—			
清单项目综合单价								269.47			

	主要材料名称、规格、型号	单位	数量	单价（元）	合价（元）	暂估单价（元）	暂估合价（元）
材料费明细	C20 混凝土 40mm、水泥强度等级为 32.5	m³	1.015	175.90	179.54		
	塑料薄膜	m²	0.81	0.86	0.70		
	水	m³	0.89	4.10	3.65		
	其他材料费				—		
	材料费小计				182.89		

综合单价分析表 表 5-51

工程名称:某广场园林绿化工程　　　　标段:　　　　第 44 页　共 53 页

项目编码	010401003001	项目名称	实心砖墙	计量单位	m³	工程量	19.04

清单综合单价组成明细

定额编号	定额名称	定额单位	数量	单价				合价			
				人工费	材料费	机械费	管理费和利润	人工费	材料费	机械费	管理费和利润
1—205	砖砌外墙	m³	1.00	68.08	182.53	3.91	39.60	68.08	182.53	3.91	39.60
1—834	墙面抹灰	10m²	0.87	77.70	47.26	6.00	46.03	67.60	41.12	5.22	40.05
人工单价			小　计					135.68	223.65	9.13	79.65
37.00 元/工日			未计价材料费					—			
清单项目综合单价								448.11			

材料费明细	主要材料名称、规格、型号	单位	数量	单价(元)	合价(元)	暂估单价(元)	暂估合价(元)
	混合砂浆 M5	m³	0.24	130.04	31.21		
	标准砖 240×115×53	百块	5.35	28.20	150.87		
	水	m³	0.185	4.10	0.76		
	水泥砂浆 1:2.5	m³	0.0748	207.03	15.48		
	水泥砂浆 1:3	m³	0.124	182.43	22.62		
	普通成材	m³	0.0017	1599.00	2.72		
	其他材料费				—		
	材料费小计				3.66		

综合单价分析表 表 5-52

工程名称:某广场园林绿化工程　　　　标段:　　　　第 45 页　共 53 页

项目编码	010505003001	项目名称	平板	计量单位	m³	工程量	12.87

清单综合单价组成明细

定额编号	定额名称	定额单位	数量	单价				合价			
				人工费	材料费	机械费	管理费和利润	人工费	材料费	机械费	管理费和利润
1—322	现浇混凝土层面板	m³	1.00	55.50	220.71	8.51	35.15	55.50	220.71	8.51	35.15
1—846	抹水泥砂浆	10m²	1.01	146.08	42.69	5.48	83.36	147.54	43.11	5.53	84.19
人工单价			小　计					203.04	263.82	14.03	119.34
37.00 元/工日			未计价材料费					—			
清单项目综合单价								600.23			

续表

	主要材料名称、规格、型号	单位	数量	单价（元）	合价（元）	暂估单价(元)	暂估合价(元)
材料费明细	C25混凝土20mm，水泥强度等级为32.5	m³	1.015	203.37	206.42		
	塑料薄膜	m²	5.94	0.86	5.11		
	水	m³	2.24	4.10	9.18		
	水泥砂浆1：2	m³	0.083	221.77	18.41		
	水泥砂浆1：3	m³	0.128	182.43	23.35		
	801胶素水泥浆	m³	0.002	495.03	0.99		
	水	m³	0.083	4.10	0.34		
	其他材料费				—		
	材料费小计				263.80		

综合单价分析表

表 5-53

工程名称:某广场园林绿化工程　　　　　　标段:　　　　　　第46页　共53页

项目编码	010901001001		项目名称	琉璃瓦屋面	计量单位	m²	工程量	129.19

清单综合单价组成明细

定额编号	定额名称	定额单位	数量	单 价				合 价			
				人工费	材料费	机械费	管理费和利润	人工费	材料费	机械费	管理费和利润
2-269	琉璃瓦屋面	10m²	0.1	516.89	580.25	24.20	297.60	51.69	58.03	2.42	29.76
人工单价			小　计					51.69	58.03	2.42	29.76
45.00元/工日			未计价材料费					—			
清单项目综合单价								141.90			

	主要材料名称、规格、型号	单位	数量	单价（元）	合价（元）	暂估单价(元)	暂估合价(元)
材料费明细	2号琉璃瓦底瓦30cm×22cm	块	15.20	1.70	25.84		
	2号琉璃瓦盖瓦30cm×15cm	块	12.70	1.70	21.59		
	混合砂浆M5	m³	0.0698	130.04	9.08		
	铁件制作	kg	0.142	8.50	1.21		
	其他材料费				0.85		
	材料费小计				58.57		

综合单价分析表

表 5-54

工程名称:某广场园林绿化工程　　　　　　　　标段:　　　　　　

项目编码	010902001001	项目名称	屋面防水卷材	计量单位	m²	工程量	129.19

清单综合单价组成明细

定额编号	定额名称	定额单位	数量	单价				合价			
				人工费	材料费	机械费	管理费和利润	人工费	材料费	机械费	管理费和利润
1—800	PVC卷材防水层	10m²	0.1	25.90	512.70	—	14.25	2.59	51.27	—	1.43
人工单价		小　计						2.59	51.27	—	1.43
37.00元/工日		未计价材料费						—			
清单项目综合单价								55.29			

主要材料名称、规格、型号	单位	数量	单价(元)	合价(元)	暂估单价(元)	暂估合价(元)
PVC卷材	m²	1.237	26.00	32.16		
PVC胶泥	kg	6.001	2.68	16.08		
801胶素水泥浆	m³	0.0001	495.03	0.05		
冷底子油30:70	100kg	0.0048	555.14	2.67		
石油液化气	kg	0.05	4.20	0.21		
其他材料费				0.10		
材料费小计				51.27		

（材料费明细）

综合单价分析表

表 5-55

工程名称:某广场园林绿化工程　　　　　　　　标段:　　　　　　

项目编码	011102003001	项目名称	块料楼地面	计量单位	m²	工程量	101.06

清单综合单价组成明细

定额编号	定额名称	定额单位	数量	单价				合价			
				人工费	材料费	机械费	管理费和利润	人工费	材料费	机械费	管理费和利润
1—785	块料楼地面	10m²	0.1	185.59	363.16	5.76	105.24	18.56	36.32	0.58	10.52
1—846	抹水泥砂浆	10m²	0.1	146.08	42.69	5.48	83.36	14.61	4.27	0.55	8.34
3—493	基础垫层——灰土3:7	m²	0.06	37.00	64.97	1.60	11.84	2.22	3.90	0.10	0.71
人工单价		小　计						35.39	44.49	1.23	20.70
37.00元/工日		未计价材料费						—			
清单项目综合单价								101.81			

	主要材料名称、规格、型号	单位	数量	单价(元)	合价(元)	暂估单价(元)	暂估合价(元)
材料费明细	同质地砖 300×300	块	11.40	2.65	30.21		
	水泥砂浆 1:2	m³	0.0133	221.77	2.95		
	水泥砂浆 1:3	m³	0.0329	182.43	6.00		
	素水泥砂浆	m³	0.001	457.23	0.46		
	白水泥 80	kg	0.10	0.52	0.05		
	棉纱头	kg	0.01	5.3	0.05		
	锯(木)屑	m³	0.006	10.45	0.06		
	801胶素水泥	m³	0.0002	495.03	0.10		
	灰土 3:7	m³	0.061	63.51	3.87		
	水	m³	0.046	4.10	0.19		
	合金钢切割锯片	片	0.0032	61.75	0.20		
	其他材料费				0.36		
	材料费小计				44.50		

综合单价分析表　　　　表5-56

工程名称:某广场园林绿化工程　　　　标段:　　　　第49页　共53页

项目编码	010802001001	项目名称	金属平开门1	计量单位	樘	工程量	1

清单综合单价组成明细

定额编号	定额名称	定额单位	数量	单价				合价			
				人工费	材料费	机械费	管理费和利润	人工费	材料费	机械费	管理费和利润
1—561	铝合金门——平开门	10m²	1.31	199.80	3464.18	15.62	118.48	261.74	4538.08	20.46	155.21
人工单价		小　计						261.74	4538.08	20.46	155.21
37.00 元/工日		未计价材料费						—			
清单项目综合单价								4975.49			

	主要材料名称、规格、型号	单位	数量	单价(元)	合价(元)	暂估单价(元)	暂估合价(元)
材料费明细	铝合金平开门	m²	12.707	332.00	4218.72		
	密封油膏	kg	6.878	1.43	9.84		
	软填料(沥青玻璃棉毡)	kg	3.21	3.80	12.20		
	镀锌铁脚	个	95.63	1.52	145.36		
	膨胀螺栓 M8	套	189.95	0.60	113.97		
	其他材料费				37.99		
	材料费小计				4538.08		

综合单价分析表

表 5-57

工程名称:某广场园林绿化工程　　　　　标段:　　　　　

项目编码	010802001002	项目名称	金属推拉门 2	计量单位	樘	工程量	1

清单综合单价组成明细

定额编号	定额名称	定额单位	数量	单价				合价			
				人工费	材料费	机械费	管理费和利润	人工费	材料费	机械费	管理费和利润
1—561	铝合金门——推拉门	10m²	1.31	199.80	3464.18	15.62	118.48	261.74	4538.08	20.46	155.21
人工单价			小　计					261.74	4538.08	20.46	155.21
37.00 元/工日			未计价材料费					—			
清单项目综合单价								4975.49			

	主要材料名称、规格、型号	单位	数量	单价(元)	合价(元)	暂估单价(元)	暂估合价(元)
材料费明细	铝合金平开门	m²	12.707	332.00	4218.72		
	密封油膏	kg	6.878	1.43	9.84		
	软填料(沥青玻璃棉毡)	kg	3.21	3.80	12.20		
	镀锌铁脚	个	95.63	1.52	145.36		
	膨胀螺栓 M8	套	189.95	0.60	113.97		
	其他材料费				37.99		
	材料费小计				4538.08		

综合单价分析表

表 5-58

工程名称:某广场园林绿化工程　　　　　标段:　　　　　

项目编码	010807001001	项目名称	金属推拉窗	计量单位	樘	工程量	4

清单综合单价组成明细

定额编号	定额名称	定额单位	数量	单价				合价			
				人工费	材料费	机械费	管理费和利润	人工费	材料费	机械费	管理费和利润
1—562	铝合金窗——推拉窗	10m²	0.60	204.61	2490.90	15.62	121.13	122.77	1494.54	9.37	72.68
人工单价			小　计					122.77	1494.54	9.37	72.68
37.00 元/工日			未计价材料费					—			
清单项目综合单价								1699.36			

	主要材料名称、规格、型号	单位	数量	单价(元)	合价(元)	暂估单价(元)	暂估合价(元)
材料费明细	铝合金推拉窗	m²	5.76	232.00	1336.32		
	密封油膏	kg	2.202	1.43	3.15		
	软填料(沥青玻璃棉毡)	kg	2.382	3.80	9.05		
	镀锌铁脚	个	46.80	1.52	71.14		
	膨胀螺栓 M8	套	93.60	0.60	56.16		
	其他材料费				18.72		
	材料费小计				1494.54		

综合单价分析表

表 5-59

工程名称:某广场园林绿化工程　　　　　　标段:　　　　　　第 52 页 共 53 页

项目编码	011503002001	项目名称	栏杆、扶手	计量单位	m	工程量	20.14

清单综合单价组成明细

定额编号	定额名称	定额单位	数量	单价				合价			
				人工费	材料费	机械费	管理费和利润	人工费	材料费	机械费	管理费和利润
2-558	栏杆	10m²	0.09	299.25	459.16	3.20	166.34	26.93	41.32	0.29	14.97
人工单价		小　计						26.93	41.32	0.29	14.97
37.00 元/工日		未计价材料费						—			
清单项目综合单价								83.51			

	主要材料名称、规格、型号	单位	数量	单价(元)	合价(元)	暂估单价(元)	暂估合价(元)
材料费明细	结构成材枋板材	m³	0.01521	2700.00	41.06		
	铁钉	kg	0.034	4.10	0.14		
	其他材料费				0.12		
	材料费小计				41.32		

综合单价分析表

表 5-60

工程名称:某广场园林绿化工程　　　　　　标段:　　　　　　第 53 页 共 53 页

项目编码	010103001002	项目名称	回填方	计量单位	m³	工程量	17.68

清单综合单价组成明细

定额编号	定额名称	定额单位	数量	单价				合价			
				人工费	材料费	机械费	管理费和利润	人工费	材料费	机械费	管理费和利润
1-127	回填土	m³	2.39	11.40	—	1.30	6.98	27.25	—	3.11	16.68
人工单价		小　计						27.25		3.11	16.68
37.00 元/工日		未计价材料费						—			
清单项目综合单价								47.04			

	主要材料名称、规格、型号	单位	数量	单价(元)	合价(元)	暂估单价(元)	暂估合价(元)
材料费明细							
	其他材料费						
	材料费小计						

5.5 某广场园林绿化工程招标工程量清单编制

1. 招标控制价

招 标 控 制 价

某广场园林绿化　　　工程

招　标　人：　　招标单位专用章

（单位盖章）

造价咨询人：　造价工程师或造价员专用章

（单位盖章）

年　　月　　日

招 标 控 制 价

<u>　　　某广场园林绿化　　　</u>工程

招标控制价(小写)：<u>　　487150　　</u>

(大写)：<u>肆拾捌万柒仟壹佰伍拾元</u>

招　标　人：<u>招标单位专用章</u>　　　造价咨询人：<u>造价工程师单位专用章</u>
　　　　　　　（单位盖章）　　　　　　　　　　　（单位资质专用章）

法定代表人　　　　　　　　　　　法定代表人
或其授权人：<u>招标单位（法人）</u>　　或其授权人：<u>招标单位（法人）专用章</u>
　　　　　　（签字或盖章）　　　　　　　　　（签字或盖章）

编　制　人：<u>造价人员专用章</u>　　　复　核　人：<u>造价工程师专用章</u>
　　　　　（造价人员签字盖专用章）　　　　　（造价工程师签字盖专用章）

编制时间：年　　月　　日　　　　复核时间：　年　　月　　日

2. 工程计价总说明

总 说 明

工程名称:某广场园林绿化工程   第 页共 页

工程简介:

在现实的工程施工中以条带状绿地最为常见,如图 4-49 所示,此带状绿地为一小区中的公共活动绿地,为满足游人的休憩功能,绿地设计中多处设置坐凳、围树椅等基础设施,考虑到私密性空间,设置花架,同时整个绿地的规划设计中考虑到景观性,特别设计有雕塑、水池、景墙等景观元素,满足娱乐休闲的功能,该设计充分考虑到游人的需要,集景观、休闲、娱乐为一体,为游人提供一个心旷神怡的环境。

基址仅需要做简单的整理即可,没有需要保留的古树名木,故无须砍伐、大面积地开挖,以及较大范围地土方变动等,园林植物种类及数量见表 4-1 所示,植物种植上均为普坚土种植,乔木种植、灌木种植数量如图 4-50 所示,绿篱、花卉等以图示种植长度、面积或数量计算;土壤为二类干土。

3. 工程计价汇总表

见表 5-61、表 5-62。

建设项目招标控制价   表 5-61

工程名称:某广场园林绿化   第 页 共 页

序号	单项工程名称	金额(元)	其 中(元)		
			暂估价	安全文明施工费	规 费
1	某广场园林绿化	487150.00			
	合 计	487150.00			

注:本表适用于建设项目招标控制价或投标报价的汇总。

单项工程招标控制价   表 5-62

工程名称:某广场园林绿化   第 页 共 页

序号	单项工程名称	金额(元)	其 中(元)		
			暂估价	安全文明施工费	规 费
1	某广场园林绿化	487150.00			
	合 计	487150.00			

注:本表适用于单项工程招标控制价或投标报价的汇总。暂估价包括分部分项工程中的暂估价和专业工程暂估价。

单位工程招标控制价

表 5-63

工程名称:某广场园林绿化　　　　　　　标段:　　　　　　　　　　第 页 共 页

序　　号	汇总内容	金额(元)	其中:暂估价(元)
1	分部分项工程	405958.34	
1.1			
1.2			
1.3			
1.4			
1.5			
2	措施项目		—
2.1	其中:安全文明施工费		—
3	其他项目	40595.85	—
3.1	其中:暂列金额	40595.83	—
3.2	其中:专业工程暂估价		—
3.3	其中:计日工		—
3.4	其中:总承包服务费		—
4	规费		—
5	税金		—
	招标控制价合计=1+2+3+4+5	487150.00	

注:本表适用于单位工程招标控制价或投标报价的汇总,如无单位工程划分,单项工程也使用本表汇总。

4. 分部分项工程量清单与计价表

见表 5-64。

分部分项工程量清单与计价表

表 5-64

工程名称:某广场园林绿化工程　　　　　　标段:　　　　　　　　　第 页 共 页

序号	项目编码	项目名称	项目特征描述	计量单位	工程量	综合单价	合价	其中:暂估价
1	050101010001	整理绿化用地		m²	2500.00	41.96	104900.00	
2	050102001001	栽植乔木	黄山栾树,冠幅 5m,胸径 10cm,裸根栽植	株	11	213.62	2349.82	
3	050102001002	栽植乔木	银杏,冠幅 4m,胸径 8cm,裸根栽植	株	3	129.84	389.52	
4	050102001003	栽植乔木	大叶女贞,冠幅 3.5m,胸径 7cm,带土球栽植	株	20	109.44	2188.80	
5	050102002001	栽植灌木	红叶碧桃,冠幅 2m,落叶灌木,裸根栽植	株	17	62.70	1065.90	
6	050102002002	栽植灌木	垂丝海棠,冠幅 2m,落叶灌木,裸根栽植	株	9	57.45	517.05	
7	050102002003	栽植灌木	郁李,冠幅 2m,落木灌叶,裸根栽植	株	8	57.45	459.60	

续表

序号	项目编码	项目名称	项目特征描述	计量单位	工程量	金额(元)		
						综合单价	合价	其中:暂估价
8	050102002004	栽植灌木	火棘,冠幅1.5m,常绿小灌木,带土球栽植	株	14	25.60	358.40	
9	050102005001	栽植绿篱	小叶女贞,常绿,高0.9m	m	11	37.55	413.05	
10	050102003001	栽植竹类	毛竹,常绿,二年生	株	10	33.55	335.50	
11	050102003002	栽植竹类	紫竹,常绿,二年生	株	60	33.55	2013.00	
12	050102008001	栽植花卉	月季,木本花卉,落叶	m²	80.00	9.69	775.20	
13	050102008002	栽植花卉	美人蕉,草本花卉	m²	16.00	13.57	217.12	
14	050102006001	栽植攀缘植物	紫藤,落叶藤本,木本,二年生	株	4	42.64	170.56	
15	050102013001	喷播植草	高羊茅,坡度1:1以下,坡长12m以外	m²	1200.00	5.90	7080.00	
16	050102008003	栽植花卉	美女樱,草本花卉	m²	8.00	10.00	80.00	
17	050102008004	栽植花卉	射干,草本花卉	m²	10.00	18.67	186.70	
18	050102008005	栽植花卉	虞美人,草本花卉	m²	11.00	10.00	110.00	
19	050102008006	栽植花卉	波斯菊,草本花卉	m²	8.00	29.69	237.52	
20	050102008007	栽植花卉	一串红,草本花卉	m²	8.00	41.62	332.96	
21	050102008008	栽植花卉	千日红,草本花卉	m²	8.00	46.72	373.76	
22	050102008009	栽植花卉	大丽花,球根花卉	m²	10.00	41.11	411.10	
23	050102008010	栽植花卉	雏菊,草本花卉	m²	12.00	41.62	499.44	
24	050201001001	园路1	彩色沥青面层20mm厚,水泥砂浆结合层30mm厚,底涂层,碎石垫层100mm厚,路牙	m²	360.00	85.89	30920.40	
25	050201001002	园路2	红松木条面层厚20mm,红松木条120×50,混凝土路基,花岗石贴边	m²	252.00	163.41	41179.32	
26	050201001003	园路3	青石板路面40mm厚,混凝土垫层80mm厚,钢筋混凝土垫层90mm厚,3:7灰土50mm厚,混凝土镶卵石路面,青石条镶边	m²	96.00	133.56	12821.76	
27	050201001004	园路4	黄沙垫层60mm厚,青石板面层50mm厚	m²	20	65.65	1313.00	

续表

序号	项目编码	项目名称	项目特征描述	计量单位	工程量	综合单价	合价	其中:暂估价
						金额(元)		
28	050201001005	园路5——广场	混凝土平板 60mm 厚,预制砂浆(1:3)30mm 厚,混凝土 100mm 厚,碎石垫层 150mm 厚	m²	600.00	120.06	72036.00	
29	010505010001	现浇混凝土斜屋面板		m³	2.92	627.38	1831.95	
30	050304001001	现浇混凝土花架柱、梁		m³	0.62	745.34	462.11	
31	050307018001	砖砌小摆设——种植池		个	1	602.20	602.20	
32	010501001001	垫层	现浇混凝土基础垫层	m²	4.05	289.84	1173.85	
33	010101003001	挖沟槽土方		m³	11.76	13.98	164.40	
34	010103001001	回填方		m³	7.65	26.57	203.26	
35	020511001001	鹅颈靠背1	木板 50mm 厚	m	6.00	47.65	285.90	
36	020511001002	鹅颈靠背2	木板 20mm 厚	个	10.80	2230.05	24084.54	
37	050307006001	花坛铁艺栏杆1	混凝土结构围栏杆,围栏下部 120 砖墙,水泥砂浆粘结层,文化石贴面,铁栏杆	m	48.00	248.65	11935.20	
38	050307006002	花坛铁艺栏杆2	立面种植围栏	m	21.00	278.39	5846.19	
39	010101001001	平整场地		m²	115.77	7.16	828.91	
40	010101003002	挖沟槽土方	柱基础	m³	23.52	34.76	817.56	
41	010501001002	垫层		m³	1.57	261.88	411.15	
42	010501003001	独立基础		m³	3.83	269.47	1032.07	
43	010502001001	现浇钢筋混凝土柱——矩形柱		m³	2.32	414.19	960.92	
44	010401003001	实心砖墙		m³	19.04	448.11	8532.01	
45	010505003001	平板		m³	12.87	600.23	7724.96	
46	010901001001	琉璃瓦屋面		m²	129.19	141.90	18332.06	
47	010902001001	屋面防水卷材	PVC 卷材	m²	129.19	55.29	7142.92	
48	011102003001	块料楼地面	大理石面层 40mm 厚,M5 水泥砂浆结合层,3:7灰土垫层 60 厚	m²	101.06	101.81	10288.92	

续表

序号	项目编码	项目名称	项目特征描述	计量单位	工程量	金额(元)		
						综合单价	合价	其中:暂估价
49	010802001001	金属平开门1	铝合金门框,茶色玻璃	樘	1	4975.49	4975.49	
50	010802001002	金属推拉门2	铝合金门框,茶色玻璃	樘	1	4975.49	4975.49	
51	010807001001	金属推拉窗	铝合金门框,茶色玻璃	樘	4	1699.36	6797.44	
52	011503002001	栏杆,扶手		m	20.14	83.51	1681.89	
53	010103001002	回填方		m³	17.68	47.04	831.67	
合　　计								405958.34

5. 综合单价调整表

见表5-65。

综合单价调整表　　　　　　　　　　　　　　　　表 5-65

工程名称:某广场园林绿化　　　　　　　　标段:　　　　　　　　　第 页 共 页

序号	项目编码	项目名称	已标价清单综合单价(元)				调整后综合单价(元)			
			人工费	材料费	机械费	管理费和利润	人工费	材料费	机械费	管理费和利润

造价工程师(签章):　　　　　　发包人代表(签章):　　　　　造价人员(签章):　　　　　承包人代表(签章):

日期:　　　　　　　　　　　　　　　　　　　　　　日期:

注:综合单价调整应附调整依据。

6. 总价措施项目清单与计价表

见表5-66。

总价措施项目清单与计价表　　　　　　　　　　　　表 5-66

工程名称:某广场园林绿化　　　　　　　　　　标段:第 页 共 页

序号	项目编码	项目名称	计算基础	费率(%)	金额(元)	调整费率(%)	调整后金额(元)	备注
		安全文明施工费						
		夜间施工增加费						
		二次搬运费						
		冬雨期施工增加费						
		已完工程及设备保护费						
合　　计								

编制人(造价人员):　　　　　　　　　　　　复核人(造价工程师):

注:1."计算基础"中安全文明施工费可为"定额基价"、"定额人工费"或"定额人工费+定额机械费",其他项目可为"定额人工费"或"定额人工费+定额机械费"。

　　2.按施工方案计算的措施费,若无"计算基础"和"费率"的数值,也可只填"金额"数值,但应在备注栏说明施工方案出处或计算方法。

7. 其他项目清单与计价汇总表

见表5-67。

其他项目清单与计价汇总表　　　　　　　　　　　表 5-67

工程名称：某广场园林绿化　　　　　　标段：　　　　　　　　　　　第　页　共　页

序号	项目名称	金额(元)	结算金额(元)	备注
1	暂列金额	40515.8		
2	暂估价			
2.1	材料(工程设备)暂估价/结算价	—		
2.2	专业工程暂估价/结算价			
3	计日工			
4	总承包服务费			
5	索赔与现场签证	—		
	合　计			—

注：材料（工程设备）暂估单价进入清单项目综合单价，此处不汇总。

8. 规费、税金项目计价表

见表5-68。

规费、税金项目计价表　　　　　　　　　　　表 5-68

工程名称：某广场园林绿化　　　　　　标段：　　　　　　　　　　　第　页　共　页

序号	项目名称	计算基础	计算基数	计算费率(%)	金额(元)
1	规费	定额人工费			
1.1	社会保险费	定额人工费			
(1)	养老保险费	定额人工费			
(2)	失业保险费	定额人工费			
(3)	医疗保险费	定额人工费			
(4)	工伤保险费	定额人工费			
(5)	生育保险费	定额人工费			
1.2	住房公积金	定额人工费			
1.3	工程排污费	按工程所在地环境保护部门收取标准,按实计入			
2	税金	分部分项工程费＋措施项目费＋其他项目费＋规费－按规定不计税的工程设备金额			
	合　计				

编制人（造价人员）：　　　　　　　　　　复核人（造价工程师）：

5.6 某小区带状绿地规划图清单项目工程量计算

1. 清单工程量

依据《园林绿化工程工程量计算规范》GB 50858—2013。

（1）绿化工程

1）整理绿化用地

项目编码：050101010001，项目名称：整理绿化用地。

工程量计算规则：按设计图示尺寸以面积计算。由图 4-51 得出：

$S＝长×宽＝75.00×25.00＝1875m^2$

【注释】   75——为场地东西方向的长度；

            25——为场地南北方向的宽度。

2）栽植乔木

① 栽植雪松

项目编码：050102001001，项目名称：栽植乔木。

工程量计算规则：按设计图示数量计算。由图 4-50 得：

栽植雪松的工程量为：2 株。

② 栽植广玉兰

项目编码：050102001002，项目名称：栽植乔木。

工程量计算规则：按设计图示数量计算。由图 4-50 得：

栽植广玉兰的工程量为：3 株。

③ 栽植桂花

项目编码：050102001003，项目名称：栽植乔木

工程量计算规则：按设计图示数量计算。由图 4-50 得：

栽植桂花的工程量为：3 株。

④ 栽植银杏

项目编码：050102001004，项目名称：栽植乔木。

工程量计算规则：按设计图示数量计算。由图 4-50 得：

栽植银杏的工程量为：4 株。

⑤ 栽植南京栾树

项目编码：050102001005，项目名称：栽植乔木

工程量计算规则：按设计图示数量计算。由图 4-50 得：

栽植南京栾树的工程量为：2 株。

⑥ 栽植鸡爪槭

项目编码：050102001006，项目名称：栽植乔木。

工程量计算规则：按设计图示数量计算。由图 4-50 得：

栽植鸡爪槭的工程量为：6 株。

⑦ 栽植玉兰

项目编码：050102001007，项目名称：栽植乔木。

工程量计算规则：按设计图示数量计算。由图 4-50 得：

栽植玉兰的工程量为：5 株。

⑧ 栽植西府海棠

项目编码：050102001008，项目名称：栽植乔木。

工程量计算规则：按设计图示数量计算。由图 4-50 得：

栽植西府海棠的工程量为：6 株。

⑨ 栽植花石榴

项目编码：050102001009，项目名称：栽植乔木。

工程量计算规则：按设计图示数量计算。由图 4-50 得：

栽植花石榴的工程量为：6 株。

⑩ 栽植日本樱花

项目编码：050102001010，项目名称：栽植乔木。

工程量计算规则：按设计图示数量计算。由图 4-50 得：

栽植日本樱花的工程量为：9 株。

⑪ 栽植紫薇

项目编码：050102001011，项目名称：栽植乔木。

工程量计算规则：按设计图示数量计算。由图 4-50 得：

栽植紫薇的工程量为：9 株。

3）栽植棕榈

项目编码：050102004001，项目名称：栽植棕榈类。

工程量计算规则：按设计图示数量计算。由图 4-50 得：

栽植棕榈的工程量为：6 株。

4）栽植灌木

① 栽植金钟连翘

项目编码：050102002001，项目名称：栽植灌木。

工程量计算规则：按设计图示数量计算。由图 4-91 得：

栽植金钟连翘的工程量为：48 株。

② 栽植贴梗海棠

项目编码：050102002002，项目名称：栽植灌木。

工程量计算规则：按设计图示数量计算。由图 4-91 得：

栽植贴梗海棠的工程量为：68 株。

5）栽植绿篱

① 栽植金叶女贞

项目编码：050102005001，项目名称：栽植绿篱。

工程量计算规则：按设计图示以长度或面积计算。由图 4-91 得：

栽植金叶女贞的工程量为：

$S = 19.5 \times 1 + 13.5 \times 1 + 1/2 \times (14.5 - 13.5) \times 1$

$=19.5+13.5+0.5$

$=33.5m^2$

【注释】 19.5——为围树椅南侧金叶女贞的长度；

13.5——为坐凳东北侧外围金叶女贞的长度；

14.5——为坐凳东北侧内侧金叶女贞的长度；

1——为金叶女贞绿篱的宽度。

② 栽植窄叶黄杨

项目编码：050102005002，项目名称：栽植绿篱。

工程量计算规则：按设计图示以长度或面积计算。由图 4-91 得：

栽植窄叶黄杨的工程量为：

$S=10.5×1+1/2×0.8×1+1/2×1.2×1+17×1+1/2×(17.75-17)×1$

$=10.5+0.4+0.6+17+0.375$

$=28.88m^2$

【注释】 10.5——为广场东北侧窄叶黄杨的垂直长度；

0.8——为广场东北侧窄叶黄杨左侧多于垂直长度的长度；

1.2——为广场东北侧窄叶黄杨右侧多于垂直长度的长度；

17——为广场东侧道路内侧窄叶黄杨的长度；

17.75——为广场东侧道路外侧窄叶黄杨的长度；

1——为窄叶黄杨绿篱宽度。

6）栽植龟甲冬青

项目编码：050102007001，项目名称：栽植色带。

工程量计算规则：按设计图示尺寸以面积计算，由图 4-91 得：

栽植龟甲冬青的工程量为：$S=(10.5×1+9.5)×1=20m^2$

【注释】 10.5——为花架北侧龟甲冬青的长度；

9.5——为花架南侧龟甲冬青的长度；

1——为龟甲冬青色带的宽度。

7）栽植花卉

① 栽植蔷薇

项目编码：050102008001，项目名称：栽植花卉。

工程量计算规则：按设计图示数量或面积计算。由图 4-91 得：

栽植蔷薇的工程量为：$23m^2$。

② 栽植云南素馨

项目编码：050102008002，项目名称：栽植花卉。

工程量计算规则：按设计图示数量或面积计算。由图 4-91 得：

栽植蔷薇的工程量为：$26m^2$。

8）铺种草皮

① 栽植麦冬

项目编码：050102012001，项目名称：铺种草皮。

工程量计算规则：按设计图示尺寸以面积计算。由图 4-91 得：

栽植麦冬的工程量为：$S = 3.5 \times 2.5 + 2 \times 4.5 + 4 \times 5 - 4 \times 1 - 2 \times 2.25$

$$= 8.75 + 9 + 20 - 4 - 4.5$$

$$= 29.25 m^2$$

【注释】　3.5——为组合花坛中高度最低的花坛的长度；

2.5——为组合花坛中高度最低的花坛的宽度；

2——为组合花坛中高度中等的花坛的宽度；

4.5——为组合花坛中高度中等的花坛的长度；

4——为组合花坛中高度最高的花坛的宽度；

5——为组合花坛中高度最高的花坛的长度；

4——为高度最高花坛与高度最低花坛在计算面积时交叠区域的长度；

1——为高度最高花坛与高度最低花坛在计算面积是交叠区域的宽度；

2——为高度最高花坛与高度中等花坛在计算面积时交叠区域的宽度；

2.25——为高度最高花坛与高度中等花坛计算面积时交叠区域长度。

② 铺种草皮

项目编码：050102012002，项目名称：铺种草皮。

工程量计算规则：按设计图示尺寸以面积计算。由图 4-91 得：

铺种草皮的工程量为：

$S = (S_1 + S_2 + S_3 + S_4 - S_{金叶女贞} - S_{窄叶黄杨} - S_{龟甲冬青} - S_{金钟连翘} - S_{丰花月季} - S_{云南素馨} - S_{蔷薇})$

$\quad = 142 + 445 + 302 + 251 - 34 - 29 - 20 - 24 - 34 - 23 - 26$

$\quad = 950 m^2$

【注释】　142——为广场 2 北侧三角状绿地面积；

445——为花架北侧绿地面积；

302——为花架南侧绿地面积；

251——为广场 1 南侧绿地面积；

34——为金叶女贞绿篱的面积；

29——为窄叶黄杨绿篱的面积；

20——为龟甲冬青色带的面积；

24——为灌木金钟连翘的面积；

34——为灌木丰花月季的面积；

23——为花卉蔷薇的面积；

26——为花卉云南素馨的面积。

(2) 园路、园桥、假山工程

1) 园路桥工程

① 园路

项目编码：050201001001，项目名称：园路。

工程量计算规则：按设计图示尺寸以面积计算，不包括路牙。由图 4-67～图 4-69 得：

园路的工程量为：

$S = (S_1 + S_2 + S_3)$

$=58.5 \times 3 + 17 \times 3 + 6 \times 3 + 11.3 \times 3 + 1/2 \times 3.6 \times 3$

$=175.5 + 51 + 18 + 33.9 + 5.4$

$=283.8m^2$

【注释】 58.5——为广场 2 南侧道路 1 的长度；

17——为广场 3 东侧道路 2 东西方向的长度；

6——为广场 3 东侧道路 2 南北方向的长度；

11.3——为广场 2 东北侧道路 3 短边长度；

3.6——为广场 2 东北侧道路 3 长边长于短边的长度；

3——为道路宽度。

② 广场 1：

项目编码：050201001002，项目名称：园路广场。

工程量计算规则：按设计图示尺寸以面积计算，不包括路牙。由图 4-52 得广场 1 的工程量为：

$S = (S_1 - S_{组合花坛} - S_{围树椅} - S_{坐凳})$

$= (12 + 28.7) \times 14 \times 1/2 - 30°/360° \times 3.14 \times 6^2 - 29 - 2 \times 2 \times 3 - 0.45 \times 1.2 \times 6$

$= 40.7 \times 7 - 1/12 \times 3.14 \times 36 - 29 - 12 - 3.24$

$= 231.24m^2$

【注释】 12——为广场 1 类似梯形的短边长；

28.7——为广场 1 类似梯形的下底延伸长度；

14——为广场 1 类似梯形的高度；

30°——为广场 1 与广场 2 的交叠区域的弧线角度；

6——为广场 1 与广场 2 的交叠区域的弧线的半径；

29——为组合花坛的占地面积；

2——为围树椅的边长；

3——为围树椅的个数；

0.45——为坐凳基础宽度；

1.2——为坐凳长度；

6——为坐凳个数。

③ 广场 2：

项目编码：050201001003，项目名称：园路广场。

工程量计算规则：按设计图示尺寸以面积计算，不包括路牙。由图 4-54 得广场 2 的工程量为：

$S = 3.14 \times 6^2 - 3.14 \times 2^2 = 100.48m^2$

【注释】 6——为圆形广场 2 的圆的半径；

2——为雕塑的圆形底座的圆的半径。

2) 广场 3：

项目编码：050201005001，项目名称：嵌草砖铺装。

工程量计算规则：按设计图示尺寸以面积计算，由图 4-56 得广场 3 的工程量为：

$S = 3.14 \times 12^2 - 3.14 \times 6^2 - 0.6 \times 5.6 \times 2$

$=3.14×144-3.14×36-6.72$

$=332.4m^2$

【注释】　12——为广场 3 外围圆弧半径；

6——为广场 3 内侧圆弧半径；

0.6——为景墙基座的宽度；

5.6——为景墙的长度；

2——为景墙的个数。

3）路牙铺设

项目编码：050201003001，项目名称：路牙铺设。

工程量计算规则：按设计图示尺寸以长度计算。由园路平面图，图 4-67～图 4-69 得：

园路的工程量为：$L=58.5×2+17+12.8+9+6+14.9+11.3$

$=117+29.8+15+26.2$

$=188m$

【注释】　58.5——为广场 2 南侧道路 1 的长度；

2——为双侧路牙；

17——为广场 3 东侧道路 2 东西方向的外围路的长度；

12.8——为广场 3 东侧道路 2 东西方向的内侧路的长度；

9——为广场 3 东侧道路 2 南北方向的外围路的长度；

6——为广场 3 东侧道路 2 南北方向的内侧路的长度；

14.9——为广场 2 东北方向道路 3 外围路的长度；

11.3——为广场 2 东北方向道路 3 内侧路的长度。

4）堆风景石

项目编码：050301005001，项目名称：堆风景石。

工程量计算规则：按设计图示数量计算。由图 4-89 可得：

风景石的工程量为：5 块。

（3）园林景观工程

1）花架

① 挖柱基：

项目编码：010101004001，项目名称：挖基础土方。

工程量计算规则：按设计图示尺寸以基础垫层底面积乘以挖土深度计算。

由图 4-83 及图 4-85 可得挖柱基的工程量为：$V=SHn$

$S=(0.25+0.08×2+0.1×2)^2=0.61×0.61=0.37m^2$

$Hn=0.15+0.15+0.2=0.5m$

$V=SHn=0.37×0.5×18=3.33m^3$

【注释】　0.25——为花架柱子的宽度；

0.08——为柱基础的宽于柱子宽度的宽度；

0.1——为基础垫层宽于柱基础宽度的宽度；

0.15——为基础垫层的厚度；

0.15——为柱基础的高度；

　　　　　　　　0.2——为花架柱子地下埋深的高度；

　　　　　　　　18——为花架柱子的根数。

② 现浇混凝土基础：

项目编码：010404001001，项目名称：垫层。

工程量计算规则：按设计图示尺寸以体积计算。

由图 4-85 可得现浇混凝土基础的工程量为：$V=SHn$

$S=0.61\times0.61=0.37m^2$

$Hn=0.15m$

$V=SHn=0.37\times0.15\times18=0.999m^3=1m^3$

【注释】　0.61——为混凝土垫层的宽度；

　　　　　0.15——为混凝土垫层的厚度；

　　　　　　18——为花架柱子的根数。

③ 独立基础：

项目编码：010501003001，项目名称：独立基础。

工程量计算规则：按设计图示尺寸以体积计算。

由图 4-85 可得独立基础的工程量为：$V=SHn$

$S=(0.25+0.08\times2)^2=0.41\times0.41=0.17m^2$

$Hn=0.15m$

$V=SHn=0.17\times0.15\times18=0.459m^3=0.46m^3$

【注释】　0.25——为柱子的宽度；

　　　　　0.08——为独立基础宽于柱子宽度的宽度；

　　　　　0.15——为独立基础的厚度；

　　　　　　18——为花架柱子的根数。

④ 现浇混凝土花架柱：

项目编码：050304001001，项目名称：现浇混凝土花架柱。

工程量计算规则：按设计图示尺寸以体积计算。不扣除构件内钢筋、预埋铁件所占体积。

由图 4-85 可得现浇混凝土柱的工程量为：$V=SHn$

$S_1=0.25\times0.25=0.0625m^2$

$H_1=2.85+0.2+0.15=3.2m$

$V_1=S_1H_1n=0.0625\times3.2\times18=3.6m^3$

$S_2=0.3\times0.3=0.09m^2$

$H_2=0.10m$

$V_2=0.09\times0.1\times18=0.16m^3$

$S_3=0.35\times0.35=0.1225m^2$

$H_3=0.05m$

$V_3=0.1225\times0.05\times18=0.11m^3$

$V=(V_1+V_2+V_3)=3.6+0.16+0.11=3.87m^3$

【注释】　0.25——为柱子的宽度；

　　　　2.85——为地面以上柱子的高度；

　　　　 0.2——为地下柱子埋深高度；

　　　　0.15——为柱子深入柱基础的高度；

　　　　 0.1——为柱子与梁连接部分的下梁的高度；

　　　　 0.3——为柱子与梁连接部分的下梁的截面宽度；

　　　　0.35——为柱子与梁连接部分的上梁的截面宽度；

　　　　0.05——为柱子与梁连接部分的上梁的高度；

　　　　 18——为柱子的根数。

⑤ 人工回填土：

项目编码：010103001001，项目名称：土（石）方回填。

工程量计算规则：按设计图示尺寸以体积计算。

由图 4-85 可得人工回填土的工程量为：

$V = 3.33 - 0.61 \times 0.61 \times 0.15 \times 18 - 0.41 \times 0.41 \times 0.15 \times 18 - 0.25 \times 0.25 \times 0.2 \times 18$

　　$= 3.33 - 1 - 0.45 - 0.23$

　　$= 1.65 \mathrm{m}^3$

【注释】　　3.33——为挖土方的体积；

　　　　0.61——为基础垫层的宽度；

　　　　0.15——为基础垫层的厚度；

　　　　0.41——为柱基础的宽度；

　　　　0.15——为柱基础的高度；

　　　　0.25——为柱子的宽度；

　　　　 0.2——为花架柱子地下埋深的高度；

　　　　 18——为柱子的根数。

⑥ 现浇混凝土钢筋（ϕ16 以内）

项目编码：010515001001，项目名称：现浇混凝土钢筋。

工程量计算规则：按设计图示钢筋（网）长度（面积）乘以单位理论质量计算。

由图 4-85 可得：

a. ϕ16 螺纹钢：

$L = （柱长 - 保护层厚度 + 弯起长度）\times 4$

　　$= (2.85 + 0.2 + 0.15 + 0.1 + 0.05 - 2 \times 0.03 + 0.08) \times 4 \times 18$

　　$= (3.35 - 0.06 + 0.08) \times 72$

　　$= 242.64 \mathrm{m}$

$W_{\phi16} = 242.64 \times m_{单位理论质量} = 242.64 \times 1.58 = 383.37 \mathrm{kg} = 0.383 \mathrm{t}$

【注释】　　2.85——为地面以上柱子的高度；

　　　　 0.2——为地下柱子埋深高度；

　　　　0.15——为柱子深入柱基础的高度；

　　　　 0.1——为柱子与梁连接部分的下梁的高度；

　　　　0.05——为柱子与梁连接部分的上梁的高度；

　　　　0.03——为保护层厚度；

0.08——为弯起长度；

  4——为柱子的四个边；

  18——为柱子的根数；

  1.58——为 $\phi 16$ 螺纹钢的单位理论质量。

b. $\phi 6$ 圆筋：

箍筋排列根数 $n=[(L-100)/$ 设计间距 $]+1=(3350-100)/200+1=18$

$n_{总}=18\times 18=324$ 根 $l=4\times 0.2\times 324=259.2m$

$W_{\phi 6}=259.2\times m_{单位理论质量}=259.2\times 0.222=57.54kg=0.058t$

【注释】 3350——为整个柱子的高度（加上地下埋深及嵌入基础的高度以及与梁连
      接部分的高度）；

      4——为柱子的四个边；

    0.2——为每根 $\phi 6$ 圆筋的间距。

c. $\phi 10$ 圆筋：

$l=(L-2c+6.25d)\times$ 根数

  $=(0.25+0.08\times 2-2\times 0.03+6.25\times 0.004)\times 4\times 2\times 18$

  $=(0.41-0.06+0.025)\times 144=54m$

$W_{\phi 10}=54\times m_{单位理论质量}=54\times 0.617=33.318kg=0.033t$

【注释】 0.25——为柱子的宽度；

    0.08——为独立基础宽于柱子宽度的宽度；

      4——为共有四根 $\phi 10$ 圆筋；

      2——为双向配筋；

      18——为柱子的根数；

    0.617——为 $\phi 10$ 圆筋的单位理论质量。

$\phi 16$ 以内现浇混凝土钢筋的工程量为：

$W=W_{\phi 16}+W_{\phi 6}+W_{\phi 10}=0.383+0.058+0.033=0.474t$

⑦ 现浇混凝土花架梁

项目编码：050304001002，项目名称：现浇混凝土花架梁。

工程量计算规则：按设计图示尺寸以体积计算。

由图 4-85 及图 4-83 可得现浇混凝土花架梁的工程量为： $V=0.4\times 0.3\times 20\times$

$2=4.8m^3$

【注释】 0.4——为现浇混凝土花架梁截面的宽度；

    0.3——为现浇混凝土花架梁截面的高度；

      20——为整个现浇混凝土花架梁跨度；

      2——为两根现浇混凝土花架梁。

⑧ 预制混凝土花架条：

项目编码：010514002001，项目名称：其他预制构件。

工程量计算规则：按设计图示尺寸以体积计算。不扣除勾结案内钢筋、预埋铁件及单
个尺寸 300mm×200mm 以内的孔洞所占体积，扣除烟道、垃圾道、通风道的孔洞所占
体积。

由图 4-83 及图 4-84 可得预制混凝土花架条的工程量为：

$V=[3.2\times0.27+(0.12+0.27)\times0.4)]\times0.3\times19=5.81m^3$

【注释】　3.2——为预制混凝土花架条短边的长度；

　　　　　0.27——为预制混凝土花架条高度；

　　　　　0.12——为预制混凝土花架条上半部分的宽度；

　　　　　0.4——为预制混凝土花架条长短边之差的一半；

　　　　　0.3——为预制混凝土花架条的宽度；

　　　　　19——为预制混凝土花架条的根数。

⑨　预埋铁件：

项目编码：010516002001，项目名称：预埋铁件。

工程量计算规则：按设计图示尺寸以质量计算。

由花架剖面图 4-83 可得预埋铁件的工程量为：$M=\rho V=7.8\times10^3\times V$

$V=3.14\times(0.03/2)^2\times0.4\times2\times18=0.01m^3$

$M=\rho V=7800\times0.01=78kg=0.078t$

【注释】　7.8——为预制混凝土花架条短边的长度；

　　　　　0.27——为预制混凝土花架条高度；

　　　　　0.12——为预制混凝土花架条上半部分的宽度；

　　　　　0.4——为预制混凝土花架条长短边之差的一半；

　　　　　0.3——为预制混凝土花架条的宽度；

　　　　　19——为预制混凝土花架条的根数。

⑩　柱梁面装饰抹灰

项目编码：011202002001，项目名称：柱、梁面装饰抹灰。

工程量计算规则：按设计图示柱断面周长乘以高度以面积计算。

由图 4-83 及图 4-85 可得：

a. 柱面装饰抹灰的工程量为：$S=CH$

$C_1=0.25\times4=1m$

$H_1=2.85m$

$S_1=1\times2.85=2.85m^2$

$C_2=0.3\times4=1.2m$

$H_2=0.1m$

$S_2=1.2\times0.1=0.12m^2$

$C_3=0.35\times4=1.4m$

$H_3=0.05m$

$S_3=1.4\times0.05=0.07m^2$

$S=(S_1+S_2+S_3)\times18=(2.85+0.12+0.07)\times18=54.72m^2$

【注释】　0.25——为现浇混凝土花架柱的边长；

　　　　　4——为花架柱的四个边；

　　　　　0.3——为不规则花架柱中间部分的底面的边长；

　　　　　4——为不规则花架柱中间部分的四个边；

0.35——为不规则花架柱上面部分的底面边长；

4——为不规则花架柱上面部分的四个边；

18——为柱子的根数。

b. 梁面装饰抹灰的工程量为：$S=CL$

$C=0.3\times2+0.4\times2=1.4m$

$L=20m$

$S=CL=1.4\times20\times2=56m^2$

【注释】　　0.3——为现浇混凝土梁截面的高度；

0.4——为现浇混凝土梁截面的宽度；

20——为现浇混凝土梁的跨度；

2——为两根现浇混凝土梁。

故柱、梁面装饰抹灰的工程量为：

$S=S_{柱}+S_{梁}=54.72+56=110.72m^2$

⑪ 预制混凝土花架条抹灰面油漆

项目编码：011406001001，项目名称：抹灰面油漆。

工程量计算规则：按设计图示尺寸以面积计算。

由图 4-84 可得：

$S=[(4\times0.27-0.15\times0.4\times2)\times2+0.3\times4+0.3\times3.2+0.3\times0.12\times2+0.3\times$

$\sqrt{0.15\times0.15+0.4\times0.4\times2}]\times19$

$=(2.04+1.2+0.96+0.072+0.256)\times19$

$=86.03m^2$

【注释】　　0.3——为预制混凝土花架条截面的高度；

4——为预制混凝土花架条长边的长度；

3.2——为预制混凝土花架条短边的长度；

0.12——为预制混凝土花架条不规则截面的短边的高度；

0.15——为预制混凝土花架条不规则截面的长边的高度；

0.4——为预制混凝土花架条长边多于短边的长度；

19——为预制混凝土花架条的根数；

2——为两个面。

⑫ 台阶：

项目编码：011107002001，项目名称：块料台阶面。

工程量计算规则：按设计图示尺寸以台阶（包括最上层踏步边沿加 300mm）水平投影面积计算。

由图 4-81 及图 4-87 可得：

台阶的工程量为：$S=2.4\times0.3\times4=2.88m^2$

【注释】　　2.4——为台阶面的长度；

0.3——为台阶面的宽度；

4——为台阶的级数。

⑬ 坐凳：

项目编码：050307018001，项目名称：砖石砌小摆设。

工程量计算规则：按设计图示尺寸以体积计算或者数量计算。

由图 4-82 及图 4-83 可得坐凳的工程量为：$V=SHn$

$S=0.4\times0.4=0.16m^2$

$H=0.35m$

$V=SHn=0.16\times0.35\times48=2.69m^3$

【注释】　0.4——为坐凳基础面的宽度；

0.35——为坐凳基础的高度；

48——为总的花架基础的个数。

⑭ 花架台面工程：

项目编码：011102003001，项目名称：块料楼地面。

工程量计算规则：按设计图示尺寸以面积计算。

由花架平面图 4-81 可得花架台面工程的工程量为：

$S=S_{花架广场}-S_{坐凳底面积}-S_{柱子底面积}-S_{台阶}$

$=5\times20-2.69-0.25\times0.25\times18-2.88$

$=100-2.69-1.13-2.88$

$=93.3m^2$

【注释】　5——为花架广场的宽度；

20——为花架广场的长度；

2.06——为坐凳的总底面积；

0.25——为预制混凝土花架柱的边长；

18——为预制混凝土花架柱的个数；

2.88——为台阶所占面积。

2）水池喷泉工程

① 喷水管：

项目编码：050306001001，项目名称：喷泉管道。

工程量计算规则：按设计图示尺寸以长度计算。

由图 4-77 可得：

给水管：$DN45$ 长 12m。

排水管：$DN45$ 长 10m。

溢流管：$DN35$ 长 8m。

管件：喷头 6 个。

止回隔断阀门：$DN45$ 低压塑料螺纹阀门 1 个。

普通阀门：$DN45$ 低压塑料螺纹阀门 1 个。

【注释】　具体数据得来详见图 4-77。

② 混凝土构筑物——混凝土水池：

项目编码：010507007001，项目名称：贮水（油）池。

工程量计算规则：按设计图示尺寸以体积计算。不扣除构件内钢筋、预埋铁件及单个面积 $0.3m^2$ 以内的孔洞所占体积。

由图 4-76 及图 4-79 可得水池的工程量为：$V = V_{池壁} + V_{池底}$

a. $V_{池壁} = S_{断面} \times L$

$S_{断面1} = 0.14 \times (0.4 + 0.4 + 0.02 + 0.02 + 0.2) = 0.14 \times 1.04 = 0.15 \text{m}^2$

$L_1 = (2 \times 3.14 \times 8.4 \times 76°/360° + 2 \times 3.14 \times 8 \times 69°/360°)/2$

$\quad = (2 \times 3.14 \times 8.4 \times 0.21 + 2 \times 3.14 \times 8 \times 0.19)/2$

$\quad = 10.31 \text{m}$

$V_{池壁1} = S_{断面1} \times L_1 = 0.15 \times 10.31 = 1.55 \text{m}^3$

$S_{断面2} = 0.14 \times (0.2 + 0.4 + 0.02 + 0.02 + 0.2) = 0.14 \times 0.84 = 0.12 \text{m}^2$

$L_2 = (2 \times 3.14 \times 6 \times 69°/360° + 2 \times 3.14 \times 6.4 \times 63°/360°)/2$

$\quad = (2 \times 3.14 \times 6 \times 0.19 + 2 \times 3.14 \times 6.4 \times 0.175)/2$

$\quad = 7.10 \text{m}$

$V_{池壁2} = S_{断面2} \times L_2 = 0.12 \times 7.10 = 0.85 \text{m}^3$

$S_{侧壁} = (0.4 + 0.4 + 0.02 + 0.02 + 0.2) \times (0.2 + 0.4 + 0.02 + 0.02 + 0.2) \times (1.6 + 0.2 + 0.2)/2$

$\quad = 1.04 \times 0.84 \times 2/2 = 0.87 \text{m}^2$

$D = 0.14 \text{m}$

$V_{侧壁} = S_{侧壁} \times D = 0.87 \times 0.14 = 0.12 \text{m}^3$

$V_{池壁} = V_{池壁1} + V_{池壁2} + 2V_{侧壁} = 1.55 + 0.85 + 2 \times 0.12 = 2.64 \text{m}^3$

【注释】　0.14——为混凝土池壁的厚度；

　　　　　0.4——为左侧池壁水面以上池壁高度；

　　　　　0.4——为设计水面高度；

　　　　　0.02——为 20mm 厚白瓷砖厚度；

　　　　　0.02——为 20mm 厚水泥砂浆抹灰厚度；

　　　　　0.2——为混凝土池底的厚度；

　　　　　0.2——为右侧池壁水面以上池壁的高度；

　　　　　8.4——为弧形水池外圆外弧所对应的半径；

　　　　　76°——为弧形水池外圆外弧所对应的角度；

　　　　　8——为弧形水池外圆内弧所对应的半径；

　　　　　69°——为弧形水池外圆内弧所对应的角度；

　　　　　6——为弧形水池内圆外弧所对应的半径；

　　　　　69°——为弧形水池内圆外弧所对应的角度；

　　　　　6.4——为弧形水池内圆内弧所对应的半径；

　　　　　63°——为弧形水池内圆内弧所对应的角度；

　　　　　1.6——为弧形水池两侧的边长；

　　　　　0.2——为池壁厚度的一半。

b. $V_{池底} = S_{底面} \times D$

$S_{底面} = 69°/360° \times 3.14 \times 8^2 - 63°/360° \times 3.14 \times 6.4^2$

$\quad = 0.19 \times 3.14 \times 64 - 0.175 \times 3.14 \times 40.96$

$\quad = 15.67 \text{m}^2$

$D=0.2m$

c. $V_{池底}=S_{底面}\times D=15.67\times 0.2=3.13m^3$

【注释】 0.2——为混凝土池底的厚度；

8——为弧形水池外圆内弧所对应的半径；

69°——为弧形水池外圆内弧所对应的角度；

6.4——为弧形水池内圆内弧所对应的半径；

63°——为弧形水池内圆内弧所对应的角度。

故水池的工程量为：$V=V_{池壁}+V_{池底}=2.64+3.13=5.77m^3$

③ 挖土方：

项目编码：010101004002，项目名称：挖基础土方。

工程量计算规则：室内设计图示尺寸以基础垫层底面积乘以挖土深度计算。

由图 4-78 及图 4-79 可得：

挖土方的工程量为：$V=S_{垫层}\times D$

$$S_{垫层}=82°/360°\times 3.14\times 8.8^2-76°/360°\times 3.14\times 5.6^2$$
$$=0.23\times 3.14\times 77.44-0.21\times 3.14\times 31.36$$
$$=35.25m^2$$

$D=0.2+0.4=0.6m$

$V=S_{垫层}\times D=35.25\times 0.6=21.15m^3$

【注释】 82°——为弧形水池基础垫层外弧所对应的角度；

8.8——为弧形水池基础垫层外弧所对应的半径；

76°——为弧形水池基础垫层内弧所对应的角度；

5.6——为弧形水池基础垫层内弧所对应的半径；

0.2——为基础垫层的厚度；

0.4——为水池的地下埋深高度。

④ C10 混凝土垫层：

项目编码：010404001002，项目名称：垫层。

工程量计算规则：按设计图示尺寸以体积计算。不扣除构建内钢筋、预埋铁件和伸入承台基础的桩头所占体积。

由图 4-78 及图 4-79 可得 C10 混凝土垫层的工程量为：

$V=S_{混凝土垫层}\times D$

$$S_{垫层}=82°/360°\times 3.14\times 8.8^2-76°/360°\times 3.14\times 5.6^2$$
$$=0.23\times 3.14\times 77.44-0.21\times 3.14\times 31.36$$
$$=35.25m^2$$

$V=S_{混凝土垫层}\times D=35.25\times 0.2=7.05m^3$

【注释】 82°——为弧形水池基础垫层外弧所对应的角度；

8.8——为弧形水池基础垫层外弧所对应的半径；

76°——为弧形水池基础垫层内弧所对应的角度；

5.6——为弧形水池基础垫层内弧所对应的半径；

0.2——为混凝土垫层的厚度。

⑤ 20mm 厚 1：2.5 水泥砂浆结合层：

项目编码：011108004001，项目名称：水泥砂浆零星项目。

工程量计算规则：按设计图示尺寸以面积计算。

由图 4-78 及图 4-79 可得：

$$S_{池底}=73°/360°×3.14×8.2^2-66°/360°×3.14×6.2^2$$
$$=0.20×3.14×8.2^2-0.18×3.14×6.2^2$$
$$=20.50m^2$$

$$S_{池壁}=73°/360°×2×3.14×8.2×（0.4+0.4+0.02+0.02+0.2+0.02）+66°/360°×2$$
$$×3.14×6.2×（0.2+0.4+0.02+0.02+0.2+0.02）+2×1.06×0.86×2/2$$
$$=0.2×2×3.14×8.2×1.06+0.18×2×3.14×6.2×0.86+2×1.06×0.86$$
$$=10.92+6.03+1.82$$
$$=18.77m^2$$

$$S=S_{池底}+S_{池壁}=20.50+18.77=39.27m^2$$

【注释】　73°——为防水层外弧所对应的角度；

　　　　　8.2——为防水层外弧所对应的半径；

　　　　　66°——为防水层内弧所对应的角度；

　　　　　6.2——为防水层内弧所对应的半径；

　　　　　0.4——为左侧池壁水面以上池壁高度；

　　　　　0.4——为设计水面高度；

　　　　　0.02——为 20mm 厚白瓷砖厚度；

　　　　　0.02——为防水层的厚度；

　　　　　0.2——为混凝土池底的厚度；

　　　　　0.02——为水泥砂浆的厚度；

　　　　　0.2——为右侧池壁水面以上池壁的高度；

　　　　　2——为侧壁防水层的长度。

⑥ 防水层：

项目编码：010904002001，项目名称：涂膜防水。

工程量计算规则：按设计图示尺寸以面积计算。

由图 4-78 及图 4-79 可得防水层的工程量为：$S=S_{池底}+S_{池壁}$

$$S_{池底}=73°/360°×3.14×8.2^2-66°/360°×3.14×6.2^2$$
$$=0.20×3.14×8.2^2-0.18×3.14×6.2^2$$
$$=20.50m^2$$

$$S_{池壁}=73°/360°×2×3.14×8.2×（0.4+0.4+0.02+0.02+0.2+0.02）+66°/360°$$
$$×2×3.14×6.2×（0.2+0.4+0.02+0.02+0.2+0.02）+2×1.06×0.86$$
$$×2/2$$
$$=0.2×2×3.14×8.2×1.06+0.18×2×3.14×6.2×0.86+2×1.06×0.86$$
$$=18.77m^2$$

$$S=S_{池底}+S_{池壁}=20.50+18.77=39.27m^2$$

【注释】　73°——为防水层外弧所对应的角度；

8.2——为防水层外弧所对应的半径；

66°——为防水层内弧所对应的角度；

6.2——为防水层内弧所对应的半径；

0.4——为左侧池壁水面以上池壁高度；

0.4——为设计水面高度；

0.02——为 20mm 厚白瓷砖厚度；

0.02——为防水层的厚度；

0.2——为混凝土池底的厚度；

0.02——为水泥砂浆的厚度；

0.2——为右侧池壁水面以上池壁的高度；

2——为侧壁防水层的长度。

⑦ 20mm 厚水泥砂浆结合层：

项目编码：011108004002，项目名称：水泥砂浆零星项目。

工程量计算规则：按设计图示尺寸以面积计算。

由图 4-78 及图 4-79 可得：20mm 厚水泥砂浆结合层的工程量等于防水层的工程量。

故 $S=S_{池底}+S_{池壁}=20.50+18.77=39.27\text{m}^2$

⑧ 防水砂浆：

项目编码：010703003001，项目名称：砂浆防水（潮）。

工程量计算规则：按设计图示尺寸以面积计算。

由图 4-78 及图 4-79 可得防水砂浆的工程量为：$S=S_{池底}+S_{池壁}$

$S_{池底}=69°/360°×3.14×8^2-63°/360°×3.14×6.4^2$

$\qquad =0.19×3.14×64-0.175×3.14×40.96$

$\qquad =15.67\text{m}^2$

$S_{池壁}=69°/360°×2×3.14×8×（0.4+0.4+0.02）+63°/360°×2×3.14×6.4×（0.2$

$\qquad +0.4+0.02）+2×0.84×0.64×1.68/2$

$\qquad =7.83+4.36+0.90$

$\qquad =13.09\text{m}^2$

$S=S_{池底}+S_{池壁}=15.67+13.09=28.76\text{m}^2$

【注释】　69°——为防水砂浆外弧所对应的角度；

8——为防水砂浆外弧所对应的半径；

63°——为防水砂浆内弧所对应的角度；

6.4——为防水砂浆内弧所对应的半径；

0.4——为左侧池壁水面以上池壁高度；

0.4——为设计水面高度；

0.02——为 20mm 厚白瓷砖厚度；

0.2——为右侧池壁水面以上池壁的高度；

1.68——为侧壁防水砂浆的长度。

⑨ 白色瓷砖贴池底池壁：

项目编码：011108003001，项目名称：块料零星项目。

工程量计算规则：按设计图示尺寸以镶贴表面积计算。

由图 4-78 及图 4-79 可得：白色瓷砖贴池底池壁的工程量等同于防水砂浆的工程量。

故白色瓷砖的工程量为：$S = 28.76\text{m}^2$

⑩ 砖砌体结构：

项目编码：010401012001，项目名称：零星砌砖。

工程量计算规则：按设计图示尺寸以体积计算。扣除混凝土及钢筋混凝土梁垫、梁头、板头所占体积。

由图 4-78 及图 4-79 可得砖砌体结构的工程量为：$V = S \times D$

$S_1 = 76°/360° \times 3.14 \times 8.4^2 - 73°/360° \times 3.14 \times 8.2^2$

$\quad = 0.21 \times 3.14 \times 8.4^2 - 0.20 \times 3.14 \times 8.2^2$

$\quad = 46.53 - 42.23 = 4.3\text{m}^2$

$V_1 = S_1 \times D = 4.3 \times 0.14 = 0.60\text{m}^3$

$S_2 = 66°/360° \times 3.14 \times 6.2^2 - 69°/360° \times 3.14 \times 6^2$

$\quad = 0.18 \times 3.14 \times 6.2^2 - 0.19 \times 3.14 \times 6^2$

$\quad = 0.25\text{m}^2$

$V_2 = S_2 \times D = 0.25 \times 0.14 = 0.035\text{m}^3$

$2S_{侧壁} = 2 \times (0.4 + 0.4 + 0.02 + 0.02 + 0.2 + 0.02 + 0.02) \times (0.2 + 0.4 + 0.02 +$
$\quad 0.02 + 0.2 + 0.02 + 0.02) \times 2.4/2$

$\quad = 2.28\text{m}^2$

$V3 = 2S_{侧壁} \times D = 2.28 \times 0.14 = 0.32\text{m}^3$

$V = V_1 + V_2 + V_3 = 0.60 + 0.035 + 0.32 = 0.96\text{m}^3$

【注释】　76°——为砖砌体外圆外弧所对应的角度；

　　　　　8.4——为砖砌体外圆外弧所对应的半径；

　　　　　69°——为砖砌体外圆内弧所对应的角度；

　　　　　8.2——为砖砌体外圆内弧所对应的半径；

　　　　　69°——为砖砌体内圆内弧所对应的角度；

　　　　　6.2——为砖砌体内圆内弧所对应的半径；

　　　　　63°——为砖砌体内圆外弧所对应的角度；

　　　　　6——为砖砌体内圆外弧所对应的半径；

　　　　　0.4——为左侧池壁水面以上池壁高度；

　　　　　0.4——为设计水面高度；

　　　　　0.02——为20mm厚白瓷砖厚度；

　　　　　0.02——为防水砂浆厚度；

　　　　　0.2——为混凝土池底厚度；

　　　　　0.02——为水泥砂浆厚度；

　　　　　0.02——为防水层厚度；

　　　　　0.2——为右侧池壁水面以上池壁的高度；

　　　　　2.4——侧壁砖砌体的长度。

⑪ 20mm 厚水泥砂浆找平层：

项目编码：011108004003，项目名称：水泥砂浆零星项目。

工程量计算规则：按设计图示尺寸以面积计算。

由图 4-78 及图 4-79 可得：

$$S = 76°/360° \times 2 \times 3.14 \times 8.4 \times 0.6 + 69°/360° \times 2 \times 3.14 \times 6 \times 0.4 + 2 \times (0.4 + 0.6) \times 2.4/2$$

$$= 0.21 \times 2 \times 3.14 \times 8.4 \times 0.6 + 0.19 \times 2 \times 3.14 \times 6 \times 0.4 + 2.4$$

$$= 11.91 m^2$$

【注释】 76°——为水池外圆外弧所对应的角度；

8.4——为水池外圆外弧所对应的半径；

0.6——为水池外圆一侧地上部分高度；

69°——为水池内圆外弧所对应的角度；

6——为水池内圆外弧所对应的半径；

0.4——为水池内圆一侧地上部分的高度；

2.4——为水池外沿的宽度。

⑫ 拼碎花岗石：

项目编码：011108002001，项目名称：拼碎石材零星项目。

工程量计算规则：按设计图示尺寸以镶贴表面积计算。

由图 4-78 可得拼碎花岗石的工程量为：

$$S = 76°/360° \times 2 \times 3.14 \times 8.4 \times 0.6 + 69°/360° \times 2 \times 3.14 \times 6 \times 0.4 + 2 \times (0.4 + 0.6) \times 2.4/2$$

$$= 0.21 \times 2 \times 3.14 \times 8.4 \times 0.6 + 0.19 \times 2 \times 3.14 \times 6 \times 0.4 + 2.4$$

$$= 11.91 m^2$$

【注释】 76°——为水池外圆外弧所对应的角度；

8.4——为水池外圆外弧所对应的半径；

0.6——为水池外圆一侧地上部分高度；

69°——为水池内圆外弧所对应的角度；

6——为水池内圆外弧所对应的半径；

0.4——为水池内圆一侧地上部分的高度；

2.4——为水池外沿的宽度。

⑬ 现浇混凝土压顶：

项目编码：010507007001，项目名称：现浇混凝土其他构件。

工程量计算规则：按设计图示尺寸以体积计算。

由图 4-78 及图 4-79 可得：

$$V = S_{截面} L_{中}$$

$$S_{截面} = 0.05 \times 0.4 = 0.02 m^2$$

$$L_{中} = 73°/360° \times 2 \times 3.14 \times 8.2 + 66°/360° \times 2 \times 3.14 \times 6.2 + 2 \times 2$$

$$= 0.2 \times 2 \times 3.14 \times 8.2 + 0.18 \times 2 \times 3.14 \times 6.2 + 4$$

$$= 21.31 m$$

$$V = S_{截面} L_{中} = 0.02 \times 21.31 = 0.43 m^3$$

【注释】 73°——为水池边沿中线外弧所对应的角度；

8.2——为水池边沿中线外弧所对应的半径；

66°——为水池边沿中线内弧所对应的角度；

6.2——为水池边沿中线内弧所对应的半径；

2——为水池边沿中线侧边边长；

2——为两条侧边。

（4）雕塑工程

1）雕塑底座

① 挖土方

项目编码：010101004003，项目名称：挖基础土方。

工程量计算规则：按设计图示尺寸以基础垫层底面积乘以挖土深度计算。

由图 4-75 雕塑底座剖面图可得挖土方的工程量为：$V=SH$

$V=3.2×3.2×(0.4+0.5)=3.2×3.2×0.9=9.22m^3$

【注释】 3.2——为基础垫层的宽度；

0.4——为基础垫层的厚度；

0.5——为混凝土基座埋深高度。

② 现浇混凝土基础：

项目编码：010501003002，项目名称：独立基础。

工程量计算规则：按设计图示尺寸以体积计算。

由图 4-75 雕塑底座剖面图可得现浇混凝土基础的工程量为：$V=SH$

$V=3.2×3.2×0.4=4.1m^3$

【注释】 3.2——为现浇混凝土基础的宽度；

0.4——为现浇混凝土基础的厚度。

③ 现浇混凝土底座

项目编码：010507007002，项目名称：现浇混凝土其他构件。

工程量计算规则：按设计图示尺寸以体积计算，不扣除构件内钢、预埋铁件所占体积。

由图 4-75 雕塑底座剖面图可得现浇混凝土底座的工程量为：$V=SH$

$V_{底座}=SH=3.14×2^2×0.25=3.14m^3$

【注释】 2——为圆形雕塑底座的半径；

0.25——为地面以上底座的高度。

$V_{埋深}=SH=3.14×1.5^2×0.5=3.53m^3$

【注释】 1.5——为雕塑底座地下埋深部分圆的半径；

0.5——为地下部分埋深高度。

故现浇混凝土底座的工程量为：

$V=V_{底座}+V_{埋深}=3.14+3.53=6.67m^3$

④ 土石方回填

项目编码：010103001002，项目名称：土（石）方回填。

工程量计算规则：按设计图示尺寸以体积计算。

由图 4-75 可得：工程量为：$V = 9.22 - 3.2 \times 3.2 \times 0.4 - 3.14 \times 1.5^2 \times 0.5 = 1.59m^3$

【注释】　9.22——为总的挖土方体积；

　　　　3.2——为现浇混凝土基础的宽度；

　　　　0.4——为现浇混凝土基础的厚度；

　　　　1.5——为雕塑底座地下埋深部分圆的半径；

　　　　0.5——为地下部分底座的埋深高度。

⑤ 大理石贴面：

项目编码：011108003002，项目名称：块料零星项目。

工程量计算规则：按设计图示尺寸以镶贴表面积计算。

由图 4-74 及图 4-75 可得大理石贴面的工程量为：

$V = SH = 2 \times 3.14 \times 2 \times 0.25 + 3.14 \times 2^2 - 3.14 \times 1^2 = 12.56m^3$

【注释】　2——为雕塑底座地上部分圆形底座的半径；

　　　　0.25——为雕塑底座的地上高度；

　　　　1——为雕塑主体外接圆的半径。

2）雕塑主体工程——钢桁架

项目编码：010602003001，项目名称：钢桁架。

工程量计算规则：按设计图示以质量计算。不扣除口沿、切边、切肢的质量，焊条、铆钉、螺栓等不另增加质量，不规则或多边形钢板，以其外界矩形面积乘以厚度乘以单位理论质量计算。

由图 4-73 及图 4-74 可得钢桁架的工程量为：$M = 3.14 \times 1^2 \times 0.02 \times 3 \times 7.85 \times 10^3 = 1479kg = 1.479t$

【注释】　1——为雕塑主体部分外接圆的半径；

　　　　0.02——为雕塑钢桁架的厚度；

　　　　3——为雕塑主体部分的高度；

　　7.85$\times 10^3$——为钢的单位质量。

（5）景墙工程

1）景墙基础工程

① 挖土方：

项目编码：010101004004，项目名称：挖基础土方。

工程量计算规则：按设计图示尺寸以基础垫层底面积乘以挖土深度计算。

由图 4-89 及图 4-90 可得挖土方的工程量为：

$V = S_{断}Ln = 0.84 \times 5.6 \times (0.1 + 0.15) \times 2 = 2.35m^3$

【注释】　0.84——为基础垫层的宽度；

　　　　5.6——为景墙的长度即需要挖基础的长度；

　　　　0.1——为基础垫层的高度；

　　　　0.15——为景墙地下埋深高度；

　　　　2——为景墙的个数。

② 现浇混凝土基础垫层：

项目编码：010404001003，项目名称：垫层。

工程量计算规则：按设计图示尺寸以体积计算。

由图 4-89 及图 4-90 可得现浇混凝土基础的工程量为：$V = SLn$

$V = 0.84 \times 5.6 \times 0.1 \times 2 = 0.94\text{m}^3$

【注释】　0.84——为现浇混凝土基础的宽度；

　　　　　5.6——为景墙的长度及需要挖基础的长度；

　　　　　0.1——为现浇混凝土基础的高度；

　　　　　　2——为景墙的个数。

③ 砖基础：

项目编码：010401001001，项目名称：砖基础。

工程量计算规则：按设计图示尺寸以体积计算。

由图 4-89 及图 4-90 可得：

$V = 0.6 \times 0.15 \times 5 \times 2 - 2 \times 0.15 \times 2 \times 3.14 \times 0.3^2/2 = 0.99\text{m}^3$

【注释】　0.6——为单个景墙基础的宽度；

　　　　0.15——为景墙矩形基础的地下埋深高度；

　　　　　5——为景墙除去两端半圆基础剩下的矩形基础的长度；

　　　　0.3——为景墙两端的半圆形基础的圆形半径；

　　　　　2——为两个半圆形基础；

　　　　0.15——为半圆形基础的地下埋深高度；

　　　　　2——为景墙的个数。

④ 土石方回填

项目编码：010103001003，项目名称：土（石）方回填。

工程量计算规则：按设计图示尺寸以体积计算。

由图 4-88 及图 4-90 可得：

土石方回填的工程量为：

$V = 1.18 \times 2 - 0.84 \times 5.6 \times 0.1 \times 2 - 0.6 \times 0.15 \times 5 \times 2 - 2 \times 0.15 \times 2 \times 3.14 \times 0.3^2/2$

$= 1.18 - 0.47 - 0.45 - 0.042 \times 2$

$= 0.44\text{m}^3$

【注释】　1.18——为单个景墙总的挖土方的体积；

　　　　0.84——为现浇混凝土基础的宽度；

　　　　　5.6——为景墙的长度及需要挖基础的长度；

　　　　0.1——为现浇混凝土基础的厚度；

　　　　0.6——为景墙基础的宽度；

　　　　0.15——为景墙矩形基础的地下埋深高度；

　　　　　5——为景墙除去两端半圆基础剩下的矩形基础的长度；

　　　　0.3——为景墙两端的半圆形基础的圆形半径；

　　　　　2——为两个半圆形基础；

　　　　0.15——为半圆形基础的地下埋深高度；

　　　　　2——为景墙的个数。

2）景墙主体工程——砖砌体

项目编码：010401003001，项目名称：实心砖墙、景墙砌筑。

工程量计算规则：按设计图示尺寸以体积计算，扣除门窗洞口、过人洞、空圈、嵌入墙内的钢筋混凝土柱、梁、圈梁、挑梁、过梁及凹进墙内的壁龛、管槽、暖气槽、消火栓箱所占体积，凸出墙面的腰线、挑檐、压顶、窗台线、虎头砖、门窗套的体积不增加，凸出墙面的砖垛并入墙体体积内计算。

由图 4-88～图 4-90 可得：

砖砌体的工程量为：$V = V_{主体} + V_{基座}$

$V_{主体} = V_{矩形墙} + V_{弧形墙体}$

$$V_{矩形墙} = 0.4 \times 5 \times 2.5 - 0.4 \times 0.4 \times 0.8 - 0.4 \times 0.4 \times 0.8 - 0.4 \times (3.14 \times 0.2^2 / 2 \times 4 + 0.4 \times 0.4)$$
$$= 5 - 0.128 - 0.128 - 0.4 \times 0.41$$
$$= 4.58 \text{m}^3$$

【注释】　　0.4——为主体景墙的宽度；

　　　　　　2.5——为景墙主体的高度；

　　　　　　　5——为矩形景墙的长度；

　　　　　　0.4——为木质漏窗的挖洞深度；

　　　　　　0.4——为木质漏窗的宽度；

　　　　　　0.8——为木质漏窗的高度；

　　　　　　0.4——为玻璃窗的挖洞深度；

　　　　　　0.4——为玻璃窗的宽度；

　　　　　　0.8——为玻璃窗的高度；

　　　　　　0.4——为花窗的挖洞深度；

　　　　　　0.2——为花窗中半圆所对应的半径；

　　　　　　　4——为 4 个弧形；

　　　　　　0.4——为花窗中除去四个半圆后余下的正方形的边长。

$V_{弧形墙体} = 3.14 \times 0.2^2 \times 2.5 = 0.31 \text{m}^3$

【注释】　　0.2——为弧形墙体所对应的半径；

　　　　　　2.5——为主体景墙的高度。

$V_{主体} = V_{矩形墙} + V_{弧形墙体} = 4.58 + 0.31 = 4.89 \text{m}^3$

$V_{基座} = V_{矩形墙} + V_{弧形墙体}$

$V_{矩形墙} = 0.6 \times 0.2 \times 5 = 0.6 \text{m}^3$

【注释】　　0.6——为矩形墙体基座的宽度；

　　　　　　0.2——为矩形墙体基座的高度；

　　　　　　　5——为矩形墙体基座的长度。

$V_{弧形墙体} = 3.14 \times 0.3^2 \times 0.2 = 0.06 \text{m}^3$

【注释】　　0.3——为弧形墙体基座所对应的半径；

　　　　　　0.2——为弧形墙体基座的高度。

$V_{基座} = V_{矩形墙} + V_{弧形墙体} = 0.6 + 0.06 = 0.66 \text{m}^3$

$V = V_{主体} + V_{基座} = 4.89 + 0.66 = 5.55 \text{m}^3$

$V_总=2V=5.55×2=11.1m^3$

【注释】　2——为景墙的个数。

3）景墙装饰工程

① 木质漏窗：

项目编码：010806001001，项目名称：装饰空花木窗。

工程量计算规则：按设计图示数量或设计图示洞口以面积计算。

由图 4-88 及图 4-89 可得木质漏窗的工程量为：$S=0.4×0.8×2=0.64m^2$

【注释】　0.4——为木质漏窗的宽度；

　　　　　0.8——为木质漏窗的高度；

　　　　　2——为景墙的个数。

② 玻璃窗：

项目编码：010807005001，项目名称：金属格栅窗。

工程量计算规则：按设计图示数量或设计图示洞口以面积计算。

由图 4-88 及图 4-89 可得玻璃窗的工程量为：$S=0.4×0.8×2=0.64m^2$

【注释】　0.4——为玻璃窗的宽度；

　　　　　0.8——为玻璃窗的高度；

　　　　　2——为景墙的个数。

③ 石浮雕：

项目编码：020207001001，项目名称：石浮雕。

工程量计算规则：按设计图示尺寸以雕刻部分外接矩形面积计算。

由图 4-89 可得石浮雕的工程量为：$S=0.75×3×2=4.5m^2$

【注释】　0.75——为雕刻部分外接矩形的宽度；

　　　　　3——为雕刻部分外接矩形的长度；

　　　　　2——为景墙的个数。

④ 墙面装饰抹灰：

项目编码：011201002001，项目名称：墙面装饰抹灰。

工程量计算规则：按设计图示尺寸以面积计算。扣除墙裙、门窗洞口及单个 0.3m² 以外的空洞面积，不扣除踢脚线、挂镜线和墙与构件交界处的面积，门窗洞口和孔洞的侧壁及顶面不增加面积。附墙柱、梁、垛、烟囱侧壁并入相应的墙面面积内。

由图 4-88 及图 4-89 可得墙面装饰抹灰的工程量为：

$S=(2.5×5×2+2.5×0.4+2×3.14×0.2×2.5+3.14×0.2^2)×2$

　$=(25+1+3.27)×2$

　$=58.54m^2$

【注释】　2.5——为主体景墙的高度；

　　　　　5——为主体景墙矩形部分的长度；

　　　　　2——为景墙的两个面；

　　　　　0.4——为景墙的厚度；

　　　　　0.2——为主体景墙弧形部分所对应的半径；

　　　　　2——为景墙的个数。

⑤ 景墙基础镶贴花岗石

项目编码：011108003003，项目名称：块料零星项目。

工程量计算规则：按设计图示尺寸以镶贴表面积计算。

由图 4-88 及图 4-89 可得镶贴花岗石的工程量为：

$S = [(0.2 \times 5 + 0.1 \times 5 + 0.2 \times 0.1 \times 2) \times 2 + 2 \times 3.14 \times 0.3 \times 0.2 + 3.14 \times (0.3^2 - 0.2^2)] \times 2$

$= [(1 + 0.5 + 0.04) \times 2 + 0.38 + 0.16] \times 2$

$= 7.24 \text{m}^2$

【注释】　5——为主体景墙矩形部分的长度；

　　　　　0.2——为景墙基座的厚度；

　　　　　0.1——为景墙基座宽于景墙主体宽度的宽度；

　　　　　2——为景墙的两个面；

　　　　　0.3——为弧形景墙基座所对应的半径；

　　　　　0.2——为主体景墙弧形部分所对应的半径；

　　　　　2——为景墙的个数。

(6) 组合花坛

1) 花坛主体工程：

① 挖土方

项目编码：010101004005，项目名称：挖基础土方。

工程量计算规则：按设计图示尺寸以基础垫层地面积乘以挖土深度计算。

由图 4-66 可得挖土方的工程量为；$V = S_{断} L$

$S_{断} = (0.12 + 0.06 \times 2) \times (0.2 + 0.1) = 0.072 \text{m}^2$

$L = (3.5 + 2.5) \times 2 + (2 + 5) \times 2 - 1.75 + 4 + 1 + 5 + 1$

$= 35.25 \text{m}$

$V = S_{断} L = 0.072 \times 35.25 = 2.54 \text{m}^3$

【注释】　0.12——为混凝土墙体的宽度；

　　　　　0.06——为基础垫层宽于混凝土墙体的宽度；

　　　　　0.2——为混凝土墙体的埋深高度；

　　　　　0.1——为基础垫层的厚度；

　　　　　3.5——为组合花坛中较低花坛的长边长；

　　　　　2.5——为组合花坛中较低花坛的短边长；

　　　　　2——为组合花坛中中等高度花坛的短边长；

　　　　　5——为组合花坛中中等高度花坛的长边长；

　　　　1.75——为组合花坛中较低花坛与中等高度花坛的交叠部分的长度；

　　　　　4——为组合花坛中较高花坛的短边长；

　　　　　5——为组合花坛中较高花坛的长边长；

　　　　　1——为组合花坛中较高花坛与较低花坛高出部分的长度；

　　　　　1——为组合花坛中较高花坛与中等高度花坛高出部分的长度。

② 混凝土基础

项目编码：010404001004，项目名称：垫层。

工程量计算规则：按设计图示尺寸以体积计算。不扣除构件内钢筋、预埋铁件和深入承台基础的桩头所占体积。

由图 4-66 可得混凝土基础的工程量为：$V=S_{断}L$

$S_{断}=0.24\times0.1=0.024m^2$

$L=35.25m$

$V=S_{断}L=0.024\times35.25=0.85m^3$

【注释】　0.24——为混凝土基础的宽度；

0.1——为基础垫层的厚度；

35.25——为组合花坛需要挖土方的长度。

③ 现浇混凝土花坛墙体：

项目编码：010507007003，项目名称：现浇混凝土其他构件。

工程量计算规则：按设计图示尺寸以体积计算，不扣除构件内钢筋、预埋铁件所占体积。

由图 4-65 及图 4-66 可得现浇混凝土花坛墙体的工程量为：$V=S_{断}L$

较低花坛混凝土墙体的体积：$V_1=S_1L_1$

$V_1=0.12\times(0.35+0.2)\times(3.5+2.5\times2+1.75)=0.68m^3$

中等高度花坛混凝土墙体的体积：$V_2=S_2L_2$

$V_2=0.12\times(0.5+0.2)\times(2+5)\times2=1.18m^3$

较高花坛混凝土墙体的体积：

$V_3=0.12\times(0.65+0.2)\times(4+5+1+1)=1.12m^3$

$V=V_1+V_2+V_3=0.68+1.18+1.12=2.98m^3$

【注释】　0.12——为混凝土墙体的宽度；

0.35——为组合花坛中较低花坛的地上高度；

0.2——为合花坛中较低花坛的地下埋深高度；

3.5——为组合花坛中较低花坛的长边长；

2.5——为组合花坛中较低花坛的短边长；

1.75——为组合花坛中较低花坛与中等高度花坛的交叠部分的长度；

0.5——为组合花坛中中等高度花坛的地上高度；

0.2——为合花坛中较低花坛的地下埋深高度；

2——为组合花坛中中等高度花坛的短边长；

5——为组合花坛中中等高度花坛的长边长；

0.65——为组合花坛中较高花坛的地上高度；

0.2——为合花坛中较高花坛的地下埋深高度；

4——为组合花坛中较高花坛的短边长；

5——为组合花坛中较高花坛的长边长；

1——为组合花坛中较高花坛与较低花坛高出部分的长度；

1——为组合花坛中较高花坛与中等高度花坛高出部分的长度。

④ 土石方回填

项目编码：010103001004，项目名称：土（石）方回填。

工程量计算规则：按设计图示尺寸以体积计算。

由图 4-66 可得土石方回填的工程量为：$V = 2.54 - 0.8 - 0.12 \times 0.2 \times 35.25$

$$= 2.54 - 0.8 - 0.85 = 0.89 \text{m}^3$$

【注释】 2.54——为组合花坛总的挖方体积；

　　0.8——为混凝土垫层的体积；

　　0.12——为组合花坛墙体的厚度；

　　0.2——为组合花坛墙体的地下埋深高度。

2）组合花坛装饰工程

① 20mm 厚水泥砂浆找平层：

项目编码：011108004004，项目名称：水泥砂浆零星项目。

工程量计算规则：按设计图示尺寸以面积计算。

由图 4-65 及图 4-66 可得：

$$S = 0.12 \times 35.25 = 4.23 \text{m}^2$$

【注释】 0.12——为组合花坛墙体的厚度；

　　35.25——为组合花坛的边沿中线长度。

② 方木条压顶

项目编码：010702005001，项目名称：其他木构件。

工程量计算规则：按设计图示尺寸以体积或长度计算。

由图 4-65 及图 4-66 可得方木条的工程量为：$L = 3.5 + 2.5 \times 2 + 1.75 + 2 \times 2 + 5 \times 2 + 4 + 5 + 1 + 1 = 35.25 \text{m}$

$$V = 35.25 \times 0.08 \times 0.18 = 0.51 \text{m}^3$$

③ 抹灰面油漆

项目编码：011406001002，项目名称：抹灰面油漆。

工程量计算规则：按设计图示尺寸以面积计算。

由图 4-65 可得抹灰面油漆的工程量为：

$$S = (2.5 \times 2 + 3.5 + 1.75) \times 0.35 + (2 \times 2 + 5 \times 2) \times 0.5 + (4 + 5 + 1 + 1) \times 0.65$$

$$= 10.25 \times 0.35 + 14 \times 0.5 + 11 \times 0.65$$

$$= 17.74 \text{m}^2$$

【注释】 0.35——为组合花坛中较低花坛的地上高度；

　　3.5——为组合花坛中较低花坛的长边长；

　　2.5——为组合花坛中较低花坛的短边长；

　　1.75——为组合花坛中较低花坛与中等高度花坛的交叠部分的长度；

　　0.5——为组合花坛中中等高度花坛的地上高度；

　　2——为组合花坛中中等高度花坛的短边长；

　　5——为组合花坛中中等高度花坛的长边长；

　　0.65——为组合花坛中较高花坛的地上高度；

　　4——为组合花坛中较高花坛的短边长；

　　5——为组合花坛中较高花坛的长边长；

l——为组合花坛中较高花坛与较低花坛高出部分的长度；

l——为组合花坛中较高花坛与中等高度花坛高出部分的长度。

（7）围树椅

1）挖土方

项目编码：010101004006，项目名称：挖基础土方。

工程量计算规则：**按设计图示尺寸以基础垫层地面积乘以挖土深度计算。**

由图 4-59 可得：挖土方的工程量为：$V=S_{断} L_{中} n$

$S_{断}=(0.24+0.06×2+0.06×2)×(0.1+0.12+0.24)=0.22m^2$

$L_{中}=(2-0.4)×4=6.4m$

$V=S_{断} L_{中} n=0.22×6.4×3=4.22m^3$

【注释】 0.24——为围树椅砖砌体的厚度；

　　　　0.06——为基础宽于砖砌体宽度的宽度；

　　　　0.06——为混凝土垫层宽于基础宽度的宽度；

　　　　0.1——为混凝土垫层的厚度；

　　　　0.12——为砖基础的厚度；

　　　　0.24——为砖砌体埋深的高度；

　　　　2——为围树椅单面坐面的边长；

　　　　0.4——为围树椅单面坐面的宽度；

　　　　3——为围树椅的个数。

2）砖基础

项目编码：010401001002，项目名称：砖基础。

工程量计算规则：**按设计图示尺寸以体积计算。**

由图 4-59 可得砖基础的工程量为：$V=S_{断} L_{中} n$

$V=(0.24+0.06×2)×0.12×6.4×3=0.83m^3$

【注释】 0.24——为围树椅砖砌体的厚度；

　　　　0.06——为砖基础宽于砖砌体宽度的宽度；

　　　　0.12——为砖基础的厚度；

　　　　3——为围树椅的个数。

3）混凝土垫层

项目编码：010404001005，项目名称：垫层。

工程量计算规则：**按设计图示尺寸以体积计算。不扣除构件内钢筋、预埋铁件及深入承台基础的桩头所占体积。**

由图 4-59 可得混凝土垫层的工程量为：$V=S_{断} L_{中} n$

$V=0.48×0.1×6.4×3=0.92m^3$

【注释】 0.48——为混凝土垫层的宽度；

　　　　0.1——为混凝土垫层的厚度；

　　　　3——为围树椅的个数。

4）土石方回填：

项目编码：010103001005，项目名称：土（石）方回填。

工程量计算规则：按设计图示以体积计算。

由图 4-59 可得：土石方回填的工程量为：

$V=1.41\times3-0.28\times3-0.31\times3-0.24\times0.24\times6.4\times3=1.35m^3$

【注释】　4.23——为整个挖土方的体积；

　　　　0.84——为砖基础的体积；

　　　　0.93——为混凝土垫层的体积；

　　　　0.24——为花坛砖砌体地下埋深高度；

　　　　0.24——为花坛砖砌体的厚度；

　　　　6.4——为花坛砖砌体的总长度；

　　　　3——为围树椅的个数。

5）砖砌体：

项目编码：010401012002，项目名称：零星砌砖。

工程量计算规则：按设计图示尺寸以体积计算。扣除混凝土及钢筋混凝土梁垫、梁头、板头所占体积。

由图 4-59 可得：$V=S_{断} L_{中}$

$V=0.24\times(0.5+0.24)\times6.4\times3=3.41m^3$

【注释】　0.24——为砖砌体的宽度；

　　　　0.5——为地面以上砖砌体的高度；

　　　　0.24——为砖砌体地下埋深高度；

　　　　3——为围树椅个数。

6）拼碎马赛克：

项目编码：011108002002，项目名称：拼碎石材零星项目。

工程量计算规则：按设计图示尺寸以镶贴表面积计算。

由图 4-59 及图 4-60 可得拼碎马赛克的工程量为：$S=0.5\times2\times4\times3=12m^2$

【注释】　2——围树椅单面座椅的边长；

　　　　0.5——为地面以上砖砌体的高度；

　　　　4——为四条边；

　　　　3——为围树椅个数。

7）方木条坐凳面：

项目编码：010702005002，项目名称：其他木构件。

工程量计算规则：按设计图示尺寸以体积或长度计算。

由图 4-58 及图 4-59 可得方木条坐凳面得工程量为：$L=(2-0.4)\times4=6.4m$

$V=0.06\times0.35\times6.4\times3=0.40m^3$

【注释】　2——为围树椅单面座椅的边长；

　　　　0.4——为围树椅坐凳面的宽度；

　　　　4——为四条边；

　　　　0.06——为方木条坐凳面的厚度；

　　　　0.35——为方木条坐凳面的宽度；

　　　　3——为围树椅的个数。

（8）坐凳

1）挖土方

项目编码：010101004007，项目名称：挖基础土方。

工程量计算规则：按设计图示尺寸以基础垫层地面积乘以挖土深度计算。

由图 4-62 及图 4-63 可得挖土方的工程量为：$V=(0.36+0.08\times2)\times(0.08+0.06)\times$ $1.2\times6=0.52m^3$

【注释】　0.36——坐凳混凝土结构的宽度；

0.08——为混凝土垫层宽于混凝土结构宽度的宽度；

0.08——为混凝土垫层的厚度；

0.06——为坐凳混凝土结构地下埋深高度；

1.2——为坐凳的长度；

6——为坐凳的个数。

2）混凝土垫层

项目编码：010404001006，项目名称：垫层。

工程量计算规则：按设计图示尺寸以体积计算。不扣除构件内钢筋、预埋铁件和伸入承台基础的桩头所占体积。

由图 4-62 可得混凝土垫层的工程量为：$V=S_{断}\times L$

$S_{断}=(0.36+0.08\times2)\times0.08=0.0416m^2$

$V=0.0416\times1.2\times6=0.30m^3$

【注释】　0.36——坐凳混凝土结构的宽度；

0.08——为混凝土垫层宽于混凝土结构宽度的宽度；

0.08——为混凝土垫层的宽度；

0.08——为混凝土垫层的厚度；

1.2——为坐凳的长度；

6——为坐凳的个数。

3）现浇混凝土坐凳

项目编码：010507007004，项目名称：现浇混凝土其他构件。

工程量计算规则：按设计图示以体积计算，不扣除构件内钢筋、预埋铁件所占体积。

由图 4-60 及图 4-62 可得现浇混凝土坐凳的工程量为：$V=S_{断}\times L$

$S=0.36\times(0.06+0.4)=0.1656m^2$

$V=0.1656\times1.2\times6=1.19m^3$

【注释】　0.36——为现浇混凝土结构的宽度；

0.06——为现浇混凝土结构地下埋深高度；

0.4——为坐凳的地上高度；

1.2——为坐凳的长度；

6——为坐凳的个数。

4）土石方回填

项目编码：010103001006，项目名称：土（石）方回填。

工程量计算规则：按设计图示尺寸以体积计算。

由图 4-60 及图 4-62 可得土石方回填的工程量为：$V=0.52-0.30-0.36\times0.06\times1.2\times6$

$$=0.52-0.30-0.16$$
$$=0.06m^3$$

【注释】　0.52——为总的挖土方体积；

0.30——为混凝土垫层的体积；

0.36——为混凝土坐凳结构的宽度；

0.06——为坐凳混凝土结构的地下埋深高度；

1.2——为坐凳的长度；

6——为坐凳的个数。

5）灰色花岗石贴面

项目编码：011108003004，项目名称：块料零星项目。

工程量计算规则：按设计图示尺寸以镶贴表面积计算。

由图 4-63 及图 4-61 可得灰色花岗石贴面的工程量为：$S=(0.4\times1.2\times2+0.4\times0.45\times2)\times6=7.92m^2$

【注释】　0.4——为坐凳的高度；

0.45——为坐等面的宽度；

1.2——为坐凳的长度；

6——为坐凳的个数。

6）60mm 厚方木条

项目编码：010702005003，项目名称：其他木构件。

工程量计算规则：按设计图示尺寸以体积或长度计算。

由图 4-61 及图 4-62 可得 60 厚方木条的工程量为：$L=1.2\times6=7.2m$

$V=0.06\times0.45\times7.2=0.19m^3$

【注释】　1.2——为坐凳的长度；

6——为坐凳的个数；

0.06——为方木条坐凳面的厚度；

0.45——为方木条坐凳面的宽度。

（9）台阶

项目编码：011107002001，项目名称：块料台阶面。

工程量计算规则：按设计图示尺寸以台阶（包括最上层踏步边沿加 300mm）水平投影面积计算。

由图 4-71 及图 4-72 可得深红色剁花花岗石的工程量为：

$S=117°/360°\times[3.14\times(7.05^2-6.7^2)+3.14\times(6.7^2-6.35^2)+3.14\times(6.35^2-6^2)]$

$$=0.325\times3.14\times13.7$$
$$=13.98m^2$$

【注释】　117°——为弧形台阶所对应的角度；

7.05——为三级台阶最外侧弧形台阶外侧所对应的半径；

6.7——为三级台阶最外侧弧形台阶内侧所对应的半径；

6.35——为三级台阶中间的弧形台阶内侧所对应的半径;

6——为三级台阶最内侧弧形台阶内侧所对应的半径。

详见表5-69。

清单工程量计算表　　　　　　　　　　　　　表 5-69

序号	项目编码	项目名称	项目特征描述	计量单位	工程量
1	050101010001	整理绿化用地	二类土,普坚土种植,无需砍伐、大面积的开挖以及较大范围的土方变动	m²	1875
2	050102001001	栽植乔木	雪松,常绿针叶树,带土球栽植,胸径14~63cm,挖坑直径×深度1000mm×800mm,Ⅱ级养护,养护期1年	株	2
3	050102001002	栽植乔木	广玉兰,常绿阔叶树,带土球栽植,胸径10cm,挖坑直径×深度1000mm×800mm,Ⅱ级养护,养护期1年	株	3
4	050102001003	栽植乔木	桂花,常绿阔叶树,带土球栽植,胸径8cm,挖坑直径×深度800mm×600mm,Ⅱ级养护,养护期1年	株	3
5	050102001004	栽植乔木	银杏,落叶乔木,裸根栽植,胸径14~63cm,Ⅱ级养护,养护期1年	株	4
6	050102001005	栽植乔木	南京栾树,落叶乔木,裸根栽植,胸径10~12cm,Ⅱ级养护,养护期1年	株	2
7	050102001006	栽植乔木	鸡爪槭,落叶乔木,裸根栽植,胸径7~8cm,Ⅱ级养护,养护期1年	株	6
8	050102001007	栽植乔木	玉兰(白),落叶乔木,裸根栽植,胸径8~9cm,Ⅱ级养护,养护期1年	株	5
9	050102001008	栽植乔木	西府海棠,落叶乔木,裸根栽植,高1.5~2m,Ⅱ级养护,养护期1年	株	6
10	050102001009	栽植乔木	花石榴,落叶小乔木,裸根栽植,高1.5~2m,Ⅱ级养护,养护期1年	株	6
11	050102001010	栽植乔木	日本樱花,落叶小乔木,裸根栽植,胸径5~6cm,高1.2~1.5m,Ⅱ级养护,养护期1年	株	9
12	050102001011	栽植乔木	紫薇,落叶小乔木,裸根栽植,胸径5~6cm,高1.2~1.5m,Ⅱ级养护,养护期1年	株	9
13	050102004001	栽植棕榈类	棕榈,常绿阔叶树,带土球栽植,胸径8~10cm,高3~3.5m,Ⅱ级养护,养护期1年	株	6

序号	项目编码	项目名称	项目特征描述	计量单位	工程量
14	050102002001	栽植灌木	金钟连翘,落叶灌木,高1~1.2m,冠幅50cm,面积24m²,Ⅱ级养护,养护期1年	株	48
15	050102002002	栽植灌木	贴梗海棠,落叶灌木,两年生,多分枝,面积34m²,Ⅱ级养护,养护期1年	株	68
16	050102005001	栽植绿篱	金叶女贞,单行绿篱,高0.5~0.8m,面积34m²,Ⅱ级养护,养护期1年	m²	33.50
17	050102005002	栽植绿篱	窄叶黄杨,单行绿篱,高0.5~0.8m,面积29m²,Ⅱ级养护,养护期1年	m²	28.88
18	050102007001	栽植色带	龟甲冬青,高25~30cm,面积20m²,Ⅱ级养护,养护期1年	m²	20.00
19	050102008001	栽植花卉	蔷薇,三年生,面积23m²,Ⅱ级养护,养护期1年	m²	23.00
20	050102008002	栽植花卉	云南素馨,两年生,面积26m²,Ⅱ级养护,养护期1年	m²	26.00
21	050102012001	铺种草皮	矮生麦冬,栽植于花坛内,Ⅱ级养护,养护期1年	m²	29.25
22	050102012002	铺种草皮	铺种草皮,草坪铺种为满铺,Ⅱ级养护,养护期1年	m²	950.00
23	050201001001	园路	园路,宽3m,八五砖平铺,20mm厚水泥砂浆找平层,100mm厚C15素混凝土,120mm厚3:7灰土垫层,素土夯实	m²	283.80
24	050201001002	园路广场	广场1,50mm厚烧面浅杂黄色花岗石,1:3干硬性水泥砂浆20mm厚,150mm厚C15混凝土,100mm厚碎石垫层,素土夯实	m²	231.24
25	050201001003	园路广场	广场2,广场砖(有图案),5mm厚水泥砂浆结合层,20mm厚1:2.5水泥砂浆找平层,100mm厚C10素混凝土,150mm厚3:7灰土垫层,素土夯实	m²	100.48
26	050201005001	嵌草砖铺装	广场3,植草砖,30mm厚中砂铺垫,200mm厚C10混凝土垫层,素土夯实	m²	332.40
27	050201003001	路牙铺设	双侧路牙,花岗石路牙100mm×200mm	m	188.00
28	050301005001	点风景石	风景石,置于景墙前面,景湖石,砂浆配合比1:2.5,共5块,分别重50kg、100kg、120kg、150kg、180kg	块	5

续表

序号	项目编码	项目名称	项目特征描述	计量单位	工程量
29	010101004001	挖基础土方	花架工程,挖柱基,二类土,钢筋混凝土基础,垫层宽 0.61m,底面积为 0.06m²,挖土深度为 0.5m	m³	3.33
30	010404001001	垫层	花架工程,现浇 C10 混凝土垫层	m³	1
31	010501003001	独立基础	花架工程,独立基础,现浇 C15 钢筋混凝土	m³	0.46
32	050304001001	现浇混凝土花架柱	花架工程,现浇 C15 钢筋混凝土,柱面装饰抹灰,方形柱,250mm×250mm,高3m,18 根	m³	3.87
33	010103001001	土(石)方回填	花架工程,二类土,人工回填土,夯填,密实度达 95%	m³	1.65
34	010515001001	现浇混凝土钢筋	花架工程,包括柱身 φ16 螺纹筋,φ6 圆箍筋,φ10 圆筋	t	0.474
35	050304001002	现浇混凝土花架梁	花架工程,现浇混凝土结构花架梁,梁截面尺寸 400mm×300mm,长 20m,梁面装饰抹灰,2 根	m³	4.80
36	010514002001	其他预制构件	花架工程,花架条,单件体积为 0.2m³,预制混凝土 C10,外抹灰面油漆,19 根	m³	5.81
37	010516002001	预埋铁件	花架工程,连接混凝土花架梁与混凝土柱,铁件尺寸高 0.4m,直径 0.03m	t	0.078
38	011202002001	柱、梁面装饰抹灰	花架装饰工程,柱、梁面装饰抹灰,矩形柱,底层抹灰 20mm 厚,1:2.5 水泥砂浆,面层抹灰 20mm 厚,1:2.5 水泥砂浆	m²	110.72
39	011406001001	抹灰面油漆	花架装饰工程,预制混凝土花架条抹灰面油漆	m²	86.03
40	011107002001	块料台阶面	花架工程,40mm 厚花岗石面层,10mm 厚水泥砂浆结合层,20mm 厚水泥砂浆找平层,60mm 厚 C15 混凝土,80mm 厚1:1 级配砂石垫层,素土夯实	m²	2.88
41	050307018001	砖石砌小摆设	花架工程,50mm 厚防腐木条,20mm 厚水泥砂浆找平层,100mm 厚 C10 混凝土,砖砌体,素土夯实,侧面 20mm 厚水泥砂浆找平层,外刷石头漆	m³	2.69

续表

序号	项目编码	项目名称	项目特征描述	计量单位	工程量
42	011102003001	块料楼地面	花架工程,40mm 厚花岗石面层,20mm 厚 1:2.5 水泥砂浆,100mm 厚 C15 混凝土,120mm 厚 3:7 灰土垫层,素土夯实	m²	93.30
43	050306001001	喷泉管道	水池工程,给水铸铁管 DN45 管道长 12m	m	12.00
44	050306001002	喷泉管道	水池工程,室外排水铸铁管埋设,DN45 管道长 10m	m	10.00
45	050306001003	喷泉管道	水池工程,低压镀锌钢管,DN35 管道长 8m	m	8.00
46	010507007001	贮水(油)池	水池工程,混凝土构筑物,C15 混凝土水池,弧形水池,宽2.4m,外弧半径8.4m,76°,内弧半径 6m	m³	5.77
47	010101004002	挖基础土方	水池工程,挖土方,二类土,C10 混凝土垫层,垫层宽 3m,底面积 41.4m²,挖土深度为 0.6m	m³	21.15
48	010404001002	垫层	水池工程,C10 混凝土垫层,200mm 厚	m³	7.05
49	011108004001	水泥砂浆零星项目	水池工程,防水层下方,20mm 厚 1:2.5水泥砂浆结合层	m²	39.27
50	010904002001	涂膜防水	水池工程,PVC 防水层,20mm 厚	m²	39.27
51	011108004002	水泥砂浆零星项目	水池工程,水池池壁上方,20mm 厚水泥砂浆结合层	m²	39.27
52	010904003001	砂浆防水(潮)	水池工程,水池池底上方,防水砂浆,20mm 厚	m²	28.76
53	011108003001	块料零星项目	水池工程,贴池底、池壁,5mm 厚 1:3 水泥砂浆结合层,801 胶素水泥浆,块料石材,贴白色瓷砖 152mm×152mm,缝宽5mm,水泥砂浆嵌缝	m²	28.76
54	010401012001	零星砌砖	水池工程,池壁外侧,砖砌体结构,保护防水层及混凝土池壁	m³	0.96
55	011108004003	水泥砂浆零星项目	水池工程,砖砌体外侧,20mm 厚水泥砂浆找平层	m²	11.91
56	011108002001	拼碎石材零星项目	水池工程,砖墙面外侧,5mm 厚 1:3 水泥砂浆结合层,801 胶素水泥浆,外侧拼碎花岗石,砂浆灌缝,草酸、硬白蜡等用于磨光,酸洗打蜡等	m²	11.91
57	010507007001	现浇混凝土其他构件	现浇混凝土压顶,50mm 厚,C10 混凝土	m³	0.43
58	010101004003	挖基础土方	雕塑工程,二类土,挖基础底座的土方,C10 现浇混凝土基础垫层,垫层宽 3.2m,底面积为 14.44m²,挖土深度 0.9m	m³	9.22

序号	项目编码	项目名称	项目特征描述	计量单位	工程量
59	010501003002	独立基础	雕塑工程,C10现浇混凝土基础400mm厚	m³	4.10
60	010507007002	现浇混凝土其他构件	雕塑工程,现浇混凝土基座,圆柱形,基座高250mm,地下埋深高度500mm,外贴黑色大理石	m³	6.67
61	010103001002	土(石)方回填	雕塑工程,二类土,人工回填土,夯填,密实度达99%	m³	1.59
62	011108003002	块料零星项目	雕塑工程,混凝土构件外贴面,5mm厚1:2水泥砂浆结合层,801胶素水泥浆,块料石材,基座大理石贴面,黑色,400mm×400mm,砂浆嵌缝	m²	12.56
63	010602003001	钢桁架	雕塑主体工程,单位质量8.3t,安装高度3m,刷红色金属面油漆两遍	t	1.479
64	010101004004	挖基础土方	景墙工程,二类土,挖基础,C10混凝土垫层,垫层宽0.84m,底面积为4.7m²,挖土深度250mm	m³	2.35
65	010404001003	垫层	景墙工程,C10混凝土垫层100mm厚	m³	0.94
66	010103001003	土(石)方回填	景墙工程,二类土,人工回填土,夯填,密实度达99%	m³	0.44
67	010401001001	砖基础	标准砖240mm×115mm×53mm,砖基础埋深0.15m,水泥砂浆M5	m³	0.99
68	010401003001	实心砖墙、景墙砌筑	景墙工程,实心砖墙、景墙砌筑,标准砖240mm×115mm×53mm,砖墙厚0.4m,高2.5m,水泥砂浆M5,墙面装饰抹灰	m³	11.10
69	010806001001	装饰空花木窗	景墙装饰工程,装饰空花木窗,框为优质防腐木,外围尺寸800mm×400mm,刷木材面油漆两遍	m²	0.64
70	010807005001	金属格栅窗	景墙装饰工程,金属格栅窗,框为铝合金材质,外围尺寸800mm×400mm,刷金属面油漆两遍	m²	0.64
71	020207001001	石浮雕	景墙装饰工程,左下角设置成石浮雕、浅浮雕	m²	4.50
72	011201002001	墙面装饰抹灰	景墙装饰工程,墙面装饰抹灰,砖墙,水泥白石子砂浆1:2,水泥砂浆1:3	m²	58.54
73	011108003003	块料零星项目	景墙装饰工程,景墙基础镶贴花岗石,5mm厚1:2水泥砂浆结合层,801胶素水泥浆,块料石材,300mm×300mm	m²	7.24
74	010101004005	挖基础土方	组合花坛工程,二类土,挖沟槽,C10混凝土垫层,宽0.24m,底面积0.85m²,沟长33.25m,深0.3m	m³	2.54

序号	项目编码	项目名称	项目特征描述	计量单位	工程量
75	010404001004	垫层	组合花坛工程，C10 混凝土垫层，100mm 厚	m³	0.85
76	010507007003	现浇混凝土其他构件	组合花坛工程，现浇 C10 混凝土花坛墙体，120mm 厚，分别高 350mm、500mm、650mm	m³	2.98
77	010103001004	土(石)方回填	组合花坛工程，二类土，人工回填土，夯填，密实度达 99%	m³	0.89
78	011108004004	水泥砂浆零星项目	组合花坛工程，C10 混凝土花坛墙体上面，20mm 厚水泥砂浆找平层，20mm 厚水泥砂浆结合层	m²	4.23
79	010702005001	其他木构件	组合花坛装饰工程，方木条压顶，构件截面为 80mm×180mm，优质防腐木，木材面油漆，刷两遍	m³	0.51
80	011406001002	抹灰面油漆	组合花坛装饰工程，抹灰面油漆，基层为 C10 混凝土花坛墙体，另有石膏粉，滑石粉，刷底油一遍，调和油两遍	m²	17.74
81	010101004006	挖基础土方	围树椅工程，二类土，挖沟槽，C15 混凝土垫层，垫层宽 0.48m，底面积为 0.31m²，挖土深度 0.46m，挖土长度共 6.4m	m³	4.22
82	010401001002	砖基础	围树椅工程，砖基础，埋深高度 120mm 厚，宽 0.36m，标准砖 240mm×115mm×53mm，水泥砂浆 M5	m³	0.83
83	010404001005	垫层	围树椅工程，C15 混凝土垫层 100mm 厚	m³	0.92
84	010103001005	土(石)方回填	围树椅工程，二类土，人工回填土，夯填，密实度达 99%	m³	1.35
85	010401012002	零星砌砖	围树椅工程，砖砌体，标准砖 240mm×115mm×53mm，砖墙厚 0.24m，高 0.74m，水泥砂浆 M5	m³	3.41
86	011108002002	拼碎石材零星项目	围树椅工程，坐凳基础外拼碎马赛克，5mm 厚1:3 水泥砂浆结合层，801 胶素水泥浆，外侧拼碎花岗石，砂浆灌缝，草酸，硬白蜡等用于磨光，酸洗打蜡等	m²	12.00
87	010702005002	其他木构件	围树椅工程，方木条坐凳面，防腐木，构件截面 60mm×350mm，木材面油漆，刷两遍	m	0.40
88	010101004007	挖基础土方	坐凳工程，二类土，挖沟槽，C10 混凝土垫层，垫层宽 0.52m，底面积为 0.29m²，挖土深度为 0.14m，挖土长度共为 7.2m	m³	0.52
89	010404001006	垫层	坐凳工程，C10 混凝土垫层，80mm 厚	m³	0.30
90	010507007004	现浇混凝土其他构件	坐凳工程，现浇混凝土坐凳，宽 360mm，地下埋深高度 60mm，地面以上高度 400mm	m³	1.19

续表

序号	项目编码	项目名称	项目特征描述	计量单位	工程量
91	010103001006	土(石)方回填	坐凳工程,二类土,人工回填土,夯填,密实度达95%以上	m³	0.06
92	011108003004	块料零星项目	坐凳工程,灰色花岗石贴面,挂贴花岗石,5mm厚1:3水泥砂浆结合层,801胶素水泥浆,外侧拼碎花岗石,砂浆灌缝,草酸,硬白蜡等用于磨光,酸洗打蜡等	m²	7.92
93	010702005003	其他木构件	坐凳工程,60mm厚方木条,防腐木,构件截面60mm×400mm,木材面油漆,刷两遍	m³	0.19
94	011107002002	块料台阶面	台阶工程,弧形台阶,40mm厚深红色剁花花岗石面层,10mm厚水泥砂浆结合层,20mm厚水泥砂浆找平层,60mm厚C15素混凝土,80mm厚碎石垫层,素土夯实	m²	13.98

2. 定额工程量

套用《江苏省仿古建筑与园林工程计价表》。

(1) 绿化工程

1) 平整场地:

工程量计算规则:按建筑物外墙外边线每边各加2m范围以平方米计算。

本地块为普坚土,则平整场地的工程量为:

$S=长×宽=(25+2×2)×(75+2×2)=2291m^2=229.1(10m^2)$

套用定额1—121。

2) 栽植乔木(干径80mm以上的不计算栽植损耗)

① 栽植雪松(胸径14~63cm,2株)

a. 苗木预算价格见表5-70。

苗木预算价格表   表 5-70

代码编号	名　称	规　格	单　位	预算价格(元)
801010213	雪松	高5~6m	株	400.00

栽植雪松共2株,胸径14~63cm,由表5-70可得,预算价格为:400.00×2＝800.00元

b. 栽植雪松:

雪松为常绿乔木,带土球栽植,坑直径×深为1200mm×1000mm。

工程量为:0.2(10株),套用定额3—108。

c. 苗木养护—Ⅱ级养护:

雪松,常绿针叶树,带土球栽植,胸径12~15cm。

工程量为:0.2(10株),套用定额3—357。

② 栽植广玉兰(胸径10cm,3株)

a. 苗木预算价格见表5-71。

苗木预算价格表

表 5-71

代码编号	名　　称	规　　格	单　　位	预算价格（元）
801080408	广玉兰	胸径 10cm	株	1000.00

栽植广玉兰共 3 株，胸径 10cm，由表 5-71 可得，预算价格为：1000.00×3＝3000.00 元

b. 栽植广玉兰：

广玉兰为常绿阔叶树，带土球栽植，坑直径×深为 1000mm×800mm。

工程量为 0.3（10 株），套用定额 3－107。

c. 苗木养护－Ⅱ级养护：

广玉兰，常绿阔叶树，带土球栽植，胸径为 10cm。

工程量为 0.3（10 株），套用定额 3－356。

③ 栽植桂花（胸径 8cm，共 3 株）

a. 苗木预算价格见表 5-72。

苗木预算价格表

表 5-72

代码编号	名称	规格	单位	预算价格（元）
801100308	桂花	高 2～2.5m	株	310.00

栽植桂花共 3 株，胸径 8cm，由表 5-72 可得，预算价格为：310.00×3＝930.00 元

b. 栽植桂花：

桂花为常绿阔叶树，带土球栽植，坑直径×深为 800mm×600mm。

工程量为 0.3（10 株），套用定额 3－105。

c. 苗木养护－Ⅱ级养护：

桂花，常绿阔叶树，带土球栽植，胸径为 8cm。

工程量为 0.3（10 株），套用定额 3－356。

④ 栽植银杏（胸径 14～63cm，共 4 株）

a. 苗木预算价格见表 5-73。

苗木预算价格表

表 5-73

代码编号	名　　称	规　　格	单　　位	预算价格（元）
802230213	银杏	胸径 14～63cm	株	780.00

栽植银杏共 4 株，胸径 12～15cm，由表 5-73 可得，预算价格为：780.00×4＝3120.00 元

b. 栽植银杏：

银杏为落叶乔木，裸根栽植，胸径为 12～15cm，工程量为 0.4（10 株），套用定额3－122。

c. 苗木养护－Ⅱ级养护：

银杏，裸根栽植，胸径 12～15cm，工程量为 0.4（10 株），套用定额 3－362。

⑤ 栽植南京栾树（胸径 10～12cm，共 2 株）

a. 苗木预算价格见表 5-74。

苗木预算价格表

表 5-74

代码编号	名　　称	规　　格	单　　位	预算价格（元）
802080312	南京栾树	胸径 10～12cm	株	350.00

栽植南京栾树共 2 株，胸径 10～12cm，由表 5-74 可得，预算价格为：350.00×2＝700.00 元。

b. 栽植南京栾树

南京栾树为落叶乔木，裸根栽植，胸径为 10～12cm，工程量为 0.2（10 株），套用定额 3－121。

c. 苗木养护－Ⅱ级养护：

南京栾树，裸根栽植，胸径 10～12cm，工程量为 0.2（10 株），套用定额 3－362。

⑥ 栽植鸡爪槭（胸径 7～8cm，共 6 株）

a. 苗木预算价格见表 5-75。

苗木预算价格表 表 5-75

代码编号	名　称	规　格	单　位	预算价格（元）
802060609	鸡爪槭	胸径 7～8cm	株	1100.00

栽植鸡爪槭共 6 株，胸径 7～8cm，由表 5-75 可得，预算价格为：1100.00×6＝6600.00 元。

b. 栽植鸡爪槭

鸡爪槭为落叶乔木，裸根栽植，胸径 7～8cm，工程量为 0.6（10 株），套用定额 3－119。

c. 苗木养护－Ⅱ级养护：

鸡爪槭，裸根栽植，胸径 7～8cm，工程量为 0.6（10 株），套用定额 3－361。

⑦ 栽植玉兰（胸径 8～9cm，共 5 株）

a. 苗木预算价格见表 5-76。

苗木预算价格表 表 5-76

代码编号	名　称	规　格	单　位	预算价格（元）
802180110	玉兰(白)	胸径 8～9cm	株	540.00

栽植玉兰共 5 株，胸径 8～9cm，由表 5-76 可得，预算价格为：540.00×5＝2700.00 元

b. 栽植玉兰：

玉兰为落叶乔木，裸根栽植，胸径 8～9cm，工程量为：0.5（10 株），套用定额 3－120。

c. 苗木养护－Ⅱ级养护：

玉兰，裸根栽植，胸径 8～9cm，工程量为：0.5（10 株），套用定额 3－361。

⑧ 栽植西府海棠（胸径 6～7cm，共 6 株）

a. 苗木价格预算见表 5-77。

苗木价格预算表 表 5-77

代码编号	名　称	规　格	单　位	预算价格（元）
804050207	西府海棠	高 1.5～2m	株	70.00

西府海棠共 6 株，胸径 6～7cm，由表 5-77 可得，预算价格为：70.00×6＝420.00 元。

b. 栽植西府海棠：

西府海棠为落叶小乔木，裸根栽植，胸径 6～7cm，工程量为 0.6（10 株），套用定额 3－119。

c. 苗木养护－Ⅱ级养护：

西府海棠，裸根栽植，胸径 6～7cm，工程量为 0.6（10 株），套用定额 3－361。

⑨ 栽植花石榴（胸径 6～7cm，共 6 株）

a. 苗木价格预算见表 5-78。

苗木预算价格表　　　　　　　　　　　表 5-78

代码编号	名　称	规　格	单　位	预算价格（元）
804080107	花石榴	高 1.5～2m	株	15.00

栽植花石榴共 6 株，胸径 6～7cm，由表 5-78 可得，预算价格为：15.00×6＝90.00 元

b. 栽植花石榴：

花石榴为落叶小乔木，裸根栽植，胸径 6～7cm，工程量为 0.6（10 株），套用定额3－119。

c. 苗木养护－Ⅱ级养护：

花石榴，裸根栽植，胸径 6～7cm，工程量为 0.6（10 株），套用定额 3－361。

⑩ 栽植日本樱花（胸径 5～6cm，共 9 株）

a. 苗木价格预算见表 5-79。

苗木预算价格表　　　　　　　　　　　表 5-79

代码编号	名　称	规　格	单　位	预算价格（元）
802150207	日本樱花	胸径 5～6cm	株	110.00

栽植日本樱花共 9 株，胸径 5～6cm，由表 5-79 可得，预算价格为：110.00×9＝990.00 元

b. 栽植日本樱花：

日本樱花为落叶小乔木，裸根栽植，胸径 5～6cm，工程量为 0.9（10 株），套用定额 3－118。

c. 苗木养护－Ⅱ级养护：

日本樱花，裸根栽植，胸径 5～6cm，工程量为 0.9（10 株），套用定额 3－361。

⑪ 栽植紫薇（胸径 5～6cm，共 9 株）

a. 苗木价格预算见表 5-80。

苗木预算价格表　　　　　　　　　　　表 5-80

代码编号	名　称	规　格	单　位	预算价格（元）
802140107	紫薇	胸径 5～6cm	株	160.00

栽植紫薇共 9 株，胸径 5～6cm，由表 5-80 可得，预算价格为：160.00×9＝1440.00 元

b. 栽植紫薇：

紫薇为落叶小乔木，裸根栽植，胸径 5～6cm，工程量为 0.9（10 株），套用定额 3－118。

c. 苗木养护－Ⅱ级养护：

紫薇，裸根栽植，胸径 5～6cm，套用定额 3－361。

⑫ 栽植棕榈（地径 20～25cm，共 6 株）

a. 苗木价格预算见表 5-81。

苗木预算价格表　　　　　　　　　　　　表 5-81

代码编号	名　称	规　格	单　位	预算价格(元)
801100604	棕榈	高 2m 以上	株	125

栽植棕榈共 6 株,胸径 20～25cm,由表 5-81 可得,预算价格为:125.00×6＝750.00 元

b. 栽植棕榈:

棕榈为棕榈科植物,常绿乔木,带土球栽植,坑直径×深为 600mm×400mm,工程量为:0.6(10 株),套用定额 3-103。

c. 苗木养护-Ⅱ级养护:

棕榈,常绿乔木,带土球栽植,土球直径 50cm 以内,工程量为:0.6(10 株),套用定额 3-356。

3)栽植灌木

① 栽植金钟连翘(胸径 3～4cm,共 48 株)

a. 苗木价格预算见表 5-82。

苗木预算价格表　　　　　　　　　　　　表 5-82

代码编号	名　称	规　格	单　位	预算价格(元)
804150105	金钟连翘	高 1～1.2m	株	2.50

金钟连翘共 48 株,胸径 3～4cm,由表 5-82 可得,预算价格为:2.50×48＝120.00 元

b. 栽植金钟连翘:

金钟连翘,落叶灌木,裸根栽植,4 株内/m²,胸径 3～4cm,工程量为 2.4(10m²),套用定额 3-136。

c. 苗木养护-Ⅱ级养护:

金钟连翘,落叶灌木,裸根栽植,胸径 3～4cm,工程量为 4.8(10 株),套用定额 3-368。

② 栽植贴梗海棠(胸径 3～4cm,共 68 株)

a. 苗木价格预算见表 5-83。

苗木预算价格表　　　　　　　　　　　　表 5-83

代码编号	名　称	规　格	单　位	预算价格(元)
804101004	贴梗海棠	高 0.8～1.0m	株	15.00

贴梗海棠共 68 株,胸径 3～4cm,由表 5-84 可得,预算价格为:15.00×68＝1020.00 元

b. 栽植贴梗海棠:

贴梗海棠,落叶灌木,裸根栽植,6.3 株内/m²,胸径 3～4cm,工程量为 3.4(10m²),套用定额 3-135。

c. 苗木养护-Ⅱ级养护:

贴梗海棠,落叶灌木,裸根栽植,胸径 3～4cm,工程量为 6.8(10 株),套用定额 3-367。

4)栽植绿篱

① 栽植金叶女贞（高 0.5～0.8m，共 136 株）

a. 苗木预算价格见表 5-84。

苗木预算价格表　　　　　　　　　　　　　　表 5-84

代码编号	名　称	规　格	单　位	预算价格(元)
804070303	金叶女贞	高 0.5～0.8m	株	2.20

栽植金叶女贞共 136 株，高 0.5～0.8m，由表 5-84 可得，预算价格为：2.20×136＝299.2 元

b. 栽植金叶女贞

金叶女贞，单行绿篱，高 0.5～0.8m，工程量为 3.35（10m），套用定额 3－160。

c. 苗木养护－Ⅱ级养护：

金叶女贞，单行绿篱，高 0.5～0.8m，工程量为 3.35（10m），套用定额 3－377。

② 栽植窄叶黄杨（高 0.5～0.8m，共 116 株）

a. 苗木预算价格见表 5-85。

苗木预算价格表　　　　　　　　　　　　　　表 5-85

代码编号	名　称	规　格	单　位	预算价格(元)
803020403	窄叶黄杨	高 0.5～0.8m	株	5.00

栽植窄叶黄杨共 116 株，高 0.5～0.8m，由表 5-85 可得，预算价格为：5.00×116＝580.00 元

b. 栽植窄叶黄杨：

窄叶黄杨，单行绿篱，高 0.5～0.8m，工程量为 2.89（10m），套用定额 3－160。

c. 苗木养护－Ⅱ级养护：

窄叶黄杨，单行绿篱，高 0.5～0.8m，工程量为 2.89（10m），套用定额 3－377。

5）栽植色带

① 栽植龟甲冬青（高 0.25～0.3m，共 140 株）

a. 苗木预算价格见表 5-86。

苗木预算价格表　　　　　　　　　　　　　　表 5-86

代码编号	名　称	规　格	单　位	预算价格(元)
803050503	龟甲冬青	高 25～30cm	株	2.50

栽植龟甲冬青共 140 株，高 0.25～0.3m，由表 5-86 可得，预算价格为：2.50×140＝350.00 元

b. 栽植龟甲冬青：

龟甲冬青，片植色带，高 0.25～0.3m，11 株内/m²，工程量为 2（10m²），套用定额 3－169。

c. 苗木养护－Ⅱ级养护：

龟甲冬青，片植色带，高 0.25～0.3m，工程量为 2（10m²），套用定额 3－381。

6）栽植花卉

① 栽植蔷薇（三年生，共 92 株）

a. 苗木预算价格见表5-87。

苗木预算价格表 表 5-87

代码编号	名　称	规　格	单　位	预算价格(元)
805040103	蔷薇	三年生	株	5.00

栽植蔷薇共92株，三年生，由表5-87可得，预算价格为：5.00×92＝460.00元

b. 栽植蔷薇：

蔷薇，露地花卉，三年生，6.3株内/m²，工程量为2.3（10m²），套用定额3－196。

c. 苗木养护－Ⅱ级养护：

蔷薇，三年生，露地花卉，木本类，6.3株内/m²，工程量为2.3（10m²），套用定额3－400。

② 栽植云南素馨（两年生，共104株）

a. 苗木预算价格见表5-88。

苗木预算价格表 表 5-88

代码编号	名称	规格	单位	预算价格(元)
805050402	云南素馨	两年生	株	3.00

栽植云南素馨，共104株，两年生，预算价格为：3.00×104＝312.00元

b. 栽植云南素馨：

云南素馨，露地花卉，两年生，6.3株内/m²，工程量为2.6（10m²），套用定额3－196。

c. 苗木养护－Ⅱ级养护：

云南素馨，两年生，露地花卉，块根类花卉，工程量为2.6（10m²），套用定额3－401。

7）铺种草皮

① 铺种矮生麦冬（栽植于花坛内，共29m²）

a. 苗木预算价格见表5-89。

苗木预算价格表 表 5-89

代码编号	名　称	规　格	单　位	预算价格(元)
806010401	矮生麦冬	—	m²	13.00

栽植矮生麦冬，共29m²，植于花坛内，预算价格为：13.00×29＝377.00元

b. 栽植矮生麦冬：

矮生麦冬，植于花坛内，工程量为2.93（10m²），套用定额3－211。

c. 苗木养护－Ⅱ级养护：

矮生麦冬，植于花坛内，冷季型，2.93（10m²），套用定额3－403。

② 铺种草皮（共950m²）

a. 苗木预算价格见表5-90。

苗木预算价格表 表 5-90

代码编号	名 称	规 格	单 位	预算价格(元)
806041001	草皮	—	m²	1.24

铺种草皮，共 950m²，预算价格为：1.24×950＝1178.00 元

b. 铺种草皮：

满铺于草地上，工程量为：95（10m²），套用定额 3－210。

c. 苗木养护－Ⅱ级养护：

草皮，满铺于草地上，冷季型，工程量为：95（10m²），套用定额 3－403。

(2) 园路、园桥、假山工程

1）园路

定额说明：

① 园路包括垫层、面层。面层、垫层缺项可按第一册楼地面工程相应项目定额执行，其综合人工乘系数 1.10，块料面层中包括的砂浆结合层或铺筑用砂的数量不调整。

② 如用路面同样材料铺的路沿或路牙，其工料、机械台班费已包括在定额内，如用其他材料或预制块铺的，按相应项目定额另行计算。

工程量计算规则：

① 各种园路垫层按设计图示尺寸，两边各放宽 5cm 乘以厚度以立方米计算。

② 各种园路面层按设计图示尺寸（长×宽）按平方米计算。

③ 路牙按设计图示尺寸以延长米计算。

由清单工程量计算得园路的面积 $S＝283.8m^2$，由图 4-70 可得：

① 园路土基整理路床：

工程量计算规则：

各种园路垫层按设计图示尺寸，两边各放宽 50mm 乘以厚度按立方米计算，所以整理路床则按设计图示尺寸两边各放宽 50mm 按平方米计算。

由清单工程量计算中园路示意图 4-67～图 4-69 可得：

整理路床的面积为：

$S＝(58.5+0.05×2)×(3+0.05×2)+(17+0.05×2)×(3+0.05×2)+(6+0.05×2)×(3+0.05×2)+(11.3+0.05×2)×(3+0.05×2)+1/2×(3.6+0.05×2)×(3+0.05×2)$

　$＝58.6×3.1+17.1×3.1+6.1×3.1+11.4×3.1+1/2×3.7×3.1$

　$＝181.66+53.01+18.91+35.34+5.74$

　$＝294.66m^2$

定额工程量为 294.66/10＝29.47（10m²），套用定额 3－491。

【注释】　58.5——为广场 2 南侧道路 1 的长度；

　　　　　17——为广场 3 东侧道路 2 东西方向的长度；

　　　　　6——为广场 3 东侧道路 2 南北方向的长度；

　　　　　11.3——为广场 2 东北侧道路 3 短边长度；

　　　　　3.6——为广场 2 东北侧道路 3 长边长于短边的长度；

3——为道路宽度。

② 120mm 厚 3∶7 灰土垫层：

工程量计算规则：各种园路垫层按设计图示尺寸，两边各放宽 5cm 乘以厚度以立方米计算。由园路剖面图 4-70 可得：

$V=SH=294.66×0.12=35.36m^3$

此即为灰土垫层的定额工程量套用定额 3－493。

【注释】 0.12——为 3∶7 灰土垫层的厚度。

③ 100mm 厚 C15 素混凝土：

工程量计算规则：各种园路垫层按设计图示尺寸，两边各放宽 5cm 乘以厚度以立方米计算。由图 4-70 可得：$V=SH=294.66×0.1=29.47m^3$

此即为 C15 素混凝土的定额工程量套用定额 3－496。

【注释】 0.1——为 C15 素混凝土的厚度。

④ 20mm 厚水泥砂浆找平层：

工程量计算规则同园路面层的计算规则：各种园路面层按设计图示尺寸（长×宽）按平方米计算。由图 4-70 可得：

$S=58.5×3+17×3+6×3+11.3×3+1/2×3.6×3$

$=175.5+51+18+33.9+5.4$

$=283.8m^2$

定额工程量为：283.8/10=28.38（10m²），套用定额 1－756。

【注释】 58.5——为广场 2 南侧道路 1 的长度；

17——为广场 3 东侧道路 2 东西方向的长度；

6——为广场 3 东侧道路 2 南北方向的长度；

11.3——为广场 2 东北侧道路 3 短边长度；

3.6——为广场 2 东北侧道路 3 长边长于短边的长度；

3——为道路宽度。

⑤ 八五砖平铺：

工程量计算规则同上：园路面层按设计图示尺寸（长×宽）按平方米计算。

由图 4-70 可得：

$S=58.5×3+17×3+6×3+11.3×3+1/2×3.6×3$

$=175.5+51+18+33.9+5.4$

$=283.8m^2$

定额工程量为：283.8/10=28.38（10m²），套用定额 3－504。

【注释】 各数字含义如上所示。

2）广场 1

由清单工程量计算得广场 1 的面积为：$S=231.24m^2$

由图 4-53 可得：

① 园路土基整理路床：

工程量计算规则如上所示。

园路土基整理路床的工程量为：$S=231.24m^2$

155

定额工程量为：231.24/10＝23.12（10m²），套用定额 3－491。

② 100mm 厚碎石垫层：

工程量计算规则如上所示。

100mm 厚碎石的工程量为：$V＝SH$

$V＝SH＝231.24×0.1＝23.12m^3$

此即为定额工程量，套用定额 3－495。

【注释】 0.1——为碎石垫层的厚度。

③ 150mm 厚 C15 素混凝土：

工程量计算规则如上所示。

150mm 厚 C15 素混凝土的工程量为：$V＝SH$

$V＝SH＝231.24×0.15＝34.69m^3$

此即为定额工程量，套用定额 3－496。

【注释】 0.15——为 C15 素混凝土的厚度。

④ 1∶3 干硬性水泥砂浆 20mm 厚：

工程量计算规则如上所示。

1∶3 干硬性水泥砂浆的工程量为：$S＝231.24m^2$

定额工程量为：231.24/10＝23.12（10m²），套用定额 1－756。

⑤ 50mm 厚烧面浅杂黄色花岗石：

工程量计算规则如上所示。

50mm 厚烧面浅杂黄色花岗石的工程量为：$S＝231.24m^2$

定额工程量为：231.24/10＝23.12（10m²），套用定额 3－519。

3）广场 2

由清单工程量计算得广场 2 的面积为：$S＝100.48m^2$

由图 4-55 可得：

① 园路土基整理路床：

工程量计算规则如上所示。

园路土基整理路床的工程量为：$S＝100.48m^2$

定额工程量为：100.48/10＝10.05（10m²），套用定额 3－491

② 150mm 厚 3∶7 灰土垫层：

工程量计算规则如上所示。

150mm 厚 3∶7 灰土垫层的工程量为：$V＝SH$

$V＝SH＝100.48×0.15＝15.07m^3$

此即为定额工程量，套用定额 3－493。

【注释】 0.15——为 3∶7 灰土垫层的厚度。

③ 100mm 厚 C10 素混凝土：

工程量计算规则如上所示。

100mm 厚 C10 素混凝土的工程量为：$V＝SH$

$V＝SH＝100.48×0.1＝10.05m^3$

此即为定额工程量，套用定额 3－496。

【注释】 0.1——为C10素混凝土的厚度。

④ 20mm1：2.5水泥砂浆找平层：

工程量计算规则如上所示。

20mm厚1：2.5水泥砂浆找平层的工程量为：$S=100.48m^2$

定额工程量为：100.48/10＝10.05（10m²），套用定额1－756。

⑤ 5mm厚水泥砂浆结合层：

工程量计算规则如上所示。

5mm厚水泥砂浆结合层的工程量为：$S=100.48m^2$

⑥ 广场砖（有图案）：

工程量计算规则如上所示。

广场砖（有图案）的工程量为：$S=100.48m^2$

定额工程量为：100.48/10＝10.05（10m²），套用定额3－516。

4）广场3

由清单工程量计算得广场3的面积为：$S=332.4m^2$

由图4-57可得：

① 园路土基整理路床：

工程量计算规则如上所示。

园路土基整理路床的工程量为：$S=332.4m^2$

定额工程量为：332.4m²/10＝33.24（10m²），套用定额3－491。

② 200mm厚C10混凝土垫层：

工程量计算规则如上所示。

200mm厚C10混凝土垫层的工程量为：$V=SH$

$V=SH=332.4×0.2=66.48m^3$

此即为定额工程量，套用定额3－496。

【注释】 0.2——为C10混凝土垫层的厚度。

③ 30mm厚中砂铺垫：

工程量计算规则如上所示。

30mm厚中砂铺垫的工程量为：$V=SH$

$V=SH=332.4×0.03=9.97m^3$

此即为定额工程量，套用定额3－492。

【注释】 0.03——为中砂铺垫的厚度。

④ 植草砖铺设：

工程量计算规则如上所示。

植草砖铺设的工程量为：$S=332.4m^2$

定额工程量为：332.4/10＝33.24（10m²），套用定额3－518。

5）路牙铺设：

工程量计算规则：路牙按设计图示尺寸以延长米计算。

由清单工程量得路牙的长度为：$L=188m$

由图4-67～图4-69可得：

路牙铺设的工程量为：$L=188$m

定额工程量为：$188/10=18.8$（10m），套用定额 3－525。

6）堆风景石：

由清单工程量计算得风景石的数量为 5 块。

由图 4-89，及石料的规格、重量计算得风景石的工程量为：

$M=50+100+120+150+180=600$kg$=0.6$t

套用定额 3－480。

（3）园林景观工程

1）花架工程

① 挖柱基：

工程量计算规则：二类干土，深度在 2m 以内，深度为 0.5m，故无需放坡，基础材料为混凝土基础支模板，每边各增加工作面宽度，以基础边至地槽（坑）边 300mm。由图 4-83 及图 4-85 可得：挖柱基得工程量为：$V=SHn$

$$S=(0.25+0.08\times2+0.1\times2+0.3\times2)\times(0.25+0.08\times2+0.1\times2+0.3\times2)$$
$$=(0.61+0.6)\times(0.61+0.6)$$
$$=1.46\text{m}^2$$

$$V=SHn$$
$$=1.46\times(0.15+0.15+0.2)\times18$$
$$=1.46\times0.5\times18$$
$$=13.14\text{m}^3$$

此即为定额工程量，套用定额 1－18。

【注释】　0.25——为花架柱子的宽度；

　　　　　0.08——为柱基础的宽于柱子宽度的宽度；

　　　　　 0.1——为基础垫层宽于柱基础宽度的宽度；

　　　　　0.15——为基础垫层的厚度；

　　　　　0.15——为柱基础的高度；

　　　　　 0.2——为花架柱子地下埋深的高度；

　　　　　　18——为花架柱子的根数。

② 150mm 厚 C10 现浇混凝土基础垫层：

根据图 4-83 及图 4-85，由清单工程量计算得定额工程量为：

$$V=SHn=0.61\times0.61\times0.15\times18=1\text{m}^3$$

此即为定额工程量，套用定额 1－170。

【注释】　0.61——为 C10 现浇混凝土基础垫层的宽度；

　　　　　0.15——为 C10 现浇混凝土基础垫层的厚度。

③ 独立基础：

根据图 4-83 及图 4-85，由清单工程量计算得定额工程量为：

$$V=SHn$$
$$=(0.25+0.08\times2)\times(0.25+0.08\times2)\times0.15\times18$$
$$=0.41\times0.41\times0.15\times18$$
$$=0.45\text{m}^3$$

此即为定额工程量，套用定额1—275。

【注释】 0.25——为柱子的宽度；

0.08——为独立基础宽于柱子宽度的宽度；

0.15——为独立基础的厚度；

18——为花架柱子的根数。

④ 现浇混凝土花架柱：

根据图4-83及图4-82，由清单工程量计算得定额工程量为：

$$V=SHn=3.87m^3$$

此即为定额工程量，套用定额1—279。

⑤ 人工回填土：

根据图4-83及图4-85：

人工回填土的体积V＝挖柱基的体积V_1－150mm厚C10现浇混凝土基础垫层的体积V_2－独立基础的体积V_3－现浇混凝土花架柱地下埋深体积V_3

由清单工程量计算得定额工程量为：

$$V=13.14-0.61\times0.61\times0.15-0.41\times0.41\times0.15-0.25\times0.25\times0.2\times18$$
$$=12.83m^3$$

此即为定额工程量，套用定额1—127。

【注释】 13.14——为挖土方的体积；

0.61——为基础垫层的宽度；

0.15——为基础垫层的厚度；

0.41——为柱基础的宽度；

0.15——为柱基础的高度；

0.25——为柱子的宽度；

0.2——为花架柱子地下埋深的高度；

18——为柱子的根数。

⑥ 现浇混凝土钢筋：

根据图4-83及图4-85，由清单工程量计算得定额工程量为：

$$W=0.474t \quad 套用定额1—479$$

⑦ 现浇混凝土花架梁：

根据图4-81及图4-82，由清单工程量计算可得定额工程量为：

$$V=S_{截}Ln=0.4\times0.3\times20\times2=4.8m^3$$

此即为定额工程量，套用定额1—296。

【注释】 0.4——为现浇混凝土花架梁截面的宽度；

0.3——为现浇混凝土花架梁截面的高度；

20——为整个现浇混凝土花架梁跨度；

2——为两根现浇混凝土花架梁。

⑧ 预制混凝土花架条：

根据图4-81及图4-84，由清单工程量计算得定额工程量为：

$$V=SLn=5.81m^3 \quad 套用定额1—452$$

⑨ 预埋铁件：

根据图 4-82 及图 4-81，由清单工程量计算得定额工程量为：

$$W=0.078t \quad 套用定额 1-491$$

⑩ 柱梁面装饰抹灰（水刷石）：

根据图 4-81 及图 4-82，由清单工程量计算得定额工程量为：

$$S=S_柱+S_梁=54.72+56=110.72m^2$$

定额工程量为：110.72/10=11.07（10m²），套用定额 1-873。

⑪ 预制混凝土花架条抹灰面油漆（底油一遍，调和漆两遍）：

根据图 4-81 及图 4-82，由清单工程量计算得定额工程量为：

$$S=86.03m^2$$

定额工程量为：86.03/10=8.60（10m²），套用定额 2-664。

⑫ 台阶：

根据图 4-87，由清单工程量计算得台阶水平投影面积为：

$$S=2.4\times0.3\times4=2.88m^2$$

【注释】　2.4——为台阶面的长度；

0.3——为台阶面的宽度；

4——为台阶的级数。

a. 80mm 厚 1∶1 砂石垫层：

定额工程量为：$V=2.88\times0.08=0.23m^3$，套用定额 1-745。

【注释】　0.08——为 1∶1 砂石垫层的厚度。

b. 60mm 厚 C15 混凝土：

定额工程量为：$V=2.88\times0.06=0.17m^3$，套用定额 1-752。

【注释】　0.06——为 C15 混凝土的厚度。

c. 20mm 厚水泥砂浆找平层：

工程量计算规则等同于花岗石面层的工程量计算规则：按展开（包括两侧）实铺面积面积以平方米计算。

$$S=2.4\times0.3\times4+0.15\times2.4\times4=2.88+1.44=4.32m^2$$

定额工程量为：4.32/10=0.43（10m²），套用定额 1-756。

d. 10mm 厚水泥砂浆结合层：

工程量计算规则同上。

定额工程量为：$S=3.24m^2=0.324$（10m²），套用定额 1-756 和定额 1-757。

e. 花岗石面层：

工程量计算规则：台阶块料面层，按展开（包括两侧）实铺面积以平方米计算。

花岗石面层的工程量为：$S=4.32m^2$

定额工程量为：4.32/10=0.43（10m²），套用定额 1-780。

【注释】　2.4——为台阶面的长度；

0.3——为台阶面的宽度；

4——为台阶的级数；

0.15——为每级台阶的高度。

⑬ 坐凳：

由清单工程量计算得坐凳的工程量为：$V=2.69\text{m}^3$

a. 挖土方：

由图 4-86 可得：

$V=0.3\times0.3\times0.05\times48=0.22\text{m}^3$

此即为定额工程量，套用定额 1-18。

【注释】 0.3——为坐凳基础的宽度；

　　　　　0.05——为坐凳基础的埋深高度；

　　　　　48——为坐凳基础的个数。

b. 坐凳砖砌体：

由清单工程量计算得砖砌体的定额工程量为（图 4-86）：

$$V=0.35\times0.35\times(0.35+0.05)\times48=2.35\text{m}^3$$

此即为定额工程量，套用定额 3-590。

【注释】 0.35——为坐凳基础地上部分的宽度；

　　　　　0.35——为坐凳基础地上部分的高度；

　　　　　0.05——为坐凳基础的埋深高度；

　　　　　48——为坐凳基础的个数。

c. 现浇 C10 混凝土 100mm 厚：

由花架坐凳剖面图 4-86 可得：$V=0.3\times0.3\times0.1\times48=0.43\text{m}^3$

此即为定额工程量，套用定额 1-352。

【注释】 0.3——为现浇 C10 混凝土的宽度；

　　　　　0.1——为现浇 C10 混凝土的高度；

　　　　　48——为坐凳基础的个数。

d. 防腐木条坐凳面：

由图 4-86 可得：$V=0.05\times0.4\times1.75\times16=0.56\text{m}^3$

此即为定额工程量，套用定额 2-391。

【注释】 0.05——为防腐木条的厚度；

　　　　　0.4——为防腐木条凳面的宽度；

　　　　　1.75——为单个坐凳的长度；

　　　　　16——为共有 16 个坐凳。

e. 20mm 厚水泥砂浆抹灰：

由图 4-86 可得：

20mm 厚水泥砂浆抹灰的面积为：

$S=$（$0.4\times0.35\times3\times2+0.4\times0.35\times4$）$\times16$

　$=22.4\text{m}^2$

定额工程量为：22.4/10＝2.24（10m^2），套用定额 1-846。

f. 外刷石头漆：

由图 4-86 可得：工程量计算等同于 20mm 厚水泥砂浆抹灰得面积，$S=22.4\text{m}^2$

定额工程量为：22.4/10＝2.24（10m^2），套用定额 2-664。

【注释】　　0.4——为防腐木条凳面的宽度；

0.35——为坐凳基础地面以上的高度；

3——为靠近柱子的坐凳基础有三个面刷石头漆；

2——每个坐凳有两个刷 3 面漆的坐凳基础；

16——为有 16 个坐凳。

⑭ 块料楼地面：

由清单工程量计算可得块料楼地面的面积为：$S=93.3m^2$

a. 素土夯实：

由图 4-81 及图 4-83 可得：

素土夯实的面积为：$S=93.3m^2$

定额工程量为：$93.3/10=9.33$（$10m^2$），套用定额 1-122。

b. 120mm 厚 3：7 灰土垫层：

由图 4-81 及图 4-83 可得：

120mm 厚 3：7 灰土垫层的体积为：$V=93.3\times0.12=11.20m^3$

此即为定额工程量，套用定额 1-742。

c. 100mm 厚 C10 混凝土垫层：

由图 4-81 及图 4-83 可得：

100mm 厚 C10 混凝土垫层的体积为：$V=93.3\times0.1=9.33m^3$

此即为定额工程量，套用定额 1-754。

d. 20mm 厚 1：2.5 水泥砂浆找平层：

由图 4-81 及图 4-83 可得：

20mm 厚 1：2.5 水泥砂浆找平层的面积 $S=93.3m^2$

定额工程量为：$93.3/10=9.33$（$10m^2$），套用定额 1-756。

e. 40mm 厚花岗石面层：

由图 4-81 及图 4-83 可得：

20mm 厚 1：2.5 水泥砂浆找平层的面积为：$S=93.3m^2$

定额工程量为：$93.3/10=9.33$（$10m^2$），套用定额 1-771。

（4）水池喷泉工程

1）喷水管：

根据图 4-77，由清单工程量计算得定额工程量为：

① 给水管：$DN45$ 长 12m，套用北京市定额 2-85。

② 排水管：$DN45$ 长 10m，套用北京市定额 2-91。

③ 溢流管：$DN35$ 长 8m，套用北京市定额 2-6。

④ 管件：喷头 6 个，套用北京市定额 5-16。

⑤ 止回隔断阀门：$DN45$ 低压塑料螺纹阀门 1 个。

普通阀门：$DN45$ 低压塑料螺纹阀门 1 个。

套用北京市定额 4-159。

2）混凝土水池

① 混凝土池底：

根据图 4-78 及图 4-79，由清单工程量计算可得定额工程量为：

$V_{池底}=3.13m^3$，套用定额 1－358。

② 混凝土池壁（圆形壁）：

根据图 4-78 及图 4-79，由清单工程量计算可得定额工程量为：$V_{池壁}=S_{断面}×L$

$S_{断面1}=0.14×(0.4+0.4+0.02+0.02+0.2)=0.14×1.04=0.15m^2$

$$L_1=(2×3.14×8.4×76°/360°+2×3.14×8×69°/360°)/2$$
$$=(2×3.14×8.4×0.21+2×3.14×8×0.19)/2$$
$$=10.31m$$

$V_{池壁1}=S_{断面1}×L_1=0.15×10.31=1.55m^3$

$$S_{断面2}=0.14×(0.2+0.4+0.02+0.02+0.2)$$
$$=0.12m^2$$

$$L_2=(2×3.14×6×69°/360°+2×3.14×6.4×63°/360°)/2$$
$$=(2×3.14×6×0.19+2×3.14×6.4×0.175)/2$$
$$=7.10m$$

$V_{池壁2}=S_{断面2}×L_2=0.12×7.10=0.85m^3$

$V_{圆形壁}=V_{池壁1}+V_{池壁2}=1.55+0.85=2.40m^3$

此即为定额工程量，套用定额 1－364。

【注释】　0.14——为混凝土池壁的厚度；

　　　　　0.4——为左侧池壁水面以上池壁高度；

　　　　　0.4——为设计水面高度；

　　　　　0.02——为 20mm 厚白瓷砖厚度；

　　　　　0.02——为 20mm 厚水泥砂浆抹灰厚度；

　　　　　0.2——为混凝土池底的厚度；

　　　　　0.2——为右侧池壁水面以上池壁的高度；

　　　　　8.4——为弧形水池外圆外弧所对应的半径；

　　　　　76°——为弧形水池外圆外弧所对应的角度；

　　　　　8——为弧形水池外圆内弧所对应的半径；

　　　　　69°——为弧形水池外圆内弧所对应的角度；

　　　　　6——为弧形水池内圆外弧所对应的半径；

　　　　　69°——为弧形水池内圆外弧所对应的角度；

　　　　　6.4——为弧形水池内圆内弧所对应的半径；

　　　　　63°——为弧形水池内圆内弧所对应的角度。

③ 混凝土池壁（矩形壁）：

根据图 4-78 及图 4-79，由清单工程量计算可得定额工程量为：

$$S_{侧壁}=(0.4+0.4+0.02+0.02+0.2)×(0.2+0.4+0.02+0.02+0.2)×(1.6+0.2$$
$$+0.2)/2=1.04×0.84×2/2$$
$$=0.87m^2$$

$D=0.14m$

$2V_{侧壁}=2S_{侧壁}×D=2×0.87×0.14=0.24m^3$

此即为定额工程量，套用定额 1−373。

【注释】　　0.4——为左侧池壁水面以上池壁高度；

0.4——为设计水面高度；

0.02——为 20mm 厚白瓷砖厚度；

0.02——为 20mm 厚水泥砂浆抹灰厚度；

0.2——为混凝土池底的厚度；

0.2——为右侧池壁水面以上池壁的高度；

1.6——为弧形水池两侧的边长；

0.2——为池壁厚度的一半。

④ 挖土方：

工程量计算规则：二类干土，深度在 2m 以内，深度为 0.6m，故无需放坡，基础材料为混凝土基础支模板，每边各增加工作面宽度，以基础边至地槽（坑）边 300mm。

由图 4-78 及图 4-79 可得，挖土方的工程量为：

$$V = S_{垫层} \times D$$

$$S_{垫层} = 86°/360° \times 3.14 \times (8.8+0.3)^2 - 82°/360° \times 3.14 \times (5.6-0.3)^2$$

$$= 0.24 \times 3.14 \times 82.81 - 0.23 \times 3.14 \times 28.09$$

$$= 42.12 m^2$$

$D = 0.2 + 0.4 = 0.6 m$

$V = S_{垫层} \times D = 42.12 \times 0.6 = 25.27 m^3$

此即为定额工程量，套用定额 1−2。

【注释】　　86°——为弧形水池基础垫层扩 0.3m 后外弧所对应的角度；

8.8——为弧形水池基础垫层外弧所对应的半径；

82°——为弧形水池基础垫层扩 0.3m 后内弧所对应的角度；

5.6——为弧形水池基础垫层内弧所对应的半径；

0.2——为基础垫层的厚度；

0.4——为水池的地下埋深高度。

⑤ 素土夯实：

由图 4-78 及图 4-79 可得：素土夯实的面积为：

$S = 86°/360° \times 3.14 \times (8.8+0.3)^2 - 82°/360° \times 3.14 \times (5.6-0.3)^2$

$= 0.24 \times 3.14 \times 82.81 - 0.23 \times 3.14 \times 28.09$

$= 42.12 m^2$

定额工程量为 42.12/10 = 4.21（$10m^2$），套用定额 1−123。

⑥ 200mm 厚 C10 混凝土垫层：

根据图 4-78 及图 4-79，由清单工程量计算得 C10 混凝土垫层的体积为：

$$V = S_{混凝土垫层} \times D = 35.25 \times 0.2 = 7.05 m^3$$

此即为定额工程量，套用定额 1−170。

【注释】　　0.2——为 C10 混凝土垫层的厚度。

⑦ 20mm 厚水泥砂浆找平层：

根据图 4-78 及图 4-79，由清单工程量计算得 20mm 厚水泥砂浆找平层的工程量为：

$S_{池底}=73°/360°×3.14×8.2^2-66°/360°×3.14×6.2^2$

$\qquad =0.20×3.14×8.2^2-0.18×3.14×6.2^2$

$\qquad =20.50m^2$

$S_{池壁}=73°/360°×2×3.14×8.2×(0.4+0.4+0.02+0.02+0.2+0.02)+66°/360°×$

$\qquad 2×3.14×6.2×(0.2+0.4+0.02+0.02+0.2+0.02)+2×1.06×0.86×2/2$

$\qquad =0.2×2×3.14×8.2×1.06+0.18×2×3.14×6.2×0.86+2×1.06×0.86$

$\qquad =18.77m^2$

$S=S_{池底}+S_{池壁}=20.50+18.77=39.27m^2$

定额工程量为：$39.27/10=3.93(10m^2)$，套用定额 1—756。

【注释】 73°——为防水层外弧所对应的角度；

8.2——为防水层外弧所对应的半径；

66°——为防水层内弧所对应的角度；

6.2——为防水层内弧所对应的半径；

0.4——为左侧池壁水面以上池壁高度；

0.4——为设计水面高度；

0.02——为20mm厚白瓷砖厚度；

0.02——为防水层的厚度；

0.2——为混凝土池底的厚度；

0.02——为水泥砂浆的厚度；

0.2——为右侧池壁水面以上池壁的高度；

2——为侧壁防水层的长度。

⑧ 防水层：

根据图 4-78 及图 4-79 可得：防水层的工程量计算等同于 20mm 厚水泥砂浆找平层的工程量：

$S=S_{池底}+S_{池壁}=20.50+18.77=39.27m^2$

定额工程量为：$39.27/10=3.93(10m^2)$，套用定额 1—800。

⑨ 20mm 厚 1：2.5 水泥砂浆结合层：

根据图 4-78 及图 4-79 可得：20mm 厚水泥砂浆结合层的工程量等同于防水层的工程量，由清单工程量计算得 20mm 厚。

水泥砂浆结合层的工程量为：

$S=S_{池底}+S_{池壁}=20.50+18.77=39.27m^2$

定额工程量为：$39.27/10=3.93$（$10m^2$），套用定额 1—756。

⑩ 20mm 厚防水砂浆：

根据图 4-78 及图 4-79，由清单工程量计算可得 20mm 厚防水砂浆定额工程量为：

$$S=S_{池底}+S_{池壁}=15.67+13.09=28.76m^2$$

定额工程量为：$28.76/10=2.88$（$10m^2$），套用定额 1—248。

⑪ 白色瓷砖贴池底池壁：

根据图 4-78 及图 4-79 可得：白色瓷砖贴池底池壁的工程量等同于防水砂浆的工程量，由清单工程量计算得白色瓷砖贴池底池壁的工程量为：

故白色瓷砖的工程量为：$S=28.76\mathrm{m}^2$

定额工程量为：28.76/10=2.88（$10\mathrm{m}^2$），套用定额 1－909。

⑫ 140mm 厚砖砌体结构：

根据图 4-78 及图 4-79，由清单工程量计算可得 140mm 厚砖砌体结构的定额工程量为：

$$V=SD=0.96\mathrm{m}^3$$

此即为定额工程量，套用定额 1－238。

⑬ 20mm 厚水泥砂浆找平层：

由图 4-78 及图 4-79 可得：

$S=76°/360°×2×3.14×8.4×0.6+69°/360°×2×3.14×6×0.4+2×(0.4+0.6)×$
　　$2.4/2$

　$=0.21×2×3.14×8.4×0.6+0.19×2×3.14×6×0.4+2.4$

　$=11.91\mathrm{m}^2$

定额工程量为：11.91/10=1.19（$10\mathrm{m}^2$），套用定额 1－756。

【注释】　　76°——为水池外圆外弧所对应的角度；

　　　　　　8.4——为水池外圆外弧所对应的半径；

　　　　　　0.6——为水池外圆一侧地上部分高度；

　　　　　　69°——为水池内圆外弧所对应的角度；

　　　　　　　6——为水池内圆外弧所对应的半径；

　　　　　　0.4——为水池内圆一侧地上部分的高度；

　　　　　　2.4——为水池外沿的宽度。

⑭池壁外拼碎花岗石：

根据图 4-78 及图 4-79，池壁外拼碎花岗石等同于 20mm 厚水泥砂浆结合层的工程量，由清单工程量计算可得。

池壁外拼碎花岗石为：$S=11.91\mathrm{m}^2$

定额工程量为：11.91/10=1.19（$10\mathrm{m}^2$），套用定额 1－900。

⑮ 50mm 厚现浇混凝土压顶：

由图 4-78 及图 4-79 可得：50mm 厚现浇混凝土压顶的工程量为：$V=S_{截面}L_{中}$

$S_{截面}=0.05×0.4=0.02\mathrm{m}^2$

$L_{中}=73°/360°×2×3.14×8.2+66°/360°×2×3.14×6.2+2×2$

　　$=0.2×2×3.14×8.2+0.18×2×3.14×6.2+4$

　　$=21.31\mathrm{m}$

$V=S_{截面}L_{中}=0.02×21.31=0.43\mathrm{m}^3$

此即为定额工程量，套用定额 1－352。

【注释】　　73°——为水池边沿中线外弧所对应的角度；

　　　　　　8.2——为水池边沿中线外弧所对应的半径；

　　　　　　66°——为水池边沿中线内弧所对应的角度；

　　　　　　6.2——为水池边沿中线内弧所对应的半径；

　　　　　　　2——为水池边沿中线侧边边长；

2——为两条侧边。

（5）雕塑工程

1）雕塑底座

① 挖土方：

工程量计算规则：二类干土，深度在 2m 以内，深度为 0.9m，故无需放坡，基础材料为混凝土基础支模板，每边各增加工作面宽度，以基础边至地槽（坑）边 300mm。由图 4-74 及图 4-75 可得，$V = SH$

$S = (3.2 + 0.3 \times 2) \times (3.2 + 0.3 \times 2) = 3.8 \times 3.8 = 14.44 \text{m}^2$

$V = SH = 14.44 \times (0.4 + 0.5) = 13.00 \text{m}^3$

此即为定额工程量，套用定额 1—2。

【注释】　3.2——为基础垫层的宽度；

0.4——为基础垫层的厚度；

0.5——为混凝土基座埋深高度。

② 素土夯实：

由图 4-74 及图 4-75 可得，素土夯实的面积为：

$S = (3.2 + 0.3 \times 2) \times (3.2 + 0.3 \times 2) = 3.8 \times 3.8 = 14.44 \text{m}^2$

定额工程量为：14.44/10＝1.44（10m²），套用定额 1—123。

③ 400mm 厚 C10 现浇混凝土基础：

由图 4-74 及图 4-75 可得，由清单工程量计算可得。

40mm 厚 C10 现浇混凝土基础的定额工程量为：$V = 3.2 \times 3.2 \times 0.4 = 4.1 \text{m}^3$

此即为定额工程量，套用定额 1—275。

【注释】　3.2——为 C10 现浇混凝土基础的宽度；

0.4——为 C10 现浇混凝土基础的厚度。

④ 现浇混凝土底座：

根据图 4-74 及图 4-75，由清单工程量计算可得现浇混凝土底座的定额工程量为：

$V = V_{底座} + V_{埋深} = 3.14 + 3.53 = 6.67 \text{m}^3$

此即为定额工程量，套用定额 1—356。

⑤ 土石方回填：

根据图 4-74 及图 4-75，由清单工程量计算可得土石方回填定额工程量为：

人工回填土的体积 V＝挖土方的体积 V_1－40mm 厚 C10 现浇混凝土基础 V_2－现浇混凝土底座地下埋深体积 $V_{埋}$

$V = 13.00 - 4.1 - 3.14 \times 1.5^2 \times 0.5 = 5.37 \text{m}^3$

套用定额 1—127。

【注释】　13.00——为总的挖土方体积；

1.5——为雕塑底座地下埋深部分圆的半径；

0.5——为地下部分底座的埋深高度。

⑥ 5mm 厚水泥砂浆结合层：

根据图 4-74 及图 4-75，由清单工程量计算可得 5mm 厚水泥砂浆结合层的定额工程量为：

$$S=2×3.14×2×0.25+3.14×2^2-3.14×1^2=12.56m^2$$

【注释】　　2——为雕塑底座地上部分圆形底座的半径；

　　　　　　0.25——为雕塑底座的地上高度；

　　　　　　　1——为雕塑主体外接圆的半径。

⑦ 大理石贴面：

由图 4-74 及图 4-75 可得，大理石贴面的工程量等同于 5mm 厚水泥砂浆结合层的工程量：$S=12.56m^2$

定额工程量为 12.56/10=1.26（$10m^2$），套用定额 1－771。

2）雕塑主体工程——钢桁架

根据图 4-74 及图 4-75，由清单工程量计算可得定额工程量为：

$V=1.479t$，套用定额 3－588、定额 3－589。

（6）景墙工程

1）景墙基础工程

① 挖土方：

工程量计算规则：二类干土，深度在 2m 以内，深度为 0.25m，故无需放坡，基础材料为砖基础，每边各增加工作面宽度，底下一层大放脚边至地槽（坑）边 200mm。由图 4-89 及图 4-90 可得：

$$\begin{aligned}V&=S_{断}Ln\\&=(0.84+0.2×2)×(5.6+0.2×2)×(0.1+0.15)×2\\&=1.24×6×0.25×2\\&=3.72m^3\end{aligned}$$

此即为定额工程量，套用定额 1－18。

【注释】　　0.84——为基础垫层的宽度；

　　　　　　5.6——为景墙的长度即需要挖基础的长度；

　　　　　　0.1——为基础垫层的高度；

　　　　　　0.15——为景墙地下埋深高度；

　　　　　　　2——为景墙的个数。

② 素土夯实：

由图 4-89 及图 4-90 可得：

$$S=(0.84+0.2×2)×(5.6+0.2×2)×2=1.24×6×2=14.88m^2$$

定额工程量为：14.88/10=1.49（$10m^2$），套用定额 1－123。

③ 100mm 厚 C10 混凝土垫层：

根据图 4-89 及图 4-90，由清单工程量计算得 100mm 厚 C10 混凝土垫层的定额工程量为：

$V=0.84×5.6×0.1×2=0.94m^3$，套用定额 1－170。

【注释】　　0.1——为 C10 混凝土垫层的厚度。

④ 土石方回填：

由图 4-89 及图 4-90 可得：

人工回填土的体积 V＝挖沟槽的体积 V_1－100mm 厚 C10 混凝土垫层的体积 V_2－砖

砌体景墙砖基础的体积 V_3

$$V = 3.72 - 0.84 \times 5.6 \times 0.1 \times 2 - 0.6 \times 0.15 \times 5 \times 2 - 2 \times 0.15 \times 2 \times 3.14 \times 0.3^2 / 2$$
$$= 3.72 - 0.94 - 0.9 - 0.085$$
$$= 1.80 \text{m}^3$$

此即为定额工程量，套用定额 1－127。

【注释】　3.72——为挖沟槽的体积；

　　　　　0.84——为现浇混凝土基础的宽度；

　　　　　5.6——为景墙的长度及需要挖基础的长度；

　　　　　0.1——为现浇混凝土基础的厚度；

　　　　　0.6——为景墙基础的宽度；

　　　　　0.15——为景墙矩形基础的地下埋深高度；

　　　　　5——为景墙除去两端半圆基础剩下的矩形基础的长度；

　　　　　0.3——为景墙两端的半圆形基础的圆形半径；

　　　　　2——为两个半圆形基础；

　　　　　0.15——为半圆形基础的地下埋深高度；

　　　　　2——为景墙的个数。

⑤ 景墙砖基础：

由图 4-89 及图 4-90 可得，砖基础的工程量为：

$$V = 0.6 \times 0.15 \times 5 \times 2 - 2 \times 0.15 \times 2 \times 3.14 \times 0.3^2 / 2$$
$$= 0.9 + 0.085$$
$$= 0.99 \text{m}^3$$

此即为定额工程量，套用定额 1－189。

【注释】　各数值含义如上所示。

2）景墙主体工程——砖砌体：

根据图 4-89 及图 4-90，由清单工程量计算可得景墙砖砌体的工程量为：

$$V = 11.1 \text{m}^3$$

此即为定额工程量，套用定额 1－238。

3）景墙装饰工程

① 木质漏窗：

根据图 4-89 及图 4-90，由清单工程量计算可得木质漏窗定额工程量为：

$$S = 0.4 \times 0.8 \times 2 = 0.64 \text{m}^2$$

定额工程量为：0.64/10＝0.06（10m²），套用定额 2－519。

② 金属格栅窗：

根据图 4-89 及图 4-90，由清单工程量计算可得金属格栅窗定额工程量为：

$$S = 0.4 \times 0.8 \times 2 = 0.64 \text{m}^2$$

定额工程量为：0.64/10＝0.06（10m²），套用定额 1－566。

③ 石浮雕：

根据图 4-89 及图 4-90，由清单工程量计算可得石浮雕定额工程量为：

$$S = 0.75 \times 3 \times 2 = 4.5 \text{m}^2$$

此即为定额工程量，套用定额 4－629。

④ 20mm 水泥砂浆找平层：

由图 4-89 及图 4-90 可得 20mm 水泥砂浆找平层定额工程量为：

$$S = (2.5 \times 5 \times 2 + 2.5 \times 0.4 + 2 \times 3.14 \times 0.2 \times 2.5 + 3.14 \times 0.2^2) \times 2$$
$$= (25 + 1 + 3.27) \times 2$$
$$= 58.54 \text{m}^2$$

【注释】　2.5——为主体景墙的高度；

　　　　　5——为主体景墙矩形部分的长度；

　　　　　2——为景墙的两个面；

　　　　　0.4——为景墙的厚度；

　　　　　0.2——为主体景墙弧形部分所对应的半径；

　　　　　2——为景墙的个数。

⑤ 墙面装饰抹灰：

根据图 4-89 及图 4-90，由清单工程量计算可得墙面装饰抹灰定额工程量为：
$S = 58.54 \text{m}^2$

定额工程量为：$58.54/10 = 5.85$（10m^2），套用定额 1－872。

⑥ 5mm 水泥砂浆结合层：

由图 4-89 及图 4-90 可得：

$$S = [(0.2 \times 5 + 0.1 \times 5 + 0.2 \times 0.1 \times 2) \times 2 + 2 \times 3.14 \times 0.3 \times 0.2 + 3.14 \times (0.3^2 - 0.2^2)] \times 2$$
$$= [(1 + 0.5 + 0.04) \times 2 + 0.38 + 0.16] \times 2$$
$$= 7.24 \text{m}^2$$

【注释】　5——为主体景墙矩形部分的长度；

　　　　　0.2——为景墙基座的厚度；

　　　　　0.1——为景墙基座宽于景墙主体宽度的宽度；

　　　　　2——为景墙的两个面；

　　　　　0.3——为弧形景墙基座所对应的半径；

　　　　　0.2——为主体景墙弧形部分所对应的半径；

　　　　　2——为景墙的个数。

⑦ 景墙基础镶贴花岗石：

根据图 4-89 及图 4-90，由清单工程量计算可得景墙基础镶贴花岗石定额工程量为：
$S = 7.24 \text{m}^2$

定额工程量为：$7.24/10 = 0.72$（10m^2）

套用定额 1－778。

(7) 组合花坛

① 挖土方：

工程量计算规则：二类干土，深度在 2m 以内，深度为 0.3m，故无需放坡，基础材料为混凝土基础支模板，每边各增加工作面宽度，以基础边至地槽（坑）边 300mm。根据图 4-74 及图 4-75，由图 4-64 及图 4-66 可得：

$V = S_断 L$

$S_断 = 0.12 + 0.06 \times 2 + 0.3 \times 2) \times (0.2 + 0.1) = 0.84 \times 0.3 = 0.25 m^2$

$L = (3.5 + 2.5) \times 2 + (2 + 5) \times 2 - 1.75 + 4 + 1 + 5 + 1$

$\quad = 12 + 14 - 1.75 + 11 = 35.25 m$

$V = S_断 L = 0.25 \times 35.25 = 8.81 m^3$

【注释】　　0.12——为混凝土墙体的宽度；

　　　　　　0.06——为基础垫层宽于混凝土墙体的宽度；

　　　　　　0.2——为混凝土墙体的埋深高度；

　　　　　　0.1——为基础垫层的厚度；

　　　　　　3.5——为组合花坛中较低花坛的长边长；

　　　　　　2.5——为组合花坛中较低花坛的短边长；

　　　　　　2——为组合花坛中中等高度花坛的短边长；

　　　　　　5——为组合花坛中中等高度花坛的长边长；

　　　　1.75——为组合花坛中较低花坛与中等高度花坛的交叠部分的长度；

　　　　　　4——为组合花坛中较高花坛的短边长；

　　　　　　5——为组合花坛中较高花坛的长边长；

　　　　　　1——为组合花坛中较高花坛与较低花坛高出部分的长度；

　　　　　　1——为组合花坛中较高花坛与中等高度花坛高出部分的长度。

此即为定额工程量，套用定额1－18。

② 素土夯实：

由图4-64及图4-66可得：素土夯实的面积为：

$S = aL$

$\quad = (0.12 + 0.06 \times 2 + 0.3 \times 2) \times 35.25$

$\quad = 29.61 m^2$

定额工程量为：29.61/10=2.96（10m²），套用定额1－123。

③ 100mm厚C10混凝土基础：

根据图4-64及图4-66，由清单工程量计算可得100mm厚C10混凝土基础的体积为：

$$V = S_断 L = 0.24 \times 0.1 \times 35.25 = 0.85 m^3$$

此即为定额工程量，套用定额1－170。

【注释】　　0.24——为混凝土基础的宽度；

　　　　　　0.1——为基础垫层的厚度；

　　　　33.25——为组合花坛需要挖土方的长度。

④ 现浇混凝土花坛墙体：

根据图4-64及图4-66，由清单工程量计算可得现浇混凝土花坛墙体的体积为：

$$V = V_1 + V_2 + V_3 = 0.68 + 1.18 + 1.12 = 2.98 m^3$$

此即为定额工程量，套用定额1－356。

⑤ 土石方回填：

由图4-64及图4-66可得：

土石方回填的体积 V=挖沟槽的体积 V_1－100mm厚C10混凝土基础垫层的体积 V_2

$$-现浇混凝土花坛墙体地下埋深的体积V_3$$

$V=8.81-0.85-0.12\times0.2\times35.25=7.11m^3$

此即为定额工程量，套用定额1—127。

【注释】　8.81——为组合花坛挖沟槽的体积；

　　　　　0.85——为混凝土垫层的体积；

　　　　　0.12——为组合花坛墙体的厚度；

　　　　　0.2——为组合花坛墙体的地下埋深高度。

⑥ 20mm厚水泥砂浆找平层：

由图4-64及图4-66可得20mm厚水泥砂浆找平层的面积为：

$$S=0.12\times35.25=4.23m^2$$

定额工程量为：4.23/10=0.42（10m²），套用定额1—756。

⑦ 20mm厚水泥砂浆结合层：

由图4-64及图4-66可得20mm厚水泥砂浆结合层的面积为：

$S=(2.5\times2+3.5+1.75)\times0.35+(2\times2+5\times2)\times0.5+(4+5+1+1)\times0.65$

$=10.25\times0.35+14\times0.5+11\times0.65$

$=17.74m^2$

定额工程量为：17.74/10=1.77（10m²）

【注释】　0.35——为组合花坛中较低花坛的地上高度；

　　　　　3.5——为组合花坛中较低花坛的长边长；

　　　　　2.5——为组合花坛中较低花坛的短边长；

　　　　　1.75——为组合花坛中较低花坛与中等高度花坛的交叠部分的长度；

　　　　　0.5——为组合花坛中中等高度花坛的地上高度；

　　　　　2——为组合花坛中中等高度花坛的短边长；

　　　　　5——为组合花坛中中等高度花坛的长边长；

　　　　　0.65——为组合花坛中较高花坛的地上高度；

　　　　　4——为组合花坛中较高花坛的短边长；

　　　　　5——为组合花坛中较高花坛的长边长；

　　　　　1——为组合花坛中较高花坛与较低花坛高出部分的长度；

　　　　　1——为组合花坛中较高花坛与中等高度花坛高出部分的长度。

套用定额1—756。

⑧ 80mm厚方木条压顶：

根据图4-64及图4-66，由清单工程量计算可得80mm厚方木条压顶的定额工程量为：

$V=0.51m^3$

此即为定额工程量，套用定额2—391。

⑨ 抹灰面油漆：

根据图4-64及图4-66，由清单工程量计算可得抹灰面油漆的面积为：$S=17.74m^2$

定额工程量为：17.74/10=1.77（10m²），套用定额2—664。

（8）围树椅

① 挖土方：

工程量计算规则：二类干土，深度在 2m 以内，深度为 0.46m，故无需放坡，基础材料为砖基础，每边各增加工作面宽度，底下一层大放脚边至地槽（坑）边 200mm。由图 4-58及图 4-59 可得：

$V = S_断 \times L_中 \ n$

$S_断 = (0.24 + 0.06 \times 2 + 0.06 \times 2 + 0.2 \times 2) \times (0.1 + 0.12 + 0.24$

$= 0.40m^2$

$L_中 = (2 - 0.4) \times 4 = 6.4m$

$V = S_断 \times L_中 \ n = 0.40 \times 6.4 \times 3 = 7.68m^3$

此即为定额工程量，套用定额 1-18。

【注释】 0.24——为围树椅砖砌体的厚度；

0.06——为基础宽于砖砌体宽度的宽度；

0.06——为混凝土垫层宽于基础宽度的宽度；

0.1——为混凝土垫层的厚度；

0.12——为砖基础的厚度；

0.24——为砖砌体地下埋深的高度；

2——为围树椅单面坐面的边长；

0.4——为围树椅单面坐面的宽度；

3——为围树椅的个数。

② 素土夯实：

由图 4-58 及图 4-59 可得：素土夯实的面积为：

$S = (0.24 + 0.06 \times 2 + 0.06 \times 2 + 0.2 \times 2) \times (2 - 0.4) \times 4 \times 3$

$= 16.90m^2$

定额工程量为：$16.9/10 = 1.69$（$10m^2$），套用定额 1-123。

③ 100mm 厚 C15 混凝土垫层：

根据图 4-58 及图 4-59，由清单工程量计算可得 100mm 厚 C15 混凝土垫层的体积为：

$V = 0.48 \times 0.1 \times 6.4 \times 3 = 0.92m^3$

此即为定额工程量，套用定额 1-170。

【注释】 0.48——为 C15 混凝土垫层的宽度；

0.1——为 C15 混凝土垫层的厚度；

6.4——为围树椅坐凳面的中线长度；

3——为围树椅的个数。

④ 砖基础：

根据图 4-58 及图 4-59，由清单工程量计算可得砖基础的体积为：

$$V = (0.24 + 0.06 \times 2) \times 0.12 \times 6.4 \times 3 = 0.83m^3$$

此即为定额工程量，套用定额 1-189。

【注释】 0.24——为围树椅砖砌体的厚度；

0.06——为基础宽于砖砌体宽度的宽度；

0.12——为砖基础的厚度；

6.4——为围树椅坐凳面的中线长度；

3——为围树椅的个数。

⑤ 人工回填土：

由图 4-58 及图 4-59 可得：

人工回填土的体积 V＝挖沟槽的体积 V_1－100mm 厚 C15 混凝土垫层体积 V_2－砖基
础的体积 V_3－围树椅砖砌体地下埋深体积 V_4

$$V=7.68-0.92-0.83-0.24×0.24×6.4×3=4.82m^3$$

此即为定额工程量，套用定额 1－127。

【注释】 7.68——为整个挖沟槽的体积；

0.83——为砖基础的体积；

0.92——为混凝土垫层的体积；

0.24——为围树椅砖砌体地下埋深高度；

0.24——为围树椅砖砌体的厚度；

6.4——为围树椅坐凳面的中线长度；

3——为围树椅的个数。

⑥ 围树椅砖砌体结构：

根据图 4-58 及图 4-59，由清单工程量计算可得花坛砖砌体结构的体积为：

$$V=0.24×(0.5+0.24)×6.4×3=3.41m^3$$

此即为定额工程量，套用定额 3－590。

【注释】 0.24——为围树椅砖砌体的厚度；

0.24——为围树椅砖砌体地下埋深的高度；

0.5——为围树椅砖砌体地上的高度；

6.4——为围树椅坐凳面的中线长度；

3——为围树椅的个数。

⑦ 20mm 厚 1：3 水泥砂浆找平层：

由图 4-58 及图 4-59 可得：20mm 厚 1：3 水泥砂浆的面积为：

$$S=0.24×6.4×3=4.61m^2$$

定额工程量为：4.61/10＝0.46（10m^2），套用定额 1－756。

⑧ 60mm 厚方木条坐凳面：

根据图 4-58 及图 4-59，由清单工程量计算可得 60mm 厚方木条坐凳面的体积为：

$V=0.35×$（2－0.4）$×4×0.06×3=0.35×6.4×0.06×3=0.40m^3$

此即为定额工程量，套用定额 2－391。

【注释】 0.35——为坐凳面的宽度；

0.06——为方木条坐凳面得厚度；

6.4——为围树椅坐凳面的中线长度；

3——为围树椅的个数。

⑨ 20mm 水泥砂浆结合层：

由图 4-58 及图 4-59 可得：20mm 水泥砂浆结合层的面积为：、

$$S=0.5×2×4=4m^2$$

【注释】 2——围树椅单面座椅的边长；

　　　　0.5——为地面以上砖砌体的高度；

　　　　4——为四条边。

⑩ 拼碎马赛克：

根据图 4-58 及图 4-59，由清单工程量计算可得拼碎马赛克的面积为：

$$S＝0.5×2×4＝4m^2$$

定额工程量为：4/10＝0.4（10m²），套用定额 1－783。

（9）坐凳

① 挖土方：

工程量计算规则：二类干土，深度在 2m 以内，深度为 0.14m，故无需放坡，基础材料为混凝土基础支模板，每边各增加工作面宽度，以基础边至地槽（坑）边 300mm。由图 4-61 及图 4-62 可得：挖土方的体积：

$$V＝SLn$$
$$S＝(0.36+0.08×2+0.3×2)×(0.08+0.06)＝1.12×0.14＝0.16m^2$$
$$V＝SLn＝0.16×1.2×6＝1.15m^3$$

此即为定额工程量，套用定额 1－18。

【注释】　0.36——坐凳混凝土结构的宽度；

　　　　0.08——为混凝土垫层宽于混凝土结构宽度的宽度；

　　　　0.08——为混凝土垫层的厚度；

　　　　0.06——为坐凳混凝土结构地下埋深高度；

　　　　1.2——为坐凳的长度；

　　　　6——为坐凳的个数。

② 素土夯实：

由图 4-61 及图 4-62 可得：素土夯实的面积为：

$$S＝(0.36+0.08×2+0.3×2)×1.2×6＝8.06m^2$$

定额工程量为：8.06/10＝0.81（10m²），套用定额 1－123。

③ 80mm 厚 C10 混凝土垫层：

根据图 4-61 及图 4-62，由清单工程量计算可得 80mm 厚 C10 混凝土垫层的体积为：

$$V＝(0.36+0.08×2)×0.08×1.2×6＝0.30m^3$$

此即为定额工程量，套用定额 1－170。

【注释】　0.36——坐凳混凝土结构的宽度；

　　　　0.08——为混凝土垫层宽于混凝土结构宽度的宽度；

　　　　0.08——为混凝土垫层的厚度；

　　　　1.2——为坐凳的长度；

　　　　6——为坐凳的个数。

④ 现浇混凝土坐凳：

根据图 4-61 及图 4-62，由清单工程量计算可得现浇混凝土坐凳的体积为：

$$V＝0.36×(0.06+0.4)×1.2×6＝1.19m^3$$

此即为定额工程量，套用定额 1－356。

【注释】　0.36——坐凳混凝土结构的宽度；

　　　　　0.06——为现浇混凝土坐凳地下埋深高度；

　　　　　0.4——为现浇混凝土坐凳地上高度；

　　　　　1.2——为坐凳的长度；

　　　　　6——为坐凳的个数。

　⑤ 土石方回填：

由图 4-61 及图 4-62 可得：

土石方回填的体积 V＝挖沟槽的体积 V_1－80mm 厚 C10 混凝土垫层的体积 V_2－现浇
　　　　　混凝土坐凳地下埋深的体积 V_3

$$V＝1.15－0.30－0.36×0.06×1.2×6＝0.69m^3$$

此即为定额工程量，套用定额 1－127。

【注释】　0.52——为总的挖土方体积；

　　　　　0.03——为混凝土垫层的体积；

　　　　　0.36——为混凝土坐凳结构的宽度；

　　　　　0.06——为坐凳混凝土结构的地下埋深高度；

　　　　　1.2——为坐凳的长度；

　　　　　6——为坐凳的个数。

　⑥ 20mm 厚 1∶3 水泥砂浆找平层：

由图 4-61 及图 4-62 可得 20mm 厚 1∶3 水泥砂浆找平层的面积为：

$$S＝0.4×1.2×6＝2.88m^2$$

定额工程量为：2.88/10＝0.29（10m²），套用定额 1－756。

【注释】　1.2——为坐凳的长度；

　　　　　0.4——为坐凳面水泥砂浆的宽度；

　　　　　6——为坐凳的个数。

　⑦ 60mm 厚方木条坐凳面：

根据图 4-61 及图 4-62，由清单工程量计算可得 60mm 厚方木条坐凳面的体积为：

$$V＝0.45×1.2×0.06×6＝0.19m^3$$

此即为定额工程量，套用定额 2－391。

【注释】　1.2——为坐凳的长度；

　　　　　0.45——为坐凳面的宽度；

　　　　　0.06——为坐凳面的厚度；

　　　　　6——为坐凳的个数。

　⑧ 20mm 厚 1∶3 水泥砂浆结合层：

由图 4-61 及图 4-62 可得：20mm 厚 1∶3 水泥砂浆结合层的面积为：

$$S＝(0.4×1.2×2＋0.4×0.45×2)×6＝7.92m^2$$

【注释】　0.4——为坐凳的高度；

　　　　　0.45——为坐等面的宽度；

　　　　　1.2——为坐凳的长度；

　　　　　6——为坐凳的个数。

　⑨ 灰色花岗石贴面：

根据图 4-61 及图 4-62，由清单工程量计算可得灰色花岗石贴面的面积为：
$$S=(0.4×1.2×2+0.4×0.45×2)×6=7.92m^2$$

定额工程量为：$7.92/10-=0.79$（$10m^2$），套用定额 $1-897$。

（10）台阶

① 80mm 厚 3：7 灰土垫层：

根据图 4-71 及图 4-72，由清单工程量计算可得 80mm 厚 3：7 灰土垫层的体积为：
$$V=SH=13.91×0.08=1.11m^3$$

此即为定额工程量，套用定额 $1-162$。

【注释】 13.91——为台阶的投影面积；

0.08——为 3：7 灰土垫层的厚度。

② 60mm 厚 C15 混凝土：

根据图 4-71 及图 4-72，由清单工程量计算可得 60mm 厚 C15 混凝土的体积为：
$$V=SH=13.91×0.06=0.83m^3$$

此即为定额工程量，套用定额 $1-170$。

【注释】 13.91——为台阶的投影面积；

0.06——为 C15 混凝土垫层的厚度。

③ 20mm 厚水泥砂浆找平层：

根据图 4-71 及图 4-72，由清单工程量计算可得 20mm 厚水泥砂浆找平层的面积为：

$S=117°/360°×[3.14×(7.05^2-6.7^2)+3.14×(6.7^2-6.35^2)+3.14×(6.35^2-6^2)+2×3.14×(7.05-6.7)×0.15+2×3.14×(6.7-6.35)×0.15+2×3.14×(6.35-6)×0.15]$

$=0.325×(3.14×13.7+0.99)$

$=14.3m^2$

定额工程量为：$14.3/10=1.43$（$10m^2$），套用定额 $1-756$。

【注释】 117 度——为弧形台阶所对应的角度；

7.05——为三级台阶最外侧弧形台阶外侧所对应的半径；

6.7——为三级台阶最外侧弧形台阶内侧所对应的半径；

6.35——为三级台阶中间的弧形台阶内侧所对应的半径；

6——为三级台阶最内侧弧形台阶内侧所对应的半径；

0.15——为台阶的高度。

④ 5mm 厚水泥砂浆结合层：

由图 4-71 及图 4-72 可得：5mm 厚水泥砂浆结合层的面积应等同于 20mm 厚水泥砂浆找平层的面积。

故 $S=14.3m^2=1.43$（$10m^2$），套用定额 $1-756$ 和定额 $1-757$。

⑤ 40mm 厚深红色剁花花岗石面层：

工程量计算规则：台阶块料面层，按展开（包括两侧）实铺面积以平方米计算。由图 4-71 及图 4-72 可得：40mm 厚深红色剁花花岗石面层的面积为：

$S=117°/360°×[3.14×(7.05^2-6.7^2)+3.14×(6.7^2-6.35^2)+3.14×(6.35^2-6^2)+2×3.14×(7.05-6.7)×0.15+2×3.14×(6.7-6.35)×0.15+2×3.14×(6.35-6)×$

　　0.15]

　　＝0.325×(3.14×13.7＋0.99)

　　＝14.3m²

定额工程量为：14.3/10＝1.43（10m²），套用定额 1－780。

【注释】　　117 度——为弧形台阶所对应的角度；

　　　　　　7.05——为三级台阶最外侧弧形台阶外侧所对应的半径；

　　　　　　6.7——为三级台阶最外侧弧形台阶内侧所对应的半径；

　　　　　　6.35——为三级台阶中间的弧形台阶内侧所对应的半径；

　　　　　　6——为三级台阶最内侧弧形台阶内侧所对应的半径；

　　　　　　0.15——为台阶的高度。

具体参见表 5-91、表 5-92。

某带状绿地规划设计工程预算表　　　　　　　　　　　　表 5-91

序号	定额编码	分项工程名称	计量单位	工程量	基价（元）	其中（元）					合价（元）
						人工费	材料费	机械费	管理费	利润	
1	1－121	平整场地	10m²	229.10	35.96	23.20	—		9.98	2.78	8238.44
2	3－108	栽植乔木（雪松）	10 株	0.20	846.45	529.10	16.40	131.64	95.24	74.07	169.29
3	3－357	苗木养护——Ⅱ级养护	10 株	0.20	146.03	51.65	36.30	41.55	9.30	7.23	29.21
4	3－107	栽植乔木（广玉兰）	10 株	0.30	586.26	370.00	12.30	85.56	66.60	51.80	175.88
5	3－356	苗木养护——Ⅱ级养护	10 株	0.30	115.15	38.15	28.79	34.68	7.05	5.48	34.55
6	3－105	栽植乔木（桂花）	10 株	0.30	249.33	185.00	5.13	—	33.30	25.90	74.80
7	3－356	苗木养护——Ⅱ级养护	10 株	0.30	115.15	38.15	28.79	34.68	7.05	5.48	34.55
8	3－122	栽植乔木（银杏）	10 株	0.40	333.96	246.79	8.20	—	44.42	34.55	133.58
9	3－362	苗木养护——Ⅱ级养护	10 株	0.40	206.43	96.27	36.30	43.05	17.33	13.48	82.57
10	3－121	栽植乔木（南京栾树）	10 株	0.20	201.51	148.00	6.15	—	26.64	20.72	40.30
11	3－362	苗木养护——Ⅱ级养护	10 株	0.20	206.43	96.27	36.30	43.05	17.33	13.48	41.29
12	3－119	栽植乔木（鸡爪槭）	10 株	0.60	72.92	52.91	3.08	—	9.52	7.41	43.75
13	3－361	苗木养护——Ⅱ级养护	10 株	0.60	157.96	70.63	28.79	35.94	12.71	9.89	94.78
14	3－120	栽植乔木（玉兰）	10 株	0.50	126.20	92.50	4.10	—	16.65	12.95	63.10
15	3－361	苗木养护——Ⅱ级养护	10 株	0.50	157.96	70.63	28.79	35.94	12.71	9.89	78.98

续表

序号	定额编码	分项工程名称	计量单位	工程量	基价（元）	其中（元）					合价（元）
						人工费	材料费	机械费	管理费	利润	
16	3—119	栽植乔木（西府海棠）	10株	0.60	72.92	52.91	3.08	—	9.52	7.41	43.75
17	3—361	苗木养护——Ⅱ级养护	10株	0.60	157.96	70.63	28.79	35.94	12.71	9.89	94.78
18	3—119	栽植小乔木（花石榴）	10株	0.60	72.92	52.91	3.08	—	9.52	7.41	43.75
19	3—361	苗木养护——Ⅱ级养护	10株	0.60	157.96	70.63	28.79	35.94	12.71	9.89	94.78
20	3—118	栽植小乔木（日本樱花）	10株	0.90	42.59	30.71	2.05	—	5.53	4.30	38.33
21	3—361	苗木养护——Ⅱ级养护	10株	0.90	157.96	70.63	28.79	35.94	12.71	9.89	142.16
22	3—118	栽植小乔木（紫薇）	10株	0.90	42.59	30.71	2.05	—	5.53	4.30	38.33
23	3—361	苗木养护——Ⅱ级养护	10株	0.90	157.96	70.63	28.79	35.94	12.71	9.89	142.16
24	3—103	栽植棕榈	10株	0.60	111.51	82.14	3.08	—	14.79	11.50	66.91
25	3—356	苗木养护——Ⅱ级养护	10株	0.60	115.15	38.15	28.79	34.68	7.05	5.48	69.09
26	3—136	栽植灌木（金钟连翘）	10m²	2.40	109.41	82.14	0.98	—	14.79	11.50	262.58
27	3—368	苗木养护——Ⅱ级养护	10株	4.80	47.09	12.88	15.06	15.03	2.32	1.80	226.03
28	3—135	栽植灌木（贴梗海棠）	10m²	3.40	83.12	61.79	1.56	—	11.12	8.65	282.61
29	3—367	苗木养护——Ⅱ级养护	10株	6.80	33.19	9.29	10.80	10.13	1.67	1.30	225.69
30	3—160	栽植绿篱（金叶女贞）	10m	3.35	18.24	12.58	1.64	—	2.26	1.76	61.10
31	3—377	苗木养护——Ⅱ级养护	10m	3.35	24.30	8.44	9.78	3.38	1.52	1.18	81.41
32	3—160	栽植绿篱（窄叶黄杨）	10m	2.89	18.24	12.58	1.64	—	2.26	1.76	52.71
33	3—377	苗木养护——Ⅱ级养护	10m	2.89	24.30	8.44	9.78	3.38	1.52	1.18	70.23
34	3—169	栽植色带（龟甲冬青）	10m²	2.00	62.86	46.25	1.80	—	8.33	6.48	125.72
35	3—381	苗木养护——Ⅱ级养护	10m²	2.00	26.43	10.18	8.10	4.89	1.83	1.43	52.86
36	3—196	栽植花卉（蔷薇）	10m²	2.30	80.19	59.57	1.56	—	10.72	8.34	184.44

续表

序号	定额编码	分项工程名称	计量单位	工程量	基价（元）	人工费	材料费	机械费	管理费	利润	合价（元）
37	3－400	苗木养护——Ⅱ级养护	10m²	2.30	15.73	3.18	7.68	3.85	0.57	0.45	36.18
38	3－196	栽植花卉（云南素馨）	10m²	2.60	80.19	59.57	1.56	—	10.72	8.34	208.49
39	3－401	苗木养护——Ⅱ级养护	10m²	2.60	16.84	3.29	7.68	4.82	0.59	0.46	43.78
40	3－211	铺种草皮（矮生麦冬）	10m²	2.93	21.58	14.80	2.05	—	2.66	2.07	63.23
41	3－403	苗木养护——Ⅱ级养护	10m²	2.93	29.41	8.55	8.64	9.48	1.54	1.20	86.17
42	3－210	铺种草皮	10m²	95.00	38.69	27.75	2.05	—	5.00	3.89	3675.55
43	3－403	苗木养护——Ⅱ级养护	10m²	95.00	29.41	8.55	8.64	9.48	1.54	1.20	2793.95
44	3－491	园路土基整理路床	10m²	29.47	21.98	16.65	—	—	3.00	2.33	647.75
45	3－493	120mm厚3：7灰土垫层	m³	35.36	115.41	37.00	64.97	1.60	6.66	5.18	4080.90
46	3－496	100mm厚C15素混凝土垫层	m³	29.47	258.79	67.34	159.42	10.48	12.12	9.43	7626.54
47	1－756	20mm厚水泥砂浆找平层	10m²	28.38	93.34	31.08	37.10	5.21	15.60	4.35	2648.99
48	3－504	八五砖平铺	10m²	28.38	186.28	52.91	116.44	—	9.52	7.41	5286.63
49	3－491	园路土基整理路床	10m²	23.12	21.98	16.65	—	—	3.00	2.33	151.00
50	3－495	100mm厚碎石垫层	m³	23.12	97.08	27.01	60.23	1.20	4.86	3.78	666.94
51	3－496	150mm厚C15素混凝土	m³	34.69	258.79	67.34	159.42	10.48	12.12	9.43	2668.12
52	1－756	20mm厚1：3水泥砂浆找平层	10m²	23.12	93.34	31.08	37.10	5.21	15.60	4.35	641.25
53	3－519	50mm厚烧面浅杂黄色花岗石	10m²	23.12	2880.95	179.45	2629.35	14.73	32.30	25.12	19792.13
54	3－491	园路土基整理路床	10m²	10.05	21.98	16.65	—	—	3.00	2.33	220.90
55	3－493	150mm厚3：7灰土垫层	m³	15.07	115.41	37.00	64.97	1.60	6.66	5.18	1739.23
56	3－496	100mm厚C10素混凝土	m³	10.05	258.79	67.34	159.42	10.48	12.12	9.43	2600.84
57	1－756	20mm厚1：2.5水泥砂浆找平层	10m²	10.05	93.34	31.08	37.10	5.21	15.60	4.35	938.07

续表

序号	定额编码	分项工程名称	计量单位	工程量	基价（元）	人工费	材料费	机械费	管理费	利润	合价（元）
								其中（元）			
58	3—516	广场砖（有图案）	10m²	10.05	876.60	137.27	682.96	12.44	24.71	19.22	8809.83
59	3—491	园路土基整理路床	10m²	33.24	21.98	16.65	—	—	3.00	2.33	730.62
60	3—496	200mm 厚 C10 混凝土垫层	m³	66.48	258.79	67.34	159.42	10.48	12.12	9.43	17204.36
61	3—492	30mm 厚中砂铺垫	m³	9.97	82.91	18.50	57.59	0.90	3.33	2.59	826.61
62	3—518	植草砖铺设	10m²	33.24	444.68	56.98	359.73	9.73	10.26	7.98	14781.16
63	3—525	路牙铺设	10m	18.80	796.02	41.44	724.41	16.91	7.46	5.80	9393.04
64	3—480	堆风景石	t	0.60	1041.65	428.09	460.32	16.25	77.06	59.93	624.99
65	1—18	挖沟槽	m³	13.14	17.04	10.99	—		4.73	1.32	223.91
66	1—170	150mm 厚 C10 现浇混凝土基础垫层	m³	1.00	261.88	60.83	160.23	4.75	28.20	7.87	261.88
67	1—275	独立基础	m³	0.45	269.47	33.30	182.89	22.56	24.02	6.70	123.96
68	1—279	现浇混凝土花架柱	m³	3.87	350.49	85.25	204.96	8.64	40.37	11.27	1356.40
69	1—127	人工回填土	m³	12.83	19.68	11.40	—	1.30	5.46	1.52	225.34
70	1—479	现浇混凝土钢筋	t	0.474	4917.50	517.26	3916.60	128.48	227.67	77.49	2330.90
71	1—296	现浇混凝土花架梁	m³	4.80	333.82	24.86	262.74	21.00	19.72	5.50	1602.34
72	1—452	预制混凝土花架条	m³	5.81	401.50	80.81	255.30	13.51	40.56	11.32	2332.72
73	1—491	预埋铁件	t	0.078	8503.01	1465.20	4699.32	988.79	1055.22	294.48	663.23
74	1—873	柱梁面装饰抹灰（水刷石）	10m²	11.07	438.71	236.65	66.65	3.39	103.22	28.80	4856.52
75	2—664	预制混凝土花架条抹灰面油漆	10m²	8.60	76.91	32.40	26.69	—	13.93	3.89	1708.94
76	1—745	80mm 厚 1:1 砂石垫层	m³	0.23	109.33	26.64	65.79	1.45	12.08	3.37	25.15
77	1—752	60mm 厚 C15 混凝土	m³	0.17	278.76	60.38	170.04	9.76	30.16	8.42	47.39
78	1—756	20mm 厚水泥砂浆找平层	10m²	0.43	93.34	31.08	37.10	5.21	15.60	4.35	40.14
79	1—756、1—757	10mm 厚水泥砂浆找平层	10m²	0.32	51.44	18.64	18.50	2.61	9.14	2.55	16.46
80	1—780	花岗石面层	10m²	0.43	3022.12	234.43	2628.19	19.72	109.28	30.50	1299.51
81	1—18	挖沟槽	m³	0.22	17.04	10.99	—	—	4.73	1.32	3.75
82	3—590	坐凳砖砌体	m³	2.35	560.71	166.50	336.89	4.04	29.97	23.31	1317.67

序号	定额编码	分项工程名称	计量单位	工程量	基价（元）	其中（元）					合价（元）
						人工费	材料费	机械费	管理费	利润	
83	1—352	现浇 C10 混凝土 100mm 厚	m³	0.43	390.68	95.02	226.82	10.69	45.46	12.69	167.99
84	2—391	防腐木条坐凳面	m³	0.56	3951.51	348.75	3399.85	7.16	153.04	42.71	2212.85
85	1—846	20mm 厚水泥砂浆抹灰	10m²	2.24	277.61	146.08	42.69	5.48	65.17	18.19	621.85
86	2—664	外刷石头漆	10m²	2.24	76.91	32.40	26.69	—	13.93	3.89	172.28
87	1—122	素土夯实	10m²	9.33	8.11	4.07	—	1.16	2.25	0.63	75.67
88	1—742	120mm 厚 3∶7 灰土垫层	m³	11.20	113.67	29.97	64.97	1.45	13.51	3.77	1264.01
89	1—754	100mm 厚 C10 混凝土垫层	m³	9.33	297.48	67.49	177.74	9.76	33.22	9.27	2775.49
90	1—756	20mm 厚 1∶2.5 水泥砂浆找平层	10m²	9.33	93.34	31.08	37.10	5.21	15.60	4.35	870.86
91	1—771	40mm 厚花岗石面层	10m²	9.33	1893.79	177.16	1603.00	10.45	80.67	22.51	17669.06
92	2—85	给水铸铁管	m	12	66.83	3.43	51.66	0.14	7.73	3.87	801.96
93	2—91	室外排水铸铁管埋设	m	10	32.98	3.11	24.03	0.12	3.81	1.91	329.80
94	2—6	室外低压镀锌钢管	m	8	22.16	2.58	15.55	0.19	2.56	1.28	177.28
95	5—16	喷泉喷头安装（豹突泉喷头）	套	6	1.55	0.55	0.73	—	0.18	0.09	9.30
96	4—159	低压塑料螺纹阀门	个	2	42.20	4.72	29.97	0.19	4.88	2.44	84.40
97	1—358	混凝土池底	m³	3.13	353.13	67.49	213.63	22.51	38.70	10.80	1006.42
98	1—364	混凝土池壁（圆形壁）	m³	2.40	374.21	79.03	211.32	26.06	45.19	12.61	950.49
99	1—373	混凝土池壁（矩形壁）	m³	0.24	374.48	79.03	211.59	26.06	45.19	12.61	89.88
100	1—2	挖土方	m³	25.27	11.36	7.33	—	—	3.15	0.88	282.18
101	1—123	原土打底夯（基坑槽）	10m²	4.21	10.56	4.88	—	1.93	2.93	0.82	43.72
102	1—170	200mm 厚 C10 混凝土垫层	m³	7.05	261.88	60.83	160.23	4.75	28.20	7.87	1731.03
103	1—756	20mm 厚水泥砂浆找平层	10m²	3.93	93.34	31.08	37.10	5.21	15.60	4.35	350.96
104	1—800	防水层	10m²	3.93	552.85	25.90	512.70	—	11.14	3.11	2078.72
105	1—756	20mm 厚水泥砂浆结合层	10m²	3.93	93.34	31.08	37.10	5.21	15.60	4.35	350.96

序号	定额编码	分项工程名称	计量单位	工程量	基价（元）	其中（元）					合价（元）
						人工费	材料费	机械费	管理费	利润	
106	1—248	20mm 厚 防水砂浆	10m²	2.88	107.61	30.19	55.46	3.45	14.47	4.04	294.85
107	1—909	白色瓷砖贴池底池壁	10m²	2.88	747.10	361.86	170.97	9.84	159.83	44.60	2047.05
108	1—238	140mm 厚砖砌体结构	m³	0.96	344.58	100.27	183.81	3.45	44.60	12.45	540.99
109	1—756	20mm 厚水泥砂浆结合层	10m²	1.19	93.34	31.08	37.10	5.21	15.60	4.35	192.28
110	1—900	池壁外拼碎花岗石	10m²	1.19	960.20	387.17	347.58	8.07	169.95	47.43	1978.01
111	1—352	50mm 厚现浇混凝土压顶	m³	0.43	390.68	95.02	226.82	10.69	45.46	12.69	171.90
112	1—2	挖土方	m³	13.00	11.36	7.33	—	—	3.15	0.88	147.68
113	1—123	原土打底夯（基坑槽）	10m²	1.44	10.56	4.88	—	1.93	2.93	0.82	15.21
114	1—275	400mm 厚 C10 现浇混凝土基础	m³	4.10	269.47	33.30	182.89	22.56	24.02	6.70	1104.83
115	1—356	现浇混凝土底座	m³	6.67	405.54	108.34	216.95	13.33	52.32	14.60	2704.95
116	1—127	人工回填土	m³	5.37	19.68	11.40	—	1.30	5.46	1.52	128.71
117	1—771	大理石贴面	10m²	1.26	1893.79	177.16	1603.00	10.45	80.67	22.51	2386.18
118	3—588	钢桁架	t	1.479	8030.55	1920.30	4566.25	929.51	345.65	268.84	11877.18
119	3—589	钢桁架	t	1.479	1288.91	684.50	126.62	258.75	123.21	95.83	1906.30
120	1—18	挖沟槽	m³	3.72	17.04	10.99	—	—	4.73	1.32	63.39
121	1—123	原土打底夯（基坑槽）	10m²	1.49	10.56	4.88	—	1.93	2.93	0.82	15.73
122	1—170	100mm 厚 C10 混凝土垫层	m³	0.94	261.88	60.83	160.23	4.75	28.20	7.87	246.17
123	1—127	土石方回填	m³	1.80	19.68	11.40	—	1.30	5.46	1.52	54.32
124	1—189	景墙砖基础	m³	0.99	260.71	48.47	179.42	3.98	22.55	6.29	127.75
125	1—238	砖砌体	m³	11.10	344.58	100.27	183.81	3.45	44.60	12.45	3790.38
126	2—519	木质漏窗	10m²	0.06	10740.46	5942.25	1491.64	24.73	2565.80	716.04	644.43
127	1—566	金属格栅窗	10m²	0.06	2143.94	140.23	1720.42	133.01	117.49	32.79	128.64
128	4—629	石浮雕	m²	4.5	1488.00	900.00	—	60.00	412.80	115.20	6696.00
129	1—872	墙面装饰抹灰（水刷石）	10m²	5.85	333.50	169.16	65.85	3.52	74.25	20.72	1950.98
130	1—778	景墙基础镶贴花岗石	10m²	0.72	2931.35	187.37	2623.43	11.29	85.42	23.84	2110.57
131	1—18	挖沟槽	m³	8.81	17.04	10.99	—	—	4.73	1.32	150.12
132	1—123	原土打底夯（基坑槽）	10m²	2.96	10.56	4.88	—	1.93	2.93	0.82	31.26

序号	定额编码	分项工程名称	计量单位	工程量	基价(元)	其中(元)					合价(元)
						人工费	材料费	机械费	管理费	利润	
133	1—170	100mm 厚 C10 混凝土基础	m³	0.85	261.88	60.83	160.23	4.75	28.20	7.87	222.60
134	1—356	现浇混凝土花坛墙体	m³	2.98	405.54	108.34	216.95	13.33	52.32	14.60	1208.51
135	1—127	土石方回填	m³	7.11	19.68	11.40	—	1.30	5.46	1.52	139.92
136	1—756	20mm 厚水泥砂浆找平层	10m²	0.42	93.34	31.08	37.10	5.21	15.60	4.35	39.20
137	2—391	80mm 厚方木条压顶	m³	0.51	3951.51	348.75	3399.85	7.16	153.04	42.71	2015.27
138	1—756	20mm 厚水泥砂浆结合层	10m²	1.77	93.34	31.08	37.10	5.21	15.60	4.35	165.21
139	2—664	抹灰面油漆	10m²	1.77	76.91	32.40	26.69	—	13.93	3.89	136.13
140	1—18	挖沟槽	m³	7.68	17.04	10.99	—	—	4.73	1.32	130.87
141	1—123	原土打底夯(基坑槽)	10m²	1.69	10.56	4.88	—	1.93	2.93	0.82	17.85
142	1—170	100mm 厚 C15 混凝土垫层	m³	0.92	261.88	60.83	160.23	4.75	28.20	7.87	243.55
143	1—189	砖基础	m³	0.83	260.71	48.47	179.42	3.98	22.55	6.29	219.00
144	1—127	人工回填土	m³	4.82	19.68	11.40	—	1.30	5.46	1.52	94.66
145	3—590	围树椅砖砌体结构	m³	3.41	560.71	166.50	336.89	4.04	29.97	23.31	1917.63
146	1—756	20mm 厚1:3水泥砂浆找平层	10m²	0.46	93.34	31.08	37.10	5.21	15.60	4.35	42.94
147	2—391	60mm 厚方木条坐凳面	m³	0.40	3951.51	348.75	3399.85	7.16	153.04	42.71	1541.09
148	1—783	拼碎马赛克	10m²	0.40	697.12	250.42	296.24	8.21	111.21	31.04	278.85
149	1—18	挖沟槽	m³	1.15	17.04	10.99	—	—	4.73	1.32	73.61
150	1—123	原土打底夯(基坑槽)	10m²	0.81	10.56	4.88	—	1.93	2.93	0.82	8.45
151	1—170	80mm 厚 C10 混凝土垫层	m³	0.30	261.88	60.83	160.23	4.75	28.20	7.87	75.95
152	1—356	现浇混凝土坐凳	m³	1.19	405.54	108.34	216.95	13.33	52.32	14.60	494.76
153	1—127	人工回填土	m³	0.69	19.68	11.40	—	1.30	5.46	1.52	76.16
154	1—756	20mm 厚1:3水泥砂浆找平层	10m²	0.29	93.34	31.08	37.10	5.21	15.60	4.35	27.07
155	2—391	60mm 厚方木条坐凳面	m³	0.19	3951.51	348.75	3399.85	7.16	153.04	42.71	750.79
156	1—897	灰色花岗石贴面	10m²	0.79	3570.27	366.80	2928.49	47.25	178.04	49.69	2820.51

续表

序号	定额编码	分项工程名称	计量单位	工程量	基价（元）	其中（元）					合价（元）
						人工费	材料费	机械费	管理费	利润	
157	1—162	80mm 厚 3：7 灰土垫层	m³	1.11	115.35	31.34	64.97	1.16	13.98	3.90	128.04
158	1—170	60mm 厚 C15 混凝土	m³	0.83	261.88	60.83	160.23	4.75	28.20	7.87	217.36
159	1—756	20mm 厚水泥砂浆找平层	10m²	1.43	93.34	31.08	37.10	5.21	15.60	4.35	133.48
160	1—756、1—757	5mm 厚水泥砂浆结合层	10m²	1.43	30.49	12.42	9.2	1.31	5.91	1.65	43.60
161	1—780	40mm 厚深红色剁花花岗石面层	10m²	1.43	3022.12	234.43	2628.19	19.72	109.28	30.50	4321.63
合　计											232698.61

分部分项工程量清单与计价表　　　　　　　　　　　表 5-92

序号	项目编码	项目名称	项目特征描述	计量单位	工程量	金额（元）		其中：暂估价
						综合单价	合价	
1	050101010001	整理绿化用地	二类土，普坚土种植，无需砍伐，大面积的开挖，以及较大范围的土方变动	m²	1875	4.39	8231.25	
2	050102001001	栽植乔木	雪松，常绿针叶树，带土球栽植，胸径 14~63cm，挖坑直径×深度 1000mm×800mm，Ⅱ级养护，养护期 1 年	株	2	557.59	1115.18	
3	050102001002	栽植乔木	广玉兰，常绿阔叶树，带土球栽植，胸径 10cm，挖坑直径×深度 1000mm×800mm，Ⅱ级养护，养护期 1 年	株	3	1131.57	3394.71	
4	050102001003	栽植乔木	桂花，常绿阔叶树，带土球栽植，胸径 8cm，挖坑直径×深度 800mm×600mm，Ⅱ级养护，养护期 1 年	株	3	370.85	1112.55	
5	050102001004	栽植乔木	银杏，落叶乔木，裸根栽植，胸径 14~63cm，Ⅱ级养护，养护期 1 年	株	4	934.54	3738.16	
6	050102001005	栽植乔木	南京栾树，落叶乔木，裸根栽植，胸径 10~12cm，Ⅱ级养护，养护期 1 年	株	2	423.29	846.58	
7	050102001006	栽植乔木	鸡爪槭，落叶乔木，裸根栽植，胸径 7~8cm，Ⅱ级养护，养护期 1 年	株	6	607.42	3644.52	

续表

序号	项目编码	项目名称	项目特征描述	计量单位	工程量	金额（元）		
						综合单价	合价	其中：暂估价
8	050102001007	栽植乔木	玉兰(白)，落叶乔木，裸根栽植，胸径 8～9cm，Ⅱ级养护，养护期 1 年	株	5	1187.09	5935.45	
9	050102001008	栽植乔木	西府海棠，落叶乔木，裸根栽植，高 1.5～2m，Ⅱ级养护，养护期 1 年	株	6	105.59	633.54	
10	050102001009	栽植乔木	花石榴，落叶小乔木，裸根栽植，高 1.5～2m，Ⅱ级养护，养护期 1 年	株	6	47.84	287.04	
11	050102001010	栽植乔木	日本樱花，落叶小乔木，裸根栽植，胸径 5～6cm，高 1.2～1.5m，Ⅱ级养护，养护期 1 年	株	9	137.96	1241.64	
12	050102001011	栽植乔木	紫薇，落叶小乔木，裸根栽植，胸径 5～6cm，高 1.2～1.5m，Ⅱ级养护，养护期 1 年	株	9	190.46	1714.14	
13	050102004001	栽植棕榈类	棕榈，常绿阔叶树，带土球栽植，胸径 8～10cm，高 3～3.5m，Ⅱ级养护，养护期 1 年	株	6	156.82	940.92	
14	050102002001	栽植灌木	金钟连翘，落叶灌木，高1～1.2m，冠幅50cm，面积24m²，Ⅱ级养护，养护期 1 年	株	48	11.91	571.68	
15	050102002002	栽植灌木	贴梗海棠，落叶灌木，两年生，多分枝，面积34m²，Ⅱ级养护，养护期 1 年	株	68	15.58	1059.44	
16	050102005001	栽植绿篱	金叶女贞，单行绿篱，高0.5～0.8m，面积34m²，Ⅱ级养护，养护期 1 年	m²	33.50	13.24	443.54	
17	050102005002	栽植绿篱	窄叶黄杨，单行绿篱，高0.5～0.8m，面积29m²，Ⅱ级养护，养护期 1 年	m²	28.88	21.80	629.58	
18	050102007001	栽植色带	龟甲冬青，高 25～30cm，面积 20m²，Ⅱ级养护，养护期 1 年	m²	20	12.38	24.76	
19	050102008001	栽植花卉	蔷薇，三年生，面积23m²，Ⅱ级养护，养护期 1 年	m²	23	15.14	348.22	
20	050102008002	栽植花卉	云南素馨，两年生，面积26m²，Ⅱ级养护，养护期 1 年	m²	26	13.21	343.46	
21	050102012001	铺种草皮	矮生麦冬，栽植于花坛内，Ⅱ级养护，养护期 1 年	m²	29.25	10.04	293.67	

续表

序号	项目编码	项目名称	项目特征描述	计量单位	工程量	金额(元)		
						综合单价	合价	其中：暂估价
22	050102012002	铺种草皮	铺种草皮，草坪铺种为满铺，Ⅱ级养护，养护期1年	m²	950	8.37	7951.50	
23	050201001001	园路	园路，宽3m，八五砖平铺，20mm厚水泥砂浆找平层，100mm厚C15素混凝土，120mm厚3∶7灰土垫层，素土夯实	m²	283.8	70.98	20144.12	
24	050201001002	园路广场	广场1，50mm厚烧面浅杂黄色花岗石，1∶3干硬性水泥砂浆20mm厚，150mm厚C15混凝土，100mm厚碎石垫层，素土夯实	m²	231.24	346.16	23795.04	
25	050201001003	园路广场	广场2，广场砖(有图案)，5mm厚水泥砂浆结合层，20mm厚1∶2.5水泥砂浆找平层，100mm厚C10素混凝土，150mm厚3∶7灰土垫层，素土夯实	m²	100.48	140.62	14129.50	
26	050201005001	嵌草砖铺装	广场3，植草砖，30mm厚中砂铺垫，200mm厚C10混凝土垫层，素土夯实	m²	332.4	99.94	33220.06	
27	050201003001	路牙铺设	双侧路牙，花岗石路牙100mm×200mm	m	188	79.60	9392.80	
28	050301005001	点风景石	风景石，置于景墙前面，景湖石，砂浆配合比1∶2.5，共5块，分别重50kg、100kg、120kg、150kg、180kg	块	5	208.33	1041.65	
29	010101004001	挖基础土方	花架工程，挖柱基，二类土，钢筋混凝土基础，垫层宽0.61m，底面积为0.06m²，挖土深度为0.5m	m³	3.33	67.31	224.14	
30	010404001001	垫层	花架工程，现浇C10混凝土垫层	m³	1	261.88	261.88	
31	010501003001	独立基础	花架工程，独立基础，现浇C15钢筋混凝土	m³	0.46	269.47	123.96	
32	050304001001	现浇混凝土花架柱	花架工程，现浇C15钢筋混凝土，柱面装饰抹灰，方形柱，250mm×250mm，高3m，18根	m³	3.87	350.49	1356.40	

续表

序号	项目编码	项目名称	项目特征描述	计量单位	工程量	金额(元)		
						综合单价	合价	其中:暂估价
33	010103001001	土(石)方回填	花架工程,二类土,人工回填土,夯填,密实度达95%	m³	1.65	152.71	251.97	
34	010515001001	现浇混凝土钢筋	花架工程,包括柱身 φ16 螺纹筋,φ6 圆箍筋,φ10 圆筋	t	0.474	4917.50	2330.90	
35	050304001002	现浇混凝土花架梁	花架工程,现浇混凝土结构花架梁,梁截面尺寸 400mm×300mm,长 20m,梁面装饰抹灰,2 根	m³	4.8	333.82	1602.34	
36	010514002001	其他预制构件	花架工程,花架条,单件体积为 0.2m³,预制混凝土 C10,外抹灰面油漆,19 根	m³	5.81	401.50	2332.72	
37	010516002001	预埋铁件	花架工程,连接混凝土花架条与混凝土柱,铁件尺寸高 0.4m,直径 0.03m	t	0.078	8503.01	663.23	
38	011202002001	柱、梁面装饰抹灰	花架装饰工程,柱、梁面装饰抹灰,矩形柱,底层抹灰 20mm 厚,1:2.5 水泥砂浆,面层抹灰 20mm 厚,1:2.5 水泥砂浆	m²	110.72	43.87	4857.29	
39	011406001001	抹灰面油漆	花架装饰工程,预制混凝土花架条抹灰面油漆	m²	86.03	7.69	661.57	
40	011107002001	块料台阶面	花架工程,40mm 厚花岗石面层,10mm 厚水泥砂浆结合层,20mm 厚水泥砂浆找平层,60mm 厚 C15 混凝土,80mm 厚 1:1 级配砂石垫层,素土夯实	m²	2.88	494.91	1425.34	
41	050307018001	砖石砌小摆设	花架工程,50mm 厚防腐木木条,20mm 厚水泥砂浆找平层,100mm 厚 C10 混凝土,砖砌体,素土夯实,侧面 20mm 厚水泥砂浆找平层,外刷石头漆	m³	2.69	1636.72	4402.78	
42	011102003001	块料楼地面	花架工程,40mm 厚花岗石面层,20mm 厚 1:2.5 水泥砂浆,100mm 厚 C15 混凝土,120mm 厚 3:7 灰土垫层,素土夯实	m²	93.3	242.28	22604.72	
43	050306001001	喷泉管道	水池工程,给水铸铁管 DN45 管道长 12m	m	12	66.83	801.96	

续表

序号	项目编码	项目名称	项目特征描述	计量单位	工程量	金额（元）		其中：暂估价
						综合单价	合价	
44	050306001002	喷泉管道	水池工程,室外排水铸铁管埋设,$DN45$ 管道长 10m	m	10	32.98	329.80	
45	050306001003	喷泉管道	水池工程,低压镀锌钢管,$DN35$ 管道长 8m	m	8	47.01	376.08	
46	010507007001	贮水(油)池	水池工程,混凝土构筑物,C15 混凝土水池,弧形水池,宽 2.4mm,外弧半径 8.4m,76°,内弧半径 6m	m³	5.77	363.56	2046.84	
47	010101004002	挖基础土方	水池工程,挖土方,二类土,C10 混凝土垫层,垫层宽 3m,底面积 41.4m²,挖土深度为 0.6m	m³	21.15	16.44	325.84	
48	010404001002	垫层	水池工程,C10 混凝土垫层,200mm 厚	m³	7.05	261.88	1731.03	
49	011108004001	水泥砂浆零星项目	水池工程,防水层下方,20mm 厚 1：2.5 水泥砂浆结合层	m²	39.27	9.33	350.90	
50	010904002001	涂膜防水	水池工程,PVC 防水层,20mm 厚	m²	39.27	55.29	2079.46	
51	011108004002	水泥砂浆零星项目	水池工程,水池池壁上方,20mm 厚水泥砂浆结合层	m²	39.27	9.33	350.90	
52	010904003001	砂浆防水(潮)	水池工程,水池池底上方,防水砂浆,20mm 厚	m²	28.76	10.76	294.29	
53	011108003001	块料零星项目	水池工程,贴池底、池壁,5mm 厚 1：3 水泥砂浆结合层,801 胶素水泥浆,块料石材,贴白色瓷砖 152mm × 152mm,缝宽 5mm,水泥砂浆嵌缝	m²	28.76	77.04	2107.04	
54	010401012001	零星砌砖	水池工程,池壁外侧,砖砌体结构,保护防水层及混凝土池壁	m³	0.96	344.58	540.99	
55	011108004003	水泥砂浆零星项目	水池工程,砖砌体外侧,20mm 厚水泥砂浆找平层	m²	11.91	9.33	192.57	
56	011108002001	拼碎石材零星项目	水池工程,砖墙面外侧,5mm 厚 1：3 水泥砂浆结合层,801 胶素水泥浆,外侧拼碎花岗石,砂浆灌缝,草酸、硬白蜡等用于磨光,酸洗打蜡等	m²	11.91	96.02	1981.85	

续表

| 序号 | 项目编码 | 项目名称 | 项目特征描述 | 计量单位 | 工程量 | 金额(元) | | 其中:暂估价 |
						综合单价	合价	
57	010507007001	现浇混凝土其他构件	现浇混凝土压顶,50mm厚,C10混凝土	m³	0.43	390.68	171.90	
58	010101004003	挖基础土方	雕塑工程,二类土,挖基础底座的土方,C10现浇混凝土基础垫层,垫层宽3.2m,底面积为14.44m²,挖土深度0.9m	m³	9.22	19.71	181.73	
59	010501003002	独立基础	雕塑工程,C10现浇混凝土基础400mm厚	m³	4.1	269.47	1104.83	
60	010507007002	现浇混凝土其他构件	雕塑工程,现浇混凝土基座,圆柱形,基座高250mm,地下埋深高度500mm,外贴黑色大理石	m³	6.67	405.54	2704.95	
61	010103001002	土(石)方回填	雕塑工程,二类土,人工回填土,夯填,密实度达99%	m³	1.59	81.46	128.71	
62	011108003002	块料零星项目	雕塑工程,混凝土构件外贴面,5mm厚1:2水泥砂浆结合层,801胶素水泥浆,块料石材,基座大理石贴面,黑色,400mm×400mm,砂浆嵌缝	m²	12.56	189.38	2378.61	
63	010602003001	钢桁架	雕塑主体工程,单位质量8.3t,安装高度3m,刷红色金属面油漆两遍	t	1.479	9319.46	13783.48	
64	010101004004	挖基础土方	景墙工程,二类土,挖基础,C10混凝土垫层,垫层宽0.84m,底面积为4.7m²,挖土深度250mm	m³	2.35	33.52	79.11	
65	010404001003	垫层	景墙工程,C10混凝土垫层100mm厚	m³	0.94	261.88	246.17	
66	010103001003	土(石)方回填	景墙工程,二类土,人工回填土,夯填,密实度达99%	m³	0.44	123.45	54.32	
67	010401001001	砖基础	标准砖240mm×115mm×53mm,砖基础埋深0.15m,水泥砂浆M5	m³	0.99	260.71	127.75	
68	010401003001	实心砖墙、景墙砌筑	景墙工程,实心砖墙,景墙砌筑,标准砖240mm×115mm×53mm,砖墙厚0.4m,高2.5m,水泥砂浆M5,墙面装饰抹灰	m³	11.10	344.58	3790.38	

续表

序号	项目编码	项目名称	项目特征描述	计量单位	工程量	金额(元)		
						综合单价	合价	其中:暂估价
69	010806001001	装饰空花木窗	景墙装饰工程,装饰空花木窗,框为优质防腐木,外围尺寸800mm×400mm,刷木材面油漆两遍	m²	0.64	2176.05	1392.67	
70	010807005001	金属格栅窗	景墙装饰工程,金属格栅窗,框为铝合金材质,外围尺寸800mm×400mm,刷金属面油漆两遍	m²	0.64	214.39	137.21	
71	020207001001	石浮雕	景墙装饰工程,左下角设置成石浮雕,浅浮雕,	m²	4.5	1488.00	6696.00	
72	011201002001	墙面装饰抹灰	景墙装饰工程,墙面装饰抹灰,砖墙,水泥白石子砂浆1:2,水泥砂浆1:3	m²	58.54	33.35	1952.31	
73	011108003003	块料零星项目	景墙装饰工程,景墙基础镶贴花岗石,5mm厚1:2水泥砂浆结合层,801胶素水泥浆,块料石材,300mm×300mm	m²	7.24	293.14	2122.33	
74	010101004005	挖基础土方	组合花坛工程,二类土,挖沟槽,C10混凝土垫层,宽0.24m,底面积0.85m³,沟长33.25m,深0.3m	m³	2.54	71.41	181.38	
75	010404001004	垫层	组合花坛工程,C10混凝土垫层,100mm厚	m³	0.85	261.88	222.60	
76	010507007003	现浇混凝土其他构件	组合花坛工程,现浇C10混凝土花坛墙体,120mm厚,分别高350mm、500mm、650mm	m³	2.98	405.54	1208.51	
77	010103001004	土(石)方回填	组合花坛工程,二类土,人工回填土,夯填,密实度达99%	m³	0.89	148.78	139.85	
78	011108004004	水泥砂浆零星项目	组合花坛工程,C10混凝土花坛墙体上面,20mm厚水泥砂浆找平层,20mm厚水泥砂浆结合层	m²	4.23	48.54	205.32	
79	010702005001	其他木构件	组合花坛装饰工程,方木条压顶,构件截面为80mm×180mm,优质防腐木,木材面油漆,刷两遍	m³	0.51	3951.51	2015.27	

序号	项目编码	项目名称	项目特征描述	计量单位	工程量	金额（元）		
						综合单价	合价	其中：暂估价
80	011406001002	抹灰面油漆	组合花坛装饰工程，抹灰面油漆，基层为 C10 混凝土花坛墙体，另有石膏粉，滑石粉，刷底油一遍，调和油两遍	m²	17.74	7.69	136.42	
81	010101004006	挖基础土方	围树椅工程，二类土，挖沟槽，C15 混凝土垫层，垫层宽 0.48m，底面积为 0.31m³，挖土深度 0.46m，挖土长度共 6.4m	m³	4.22	34.45	148.82	
82	010401001002	砖基础	围树椅工程，砖基础，埋深高度 120mm 厚，宽 0.36m，标准砖 240mm×115mm×53mm，水泥砂浆 M5	m³	0.83	260.71	219.00	
83	010404001005	垫层	围树椅工程，C15 混凝土垫层 100mm 厚	m³	0.92	261.88	243.55	
84	010103001005	土（石）方回填	围树椅工程，二类土，人工回填土，夯填，密实度达99%	m³	1.35	70.26	94.85	
85	010401012002	零星砌砖	围树椅工程，砖砌体，标准砖 240mm×115mm×53mm，砖墙厚 0.24m，高 0.74m，水泥砂浆 M5	m³	3.41	560.71	1917.63	
86	011108002002	拼碎石材零星项目	围树椅工程，坐凳基础外拼碎马赛克，5mm 厚1：3水泥砂浆结合层，801 胶素水泥浆，外侧拼碎花岗石，砂浆灌缝，草酸，硬白蜡等用于磨光，酸洗打蜡等	m²	12	73.26	879.12	
87	010702005002	其他木构件	围树椅工程，方木条坐凳面，防腐木，构件截面 60mm×350mm，木材面油漆，刷两遍	m	0.40	3951.51	1580.60	
88	010101004007	挖基础土方	坐凳工程，二类土，挖沟槽，C10 混凝土垫层，垫层宽 0.52m，底面积为 0.29m³，挖土深度为 0.14m，挖土长度共为 7.2m	m³	0.52	157.81	82.06	
89	010404001006	垫层	坐凳工程，C10 混凝土垫层，80mm 厚	m³	0.30	78.56	·78.56	
90	010507007004	现浇混凝土其他构件	坐凳工程，现浇混凝土坐凳，宽 360mm，地下埋深高度 60mm，地面以上高度 400mm	m³	1.19	405.54	482.59	

续表

序号	项目编码	项目名称	项目特征描述	计量单位	工程量	金额（元）		
						综合单价	合价	其中：暂估价
91	010103001006	土(石)方回填	坐凳工程，二类土，人工回填土，夯填，密实度达95%以上	m³	0.06	226.32	13.58	
92	011108003004	块料零星项目	坐凳工程，灰色花岗石贴面，挂贴花岗石，5mm厚1:3水泥砂浆结合层，801胶素水泥浆，外侧拼碎花岗石，砂浆灌缝，草酸，硬白蜡等用于磨光，酸洗打蜡等	m²	7.92	360.48	2855.00	
93	010702005003	其他木构件	坐凳工程，60mm厚方木条，防腐木，构件截面60mm×400mm，木材面油漆，刷两遍	m³	0.19	3951.51	750.79	
94	011107002002	块料台阶面	台阶工程，弧形台阶，40mm厚深红色剁花花岗石面层，10mm厚水泥砂浆结合层，20mm厚水泥砂浆找平层，60mm厚C15素混凝土，80mm厚碎石垫层，素土夯实	m²	13.98	345.44	4829.25	
		合　计					258170.67	

5.7　某小区带状绿地规划图工程量清单综合单价分析

详见图 5-93～图 5-186。

综合单价分析表　　　　　　　　　　　表 5-93

工程名称：某带状绿地规划设计　　　　　　标段：　　　　　　第 1 页　共 94 页

项目编码	050101010001	项目名称	整理绿化用地	计量单位	m²	工程量	1875

清单综合单价组成明细											
定额编号	定额名称	定额单位	数量	单　价				合　价			
				人工费	材料费	机械费	管理费和利润	人工费	材料费	机械费	管理费和利润
1—121	平整场地	10m²	0.1222	23.20	—	—	12.76	2.83	—	—	1.56
	人工单价			小　计				2.83	—	—	1.56
37.00 元/工日				未计价材料费				—			
清单项目综合单价								4.39			

材料费明细	主要材料名称、规格、型号				单位	数量	单价(元)	合价(元)	暂估单价(元)	暂估合价(元)
	其他材料费						—		—	
	材料费小计						—		—	

综合单价分析表

表 5-94

工程名称：某带状绿地规划设计　　　　　标段：　　　　　第 2 页　共 94 页

项目编码	050102001001	项目名称		栽植乔木		计量单位		株		工程量		2

清单综合单价组成明细

定额编号	定额名称	定额单位	数量	单　价				合　价			
				人工费	材料费	机械费	管理费和利润	人工费	材料费	机械费	管理费和利润
3—108	栽植乔木（雪松）	10 株	0.10	529.10	16.40	131.64	169.31	52.91	1.64	13.16	16.93
3—357	苗木养护——Ⅱ级养护	10 株	0.10	51.65	36.30	41.55	16.53	5.17	3.63	—	1.65
	人工单价		小　计					58.08	5.27	13.16	18.58
	37.00 元/工日		未计价材料费					462.50			
	清单项目综合单价							557.59			

材料费明细	主要材料名称、规格、型号	单位	数量	单价（元）	合价（元）	暂估单价（元）	暂估合价（元）
	雪松，胸径 14～63cm	株	1.1000	400.00	440.00	—	
	基肥	kg	1.5000	15.00	22.50	—	
	其他材料费				—		
	材料费小计			—	462.50	—	

综合单价分析表

表 5-95

工程名称：某带状绿地规划设计　　　　　标段：　　　　　第 3 页　共 94 页

项目编码	050102001002	项目名称		栽植乔木		计量单位		株		工程量		3

清单综合单价组成明细

定额编号	定额名称	定额单位	数量	单　价				合　价			
				人工费	材料费	机械费	管理费和利润	人工费	材料费	机械费	管理费和利润
3—107	栽植乔木（广玉兰）	10 株	0.10	370.00	12.30	85.56	118.40	37.00	1.23	8.56	11.84
3—356	苗木养护——Ⅱ级养护	10 株	0.10	38.15	28.79	34.68	12.53	3.82	2.88	—	1.25
	人工单价		小　计					40.82	4.11	8.56	13.09
	37.00 元/工日		未计价材料费					1065.00			
	清单项目综合单价							1131.57			

材料费明细	主要材料名称、规格、型号	单位	数量	单价（元）	合价（元）	暂估单价（元）	暂估合价（元）
	广玉兰，胸径 10cm	株	1.0500	1000	1050.00	—	
	基肥	kg	1.0000	15.00	15.00	—	
	其他材料费				—		—
	材料费小计			—	1065.00	—	

综合单价分析表

表 5-96

工程名称：某带状绿地规划设计　　　　　标段：

项目编码	050102001003	项目名称	栽植乔木	计量单位	株	工程量	3

清单综合单价组成明细

定额编号	定额名称	定额单位	数量	单价				合价			
				人工费	材料费	机械费	管理费和利润	人工费	材料费	机械费	管理费和利润
3—105	栽植乔木（桂花）	10株	0.1	185	5.13	—	59.2	18.5	0.513	—	5.92
3—356	苗木养护——Ⅱ级养护	10株	0.1	38.15	28.79	34.68	12.53	3.815	2.879	3.468	1.253
人工单价		小　计						22.315	3.392	3.468	7.173
37.00元/工日		未计价材料费						334.50			
清单项目综合单价								370.85			

材料费明细	主要材料名称、规格、型号			单位	数量	单价（元）	合价（元）	暂估单价（元）	暂估合价（元）
	桂花，胸径8cm			株	1.0500	310	325.50	—	—
	基肥			kg	0.6000	15.00	9.00	—	—
	其他材料费					—		—	
	材料费小计					—	334.50	—	

综合单价分析表

表 5-97

工程名称：某带状绿地规划设计　　　　　标段：

项目编码	050102001004	项目名称	栽植乔木	计量单位	株	工程量	4

清单综合单价组成明细

定额编号	定额名称	定额单位	数量	单价				合价			
				人工费	材料费	机械费	管理费和利润	人工费	材料费	机械费	管理费和利润
3—122	栽植乔木（银杏）	10株	0.10	246.79	8.20	—	78.97	24.68	0.82	—	7.90
3—362	苗木养护——Ⅱ级养护	10株	0.10	96.27	36.30	43.05	30.81	9.63	3.63	4.31	3.08
								0.00	0.00	0.00	0.00
								0.00	0.00		0.00
								0.00	0.00	0.00	0.00
人工单价		小　计						34.31	4.45	4.31	10.98
37.00元/工日		未计价材料费						880.50			
清单项目综合单价								934.54			

材料费明细	主要材料名称、规格、型号			单位	数量	单价（元）	合价（元）	暂估单价（元）	暂估合价（元）
	银杏，胸径14～63cm			株	1.1000	780	858.00	—	—
	基肥			kg	1.5000	15.00	22.50	—	—
	其他材料费					—		—	
	材料费小计					—	880.50	—	

综合单价分析表

表5-98

工程名称：某带状绿地规划设计　　　　　　　标段：　　　　　　　第6页　共94页

| 项目编码 | 050102001005 | 项目名称 | | 栽植乔木 | | 计量单位 | 株 | 工程量 | 2 |

清单综合单价组成明细

定额编号	定额名称	定额单位	数量	单价				合价			
				人工费	材料费	机械费	管理费和利润	人工费	材料费	机械费	管理费和利润
3-121	栽植乔木（南京栾树）	10株	0.10	148.00	6.15	—	47.36	14.80	0.62	—	4.74
3-362	苗木养护——Ⅱ级养护	10株	0.10	96.27	36.30	43.05	30.81	9.63	3.63	4.31	3.08
人工单价		小 计						24.43	4.25	4.31	7.82
37.00元/工日		未计价材料费						382.50			
清单项目综合单价								423.29			

	主要材料名称、规格、型号	单位	数量	单价（元）	合价（元）	暂估单价（元）	暂估合价（元）
材料费明细	南京栾树，胸径10～12cm	株	1.0500	350	367.50		
	基肥	kg	1.0000	15.00	15.00	—	
	其他材料费				—		—
	材料费小计				—	382.50	—

综合单价分析表

表5-99

工程名称：某带状绿地规划设计　　　　　　　标段：　　　　　　　第7页　共94页

| 项目编码 | 050102001007 | 项目名称 | | 栽植乔木 | | 计量单位 | 株 | 工程量 | 5 |

清单综合单价组成明细

定额编号	定额名称	定额单位	数量	单价				合价			
				人工费	材料费	机械费	管理费和利润	人工费	材料费	机械费	管理费和利润
3-120	栽植乔木（玉兰）	10株	0.10	92.50	4.10	—	29.60	9.25	0.41	—	2.96
3-361	苗木养护——Ⅱ级养护	10株	0.10	70.63	28.79	35.94	22.60	7.06	2.88	3.59	2.26
人工单价		小 计						16.31	3.29	3.59	5.22
37.00元/工日		未计价材料费						579.00			
清单项目综合单价								607.42			

	主要材料名称、规格、型号	单位	数量	单价（元）	合价（元）	暂估单价（元）	暂估合价（元）
材料费明细	玉兰，胸径8～9cm	株	1.0500	540	567.00	—	
	基肥	kg	0.8000	15.00	12.00		
	其他材料费				—		
	材料费小计				—	579.00	

综合单价分析表

表 5-100

工程名称：某带状绿地规划设计　　　　　　　标段：　　　　　　　第8页　共94页

项目编码	050102001006	项目名称		栽植乔木		计量单位	株	工程量	6

清单综合单价组成明细

定额编号	定额名称	定额单位	数量	单价				合价			
				人工费	材料费	机械费	管理费和利润	人工费	材料费	机械费	管理费和利润
3—119	栽植乔木（鸡爪槭）	10株	0.10	52.91	3.08	—	16.93	5.29	0.31		1.69
3—361	苗木养护——Ⅱ级养护	10株	0.10	70.63	28.79	35.94	22.60	7.06	2.88	3.59	2.26
人工单价		小　计						12.35	3.19	3.59	3.95
37.001 元/工日		未计价材料费						1164.00			
清单项目综合单价								1187.09			

	主要材料名称、规格、型号	单位	数量	单价（元）	合价（元）	暂估单价（元）	暂估合价（元）
材料费明细	鸡爪槭，胸径7～8cm	株	1.0500	1100	1155.00	—	—
	基肥	kg	0.6000	15.00	9.00	—	—
	其他材料费			—		—	
	材料费小计			—	1164.00	—	

综合单价分析表

表 5-101

工程名称：某带状绿地规划设计　　　　　　　标段：　　　　　　　第9页　共94页

项目编码	050102001008	项目名称		栽植乔木		计量单位	株	工程量	6

清单综合单价组成明细

定额编号	定额名称	定额单位	数量	单价				合价			
				人工费	材料费	机械费	管理费和利润	人工费	材料费	机械费	管理费和利润
3—119	栽植乔木（西府海棠）	10株	0.10	52.91	3.08	—	16.93	5.29	0.31	—	1.69
3—361	苗木养护——Ⅱ级养护	10株	0.10	70.63	28.79	35.94	22.60	7.06	2.88	3.59	2.26
人工单价		小　计						12.35	3.19	3.59	3.95
37.00 元/工日		未计价材料费						82.50			
清单项目综合单价								105.59			

	主要材料名称、规格、型号	单位	数量	单价（元）	合价（元）	暂估单价（元）	暂估合价（元）
材料费明细	西府海棠，胸径6～7cm	株	1.0500	70	73.50	—	—
	基肥	kg	0.6000	15.00	9.00	—	—
	其他材料费			—		—	
	材料费小计			—	82.50	—	

综合单价分析表

表 5-102

工程名称：某带状绿地规划设计　　　　　　　　标段：　　　　　　　　第 10 页　共 94 页

项目编码	050102001009	项目名称		栽植乔木		计量单位	株	工程量	6

清单综合单价组成明细

定额编号	定额名称	定额单位	数量	单价				合价			
				人工费	材料费	机械费	管理费和利润	人工费	材料费	机械费	管理费和利润
3-119	栽植小乔木（花石榴）	10 株	0.10	52.91	3.08	—	16.93	5.29	0.31	—	1.69
3-361	苗木养护——Ⅱ级养护	10 株	0.10	70.63	28.79	35.94	22.60	7.06	2.88	3.59	2.26
人工单价		小　计						12.35	3.19	3.59	3.95
37.00 元/工日		未计价材料费						24.75			
清单项目综合单价								47.84			

	主要材料名称、规格、型号		单位	数量	单价（元）	合价（元）	暂估单价（元）	暂估合价（元）
材料费明细	花石榴,胸径 6~7cm		株	1.0500	15	15.75	—	
	基肥		kg	0.6000	15.00	9.00	—	
	其他材料费				—		—	
	材料费小计				—	24.75	—	

综合单价分析表

表 5-103

工程名称：某带状绿地规划设计　　　　　　　　标段：　　　　　　　　第 11 页　共 94 页

项目编码	050102001010	项目名称		栽植乔木		计量单位	株	工程量	9

清单综合单价组成明细

定额编号	定额名称	定额单位	数量	单价				合价			
				人工费	材料费	机械费	管理费和利润	人工费	材料费	机械费	管理费和利润
3-118	栽植小乔木（日本樱花）	10 株	0.10	30.71	2.05	—	9.83	3.07	0.21	—	0.98
3-361	苗木养护——Ⅱ级养护	10 株	0.10	70.63	28.79	35.94	22.60	7.06	2.88	3.59	2.26
人工单价		小　计						10.13	3.08	3.59	3.24
37.00 元/工日		未计价材料费						117.90			
清单项目综合单价								137.96			

	主要材料名称、规格、型号		单位	数量	单价（元）	合价（元）	暂估单价（元）	暂估合价（元）
材料费明细	日本樱花,胸径 5~6cm		株	1.0500	110	115.50	—	
	基肥		kg	0.1600	15.00	2.40	—	
	其他材料费				—		—	
	材料费小计				—	117.90	—	

综合单价分析表

表 5-104

工程名称：某带状绿地规划设计　　　　　　标段：　　　　　　第 12 页　共 94 页

项目编码	050102001011	项目名称		栽植乔木		计量单位		株		工程量		9

清单综合单价组成明细

定额编号	定额名称	定额单位	数量	单　价				合　价			
				人工费	材料费	机械费	管理费和利润	人工费	材料费	机械费	管理费和利润
3—118	栽植小乔木（紫薇）	10 株	0.10	30.71	2.05	—	9.83	3.07	0.21	—	0.98
3—361	苗木养护——Ⅱ级养护	10 株	0.10	70.63	28.79	35.94	22.60	7.06	2.88	3.59	2.26
人工单价		小　计						10.13	3.08	3.59	3.24
37.00 元/工日		未计价材料费						170.40			
清单项目综合单价								190.46			

	主要材料名称、规格、型号	单位	数量	单价（元）	合价（元）	暂估单价（元）	暂估合价（元）
材料费明细	紫薇，胸径 5～6cm	株	1.0500	160	168.00	—	
	基肥	kg	0.1600	15.00	2.40	—	
	其他材料费				—		
	材料费小计				—	170.40	

综合单价分析表

表 5-105

工程名称：某带状绿地规划设计　　　　　　标段：　　　　　　第 13 页　共 94 页

项目编码	050102004001	项目名称		栽植乔木		计量单位		株		工程量		6

清单综合单价组成明细

定额编号	定额名称	定额单位	数量	单　价				合　价			
				人工费	材料费	机械费	管理费和利润	人工费	材料费	机械费	管理费和利润
3—103	栽植棕榈	10 株	0.10	82.14	3.08	—	26.29	8.21	0.31	—	2.63
3—356	苗木养护——Ⅱ级养护	10 株	0.10	38.15	28.79	34.68	12.53	3.82	2.88	3.47	1.25
人工单价		小　计						12.03	3.19	3.47	3.88
37.00 元/工日		未计价材料费						134.25			
清单项目综合单价								156.82			

	主要材料名称、规格、型号	单位	数量	单价（元）	合价（元）	暂估单价（元）	暂估合价（元）
材料费明细	棕榈，地径 20～25cm	株	1.0500	125	131.25	—	
	基肥	kg	0.2000	15.00	3.00	—	
	其他材料费				—		
	材料费小计				—	134.25	

综合单价分析表

表 5-106

工程名称：某带状绿地规划设计　　　　　　标段：　　　　　　第 14 页　共 94 页

项目编码	050102002001	项目名称		栽植灌木		计量单位	株	工程量	48

清单综合单价组成明细

定额编号	定额名称	定额单位	数量	单价				合价			
				人工费	材料费	机械费	管理费和利润	人工费	材料费	机械费	管理费和利润
3－136	栽植灌木（金钟连翘）	10m²	0.05	82.14	0.98	—	26.29	4.11	0.05	—	1.31
3－368	苗木养护——Ⅱ级养护	10株	0.10	12.88	15.06	15.03	4.12	1.29	1.51	1.50	0.41
人工单价		小　计						5.40	1.56	1.50	1.72
37.00元/工日		未计价材料费						1.73			
清单项目综合单价								11.91			

	主要材料名称、规格、型号		单位	数量	单价（元）	合价（元）	暂估单价（元）	暂估合价（元）
材料费明细	金钟连翘，胸径3～4cm		株	0.5100	2.5	1.28		
	基肥		kg	0.0300	15.00	0.45		
	其他材料费				—		—	
	材料费小计				—	1.73	—	

综合单价分析表

表 5-107

工程名称：某带状绿地规划设计　　　　　　标段：　　　　　　第 15 页　共 94 页

项目编码	050102002002	项目名称		栽植灌木		计量单位	株	工程量	68

清单综合单价组成明细

定额编号	定额名称	定额单位	数量	单价				合价			
				人工费	材料费	机械费	管理费和利润	人工费	材料费	机械费	管理费和利润
3－135	栽植灌木（贴梗海棠）	10m²	0.05	61.79	1.56	—	19.77	3.09	0.08	—	0.99
3－367	苗木养护——Ⅱ级养护	10株	0.10	9.29	10.80	10.13	2.97	0.93	1.08	1.01	0.30
人工单价		小　计						4.02	1.76	1.01	1.29
37.00元/工日		未计价材料费						8.10			
清单项目综合单价								15.58			

	主要材料名称、规格、型号		单位	数量	单价（元）	合价（元）	暂估单价（元）	暂估合价（元）
材料费明细	贴梗海棠，胸径3～4cm		株	0.5100	15	7.65	—	
	基肥		kg	0.0300	15.00	0.45	—	
	其他材料费				—		—	
	材料费小计				—	8.10	—	

综合单价分析表　　　　　　　　　　　　表 5-108

工程名称：某带状绿地规划设计　　　　　　标段：　　　　　　　第 16 页　共 94 页

项目编码	050102005001	项目名称	栽植绿篱	计量单位	m²	工程量	33.50

清单综合单价组成明细

定额编号	定额名称	定额单位	数量	单价				合价			
				人工费	材料费	机械费	管理费和利润	人工费	材料费	机械费	管理费和利润
3—160	栽植绿篱（金叶女贞）	10m	0.10	12.58	1.64	—	4.02	1.26	0.16	—	0.40
3—377	苗木养护——Ⅱ级养护	10m	0.10	8.44	9.78	3.38	2.70	0.84	0.98	0.34	0.27
人工单价		小　　计						2.10	1.14	0.34	0.67
37.00 元/工日		未计价材料费						8.98			
清单项目综合单价								13.24			

材料费明细	主要材料名称、规格、型号	单位	数量	单价（元）	合价（元）	暂估单价（元）	暂估合价（元）
	金叶女贞，高 0.5～0.8m	株	3.0600	2.2	6.73	—	
	基肥	kg	0.1500	15.00	2.25	—	
	其他材料费				—		
	材料费小计				—	8.98	

综合单价分析表　　　　　　　　　　　　表 5-109

工程名称：某带状绿地规划设计　　　　　　标段：　　　　　　　第 17 页　共 94 页

项目编码	050102005002	项目名称	栽植绿篱	计量单位	m²	工程量	28.88

清单综合单价组成明细

定额编号	定额名称	定额单位	数量	单价				合价			
				人工费	材料费	机械费	管理费和利润	人工费	材料费	机械费	管理费和利润
3—160	栽植绿篱（窄叶黄杨）	10m	0.10	12.58	1.64	—	4.02	1.26	0.16	—	0.40
3—377	苗木养护——Ⅱ级养护	10m	0.10	8.44	9.78	3.38	2.70	0.84	0.98	0.34	0.27
人工单价		小　　计						2.10	1.14	0.34	0.67
37.00 元/工日		未计价材料费						17.55			
清单项目综合单价								21.80			

材料费明细	主要材料名称、规格、型号	单位	数量	单价（元）	合价（元）	暂估单价（元）	暂估合价（元）
	窄叶黄杨，高 0.5～0.8m	株	3.0600	5	15.30	—	
	基肥	kg	0.1500	15.00	2.25	—	
	其他材料费				—		
	材料费小计				—	17.55	

综合单价分析表

表 5-110

工程名称：某带状绿地规划设计　　　　　　标段：　　　　　　　　第 18 页　共 94 页

项目编码	050102007001	项目名称		栽植色带		计量单位		m²	工程量		20

清单综合单价组成明细

定额编号	定额名称	定额单位	数量	单　价				合　价			
				人工费	材料费	机械费	管理费和利润	人工费	材料费	机械费	管理费和利润
3—169	栽植色带（龟甲冬青）	10m²	0.10	46.25	1.80	—	14.81	4.625	0.180	—	1.481
3—381	苗木养护——Ⅱ级养护	10m²	0.10	10.18	8.10	4.89	3.26	1.018	0.810	0.489	0.326
人工单价		小　计						5.643	0.99	0.489	1.807
37.00 元/工日		未计价材料费						3.45			
清单项目综合单价								12.38			

	主要材料名称、规格、型号	单位	数量	单价（元）	合价（元）	暂估单价（元）	暂估合价（元）
材料费明细	龟甲冬青	株	1.02	2.50	2.55		
	基肥	kg	0.06	15.00	0.90		
	其他材料费				—		—
	材料费小计				—	3.45		—

综合单价分析表

表 5-111

工程名称：某带状绿地规划设计　　　　　　标段：　　　　　　　　第 19 页　共 94 页

项目编码	050102008001	项目名称		栽植花卉		计量单位		m²	工程量		23

清单综合单价组成明细

定额编号	定额名称	定额单位	数量	单　价				合　价			
				人工费	材料费	机械费	管理费和利润	人工费	材料费	机械费	管理费和利润
3—196	栽植花卉（蔷薇）	10m²	0.10	59.57	1.56	—	19.06	5.96	0.16	—	1.91
3—400	苗木养护——Ⅱ级养护	10m²	0.10	3.18	7.68	3.85	1.02	0.32	0.77	0.39	0.10
人工单价		小　计						6.28	0.92	0.39	2.01
37.00 元/工日		未计价材料费						5.55			
清单项目综合单价								15.14			

	主要材料名称、规格、型号	单位	数量	单价（元）	合价（元）	暂估单价（元）	暂估合价（元）
材料费明细	蔷薇，三年生	株	1.0200	5	5.10		—
	基肥	kg	0.0300	15.00	0.45		—
	其他材料费				—		—
	材料费小计				—	5.55		—

综合单价分析表

表 5-112

工程名称：某带状绿地规划设计　　　　　标段：　　　　　

项目编码	050102008002	项目名称		栽植花卉		计量单位	m²	工程量		26

清单综合单价组成明细

定额编号	定额名称	定额单位	数量	单价				合价			
				人工费	材料费	机械费	管理费和利润	人工费	材料费	机械费	管理费和利润
3—196	栽植花卉（云南素馨）	10m²	0.10	59.57	1.56	—	19.06	5.96	0.16	—	1.91
3—401	苗木养护——Ⅱ级养护	10m²	0.10	3.29	7.68	4.82	1.05	0.33	0.77	0.48	0.11
人工单价		小　计						6.29	0.92	0.48	2.01
37.00 元/工日		未计价材料费						3.51			
清单项目综合单价								13.21			

	主要材料名称、规格、型号		单位	数量	单价（元）	合价（元）	暂估单价（元）	暂估合价（元）
材料费明细	云南素馨，两年生		株	1.0200	3	3.06	—	
	基肥		kg	0.0300	15.00	0.45	—	
	其他材料费					—		—
	材料费小计					—	3.51	

综合单价分析表

表 5-113

工程名称：某带状绿地规划设计　　　　　标段：　　　　　

项目编码	050102012001	项目名称		铺种草皮		计量单位	m²	工程量		29.25

清单综合单价组成明细

定额编号	定额名称	定额单位	数量	单价				合价			
				人工费	材料费	机械费	管理费和利润	人工费	材料费	机械费	管理费和利润
3—211	铺种草皮（矮生麦冬）	10m²	0.10	14.80	2.05	—	4.73	1.48	0.21	—	0.47
3—403	苗木养护——Ⅱ级养护	10m²	0.10	8.55	8.64	9.48	2.74	0.86	0.86	0.95	0.27
人工单价		小　计						2.34	1.07	0.95	0.75
37.00 元/工日		未计价材料费						14.94			
清单项目综合单价								10.04			

	主要材料名称、规格、型号		单位	数量	单价（元）	合价（元）	暂估单价（元）	暂估合价（元）
材料费明细	矮生麦冬，共 29m²，植于花坛内		株	0.3570	13	4.64	—	
	基肥		kg	0.0200	15.00	0.30	—	
	其他材料费					—		—
	材料费小计					—	4.94	

综合单价分析表

表 5-114

工程名称：某带状绿地规划设计　　　　　　标段：

项目编码	050102012002	项目名称	铺种草皮	计量单位	m²	工程量	950

清单综合单价组成明细

定额编号	定额名称	定额单位	数量	单　价				合　价			
				人工费	材料费	机械费	管理费和利润	人工费	材料费	机械费	管理费和利润
3-210	铺种草皮	10m²	0.10	27.75	2.05	—	8.89	2.78	0.21	—	0.89
3-403	苗木养护——Ⅱ级养护	10m²	0.10	8.55	8.64	9.48	2.74	0.86	0.86	0.95	0.27
人工单价			小　计					3.63	1.07	0.95	1.16
37.00 元/工日			未计价材料费					1.56			
清单项目综合单价								8.37			

材料费明细	主要材料名称、规格、型号	单位	数量	单价（元）	合价（元）	暂估单价（元）	暂估合价（元）
	铺种草皮，满铺	m²	1.0200	1.24	1.26	—	—
	基肥	kg	0.0200	15.00	0.30	—	—
	其他材料费					—	—
	材料费小计				—	1.56	—	—

综合单价分析表

表 5-115

工程名称：某带状绿地规划设计　　　　　　标段：

项目编码	050201001001	项目名称	园路	计量单位	m²	工程量	283.80

清单综合单价组成明细

定额编号	定额名称	定额单位	数量	单　价				合　价			
				人工费	材料费	机械费	管理费和利润	人工费	材料费	机械费	管理费和利润
3-491	园路土基整理路床	10m²	0.10384	16.65	—	—	5.33	1.73	—	—	0.55
3-493	120mm 厚3：7 灰土垫层	m³	0.12459	37.00	64.97	1.60	11.84	4.61	8.09	0.20	1.48
3-496	100mm 厚 C15 素混凝土垫层	m³	0.10384	67.34	159.42	10.48	21.55	6.99	16.55	1.09	2.24
1-756	20mm 厚水泥砂浆找平层	10m²	0.1	31.08	37.10	5.21	19.95	3.11	3.71	—	2.00
3-504	八五砖平铺	10m²	0.1	52.91	116.44	—	16.93	5.29	11.64	—	1.69
人工单价			小　计					21.73	40.00	1.29	7.95
37.00 元/工日			未计价材料费					—			
清单项目综合单价								70.98			

材料费明细	主要材料名称、规格、型号	单位	数量	单价（元）	合价（元）	暂估单价（元）	暂估合价（元）
	灰土3：7	m³	0.1258	63.51	7.99	—	—
	水	m³	0.0828	4.10	0.34	—	—
	C10 混凝土 40mm，水泥强度等级为 32.5	m³	0.1059	154.28	16.34	—	—

	主要材料名称、规格、型号	单位	数量	单价(元)	合价(元)	暂估单价(元)	暂估合价(元)
材料费明细	水泥砂浆 1：3	m³	0.0202	182.43	3.69	—	
	八五砖 216mm×105mm×43mm	百块	0.45	19.50	8.78	—	
	山砂	t	0.0842	33.00	2.78	—	
	其他材料费			—	0.09	—	
	材料费小计			—	40.00	—	

综合单价分析表　　　　　　　　　　　　　　表 5-116

工程名称：某带状绿地规划设计　　　　标段：　　　　第 24 页　共 94 页

项目编码	050201001002	项目名称		园路广场	计量单位	m²	工程量	231.24

清单综合单价组成明细

定额编号	定额名称	定额单位	数量	单　　价				合　　价			
				人工费	材料费	机械费	管理费和利润	人工费	材料费	机械费	管理费和利润
3－491	园路土基整理路床	10m²	0.1	16.65	—		5.33	1.67			0.53
3－495	100mm 厚碎石垫层	m³	0.1	27.01	60.23	1.20	8.64	2.70	6.02	0.12	0.86
3－496	150mm 厚 C15 素混凝土	m³	0.15	67.34	159.42	10.48	21.55	10.10	23.91	1.57	3.23
1－756	20mm 厚 1：3 水泥砂浆找平层	10m²	0.1	31.08	37.10	5.21	19.95	3.11	3.71	—	2.00
3－519	50mm 厚烧面浅杂黄色花岗石	10m²	0.1	179.45	2629.35	14.73	57.42	17.95	262.94	—	5.74
人工单价		小　　计						35.52	296.58	1.69	12.37
37.00 元/工日		未计价材料费						—			
清单项目综合单价								346.16			

	主要材料名称、规格、型号	单位	数量	单价(元)	合价(元)	暂估单价(元)	暂估合价(元)
材料费明细	碎石 5~40mm	t	0.1650	36.5	6.02	—	
	C10 混凝土 40mm、水泥强度等级为 32.5	m³	0.1530	154.28	23.60	—	
	水	m³	0.1070	4.10	0.44	—	
	水泥砂浆 1：3	m³	0.0202	182.43	3.69	—	
	花岗石板厚 50mm 以内	m²	1.0200	250.00	255.00	—	
	水泥强度等级 32.5 级	kg	4.6000	0.30	1.38	—	
	白水泥	kg	0.1000	0.52	0.05	—	
	干硬性水泥砂浆	m³	0.0303	167.12	5.06	—	
	素水泥浆	m³	0.0010	457.23	0.46	—	
	锯木屑	m³	0.006	10.45	0.06	—	

续表

材料费明细	主要材料名称、规格、型号	单位	数量	单价（元）	合价（元）	暂估单价（元）	暂估合价（元）
	棉纱头	kg	0.01	5.30	0.05	—	—
	合金钢切割锯片	片	0.0042	61.75	0.26	—	—
	其他材料费			—	0.50	—	
	材料费小计			—	296.58	—	

综合单价分析表 表 5-117

工程名称：某带状绿地规划设计　　　　　　标段：　　　　　　第 25 页　共 94 页

项目编码	050201001003	项目名称	园路广场	计量单位	m²	工程量	100.48

清单综合单价组成明细

定额编号	定额名称	定额单位	数量	单价 人工费	单价 材料费	单价 机械费	单价 管理费和利润	合价 人工费	合价 材料费	合价 机械费	合价 管理费和利润
3-491	园路土基整理路床	10m²	0.1	16.65	—	—	5.33	1.67	—	—	0.53
3-493	150mm 厚 3：7 灰土垫层	m³	0.15	37.00	64.97	1.60	11.84	5.55	9.75	0.24	1.78
3-496	100mm 厚 C10 素混凝土	m³	0.1	67.34	159.42	10.48	21.55	6.73	15.94	1.05	2.16
1-756	20mm 厚 1：2.5 水泥砂浆找平层	10m²	0.1	31.08	37.10	5.21	19.95	3.11	3.71		2.00
3-516	广场砖（有图案）	10m²	0.1	137.27	682.96	12.44	43.93	13.73	68.30	—	4.39
人工单价		小　计						30.78	97.69	1.29	10.85
37.00 元/工日		未计价材料费						—			
清单项目综合单价								140.62			

材料费明细	主要材料名称、规格、型号	单位	数量	单价（元）	合价（元）	暂估单价（元）	暂估合价（元）
	灰土 3：7	m³	0.1515	63.51	9.62	—	
	C10 混凝土 40mm、水泥强度等级为 32.5	m³	0.1020	154.28	15.74	—	
	水	m³	0.1210	4.10	0.50	—	—
	水泥砂浆 1：3	m³	0.0202	182.43	3.69	—	
	广场砖（有图案）	m²	1.0200	60.00	61.20	—	—
	水泥砂浆 1：1	m³	0.0057	267.49	1.52	—	
	砂轮片 ϕ110mm	片	0.0015	11.60	0.02	—	—
	水泥砂浆 1：2	m³	0.0073	221.77	1.62	—	
	水泥砂浆 1：3	m³	0.0202	182.43	3.69	—	
	棉纱头	kg	0.02	5.30	0.11	—	
	其他材料费				0.50	—	
	材料费小计			—	97.69	—	

综合单价分析表

表 5-118

工程名称：某带状绿地规划设计　　　　标段：　　　　

项目编码	050201005001	项目名称	嵌草砖铺装	计量单位	m²	工程量	332.4

清单综合单价组成明细

定额编号	定额名称	定额单位	数量	单价				合价			
				人工费	材料费	机械费	管理费和利润	人工费	材料费	机械费	管理费和利润
3—491	园路土基整理路床	10m²	0.1	16.65	—	—	5.33	1.67	—	—	0.53
3—496	200mm 厚 C10 混凝土垫层	m³	0.2	67.34	159.42	10.48	21.55	13.47	31.88	2.10	4.31
3—492	30mm 厚中砂铺垫	m³	0.03	18.50	57.59	0.90	5.92	0.56	1.73	0.03	0.18
3—518	植草砖铺设	10m²	0.1	56.98	359.73	9.73	18.24	5.70	35.97	—	1.82
人工单价		小　计						21.39	69.58	2.12	6.84
37.00 元/工日		未计价材料费						—			
清单项目综合单价								99.94			

材料费明细	主要材料名称、规格、型号	单位	数量	单价（元）	合价（元）	暂估单价（元）	暂估合价（元）
	C10 混凝土 40mm,水泥强度等级为 32.5	m³	0.2040	154.28	31.47	—	—
	水	m³	0.12	4.10	0.48	—	—
	山砂	t	0.0512	33.00	1.69	—	—
	植草砖	m²	1.0200	33.80	34.48	—	—
	中砂	t	0.0390	36.50	1.42	—	—
	砂轮片 ϕ110mm	片	0.0038	11.60	0.04	—	—
	其他材料费			—	—	—	—
	材料费小计			—	69.58	—	—

综合单价分析表

表 5-119

工程名称：某带状绿地规划设计　　　　标段：　　　　

项目编码	050201003001	项目名称	路牙铺设	计量单位	m	工程量	188

清单综合单价组成明细

定额编号	定额名称	定额单位	数量	单价				合价			
				人工费	材料费	机械费	管理费和利润	人工费	材料费	机械费	管理费和利润
3—525	路牙铺设	10m	0.1	41.44	724.41	16.91	13.26	4.14	72.44	1.69	1.33
人工单价		小　计						4.14	72.44	1.69	1.33
37.00 元/工日		未计价材料费						—			
清单项目综合单价								79.60			

材料费明细	主要材料名称、规格、型号	单位	数量	单价（元）	合价（元）	暂估单价（元）	暂估合价（元）
	花岗石路牙 100mm×200mm	m	1.0100	70.00	70.700	—	—
	水泥砂浆 1:2	m³	0.0004	221.77	0.089	—	—
	水泥砂浆 1:3	m³	0.0030	182.43	0.547	—	—
	碎石 5~40mm	t	0.0200	36.50	0.73	—	—

	主要材料名称、规格、型号	单位	数量	单价（元）	合价（元）	暂估单价（元）	暂估合价（元）
材料费明细	水	m³	0.0010	4.10	0.004	—	
	合金钢切割锯片	片	0.0060	61.75	0.371	—	
	其他材料费				—		—
	材料费小计				—	72.44	—

综合单价分析表　　　　　　　　　　　　　　　　表 5-120

工程名称：某带状绿地规划设计　　　　　　　标段：　　　　　　第 28 页　共 94 页

项目编码	050301005001	项目名称	点风景石	计量单位	块	工程量	5

清单综合单价组成明细

定额编号	定额名称	定额单位	数量	单价				合价			
				人工费	材料费	机械费	管理费和利润	人工费	材料费	机械费	管理费和利润
3—480	布置景石	t	0.20	428.09	460.32	16.25	136.99	85.62	92.06	3.25	27.40
人工单价			小　计					85.62	92.06	3.25	27.40
37.00 元/工日			未计价材料费					—			
清单项目综合单价								208.33			

	主要材料名称、规格、型号	单位	数量	单价（元）	合价（元）	暂估单价（元）	暂估合价（元）
材料费明细	景湖石	t	0.2000	450.00	90.00	—	—
	水泥砂浆 1：2.5	m³	0.0064	207.03	2.06	—	—
	其他材料费						
	材料费小计				—	92.06	—

综合单价分析表　　　　　　　　　　　　　　　　表 5-121

工程名称：某带状绿地规划设计　　　　　　　标段：　　　　　　第 29 页　共 94 页

项目编码	010101004001	项目名称	挖基础土方	计量单位	m³	工程量	3.33

清单综合单价组成明细

定额编号	定额名称	定额单位	数量	单价				合价			
				人工费	材料费	机械费	管理费和利润	人工费	材料费	机械费	管理费和利润
1—18	挖沟槽	m³	3.95	10.99	—	—	6.05	43.411	—	—	23.898
人工单价			小　计					43.411	—	—	23.898
37.00 元/工日			未计价材料费					—			
清单项目综合单价								67.31			

	主要材料名称、规格、型号	单位	数量	单价（元）	合价（元）	暂估单价（元）	暂估合价(元)
材料费明细							
	其他材料费				—		—
	材料费小计				—		—

综合单价分析表

表 5-122

工程名称：某带状绿地规划设计   标段：   第 30 页 共 94 页

项目编码	010404001001	项目名称		垫层		计量单位	m³	工程量	1

清单综合单价组成明细

定额编号	定额名称	定额单位	数量	单 价				合 价			
				人工费	材料费	机械费	管理费和利润	人工费	材料费	机械费	管理费和利润
1-170	150mm 厚 C10 现浇混凝土基础垫层	m³	1	60.83	160.23	4.75	36.07	60.83	160.23	4.75	36.07
人工单价		小　计						60.83	160.23	4.75	36.07
37.00 元/工日		未计价材料费						—			
清单项目综合单价								261.88			

	主要材料名称、规格、型号				单位	数量	单价（元）	合价（元）	暂估单价（元）	暂估合价（元）
材料费明细	C15 混凝土 40mm、水泥强度等级为 32.5				m³	1.01	156.61	158.18	—	—
	水				m³	0.50	4.10	2.05	—	—
	其他材料费							—		—
	材料费小计							—	160.23		

综合单价分析表

表 5-123

工程名称：某带状绿地规划设计   标段：   第 31 页 共 94 页

项目编码	010501003001	项目名称		独立基础		计量单位	m³	工程量	0.46

清单综合单价组成明细

定额编号	定额名称	定额单位	数量	单 价				合 价			
				人工费	材料费	机械费	管理费和利润	人工费	材料费	机械费	管理费和利润
1-275	独立基础	m³	1	33.30	182.89	22.56	30.72	33.30	182.89	22.56	30.72
人工单价		小　计						33.30	182.89	22.56	30.72
37.00 元/工日		未计价材料费						—			
清单项目综合单价								269.47			

	主要材料名称、规格、型号				单位	数量	单价（元）	合价（元）	暂估单价（元）	暂估合价（元）
材料费明细	C20 混凝土 40mm、水泥强度等级为 32.5				m³	1.015	175.90	178.54	—	—
	塑料薄膜				m²	0.81	0.86	0.70	—	—
	水				m³	0.89	4.10	3.65	—	—
	其他材料费							—		—
	材料费小计							—	182.89		

表 5-124

综合单价分析表

工程名称：某带状绿地规划设计　　　　标段：　　　　

项目编码	050304001001	项目名称	现浇混凝土花架柱	计量单位	m³	工程量	3.87

清单综合单价组成明细

定额编号	定额名称	定额单位	数量	单价				合价			
				人工费	材料费	机械费	管理费和利润	人工费	材料费	机械费	管理费和利润
1-279	现浇混凝土花架柱	m³	1	85.25	204.96	8.64	51.64	85.25	204.96	8.64	51.64
人工单价		小　计						85.25	204.96	8.64	51.64
37.00 元/工日		未计价材料费						—			
清单项目综合单价								350.49			

	主要材料名称、规格、型号	单位	数量	单价（元）	合价（元）	暂估单价（元）	暂估合价（元）
材料费明细	C25 混凝土 31.5mm，水泥强度等级为 32.5	m³	0.985	195.79	192.85	—	—
	水泥砂浆 1:2	m³	0.031	221.77	6.87		
	塑料薄膜	m²	0.28	0.86	0.24		
	水	m³	1.22	4.10	5.00		
	其他材料费				—		—
	材料费小计				—	204.96	—	—

表 5-125

综合单价分析表

工程名称：某带状绿地规划设计　　　　标段：　　　　

项目编码	010103001001	项目名称	土(石)方回填	计量单位	m³	工程量	1.65

清单综合单价组成明细

定额编号	定额名称	定额单位	数量	单价				合价			
				人工费	材料费	机械费	管理费和利润	人工费	材料费	机械费	管理费和利润
1-127	人工回填土	m³	7.76	11.40	—	1.30	6.98	88.46	—	10.09	54.16
人工单价		小　计						88.46	—	10.09	54.16
37.00 元/工日		未计价材料费						—			
清单项目综合单价								152.71			

	主要材料名称、规格、型号	单位	数量	单价（元）	合价（元）	暂估单价（元）	暂估合价（元）
材料费明细							
	其他材料费				—		—
	材料费小计				—		—

综合单价分析表

表 5-126

工程名称：某带状绿地规划设计　　　　标段：　　　　　　第 34 页　共 94 页

项目编码	010515001001	项目名称		现浇混凝土钢筋		计量单位	t	工程量	0.474

清单综合单价组成明细

定额编号	定额名称	定额单位	数量	单　价				合　价			
				人工费	材料费	机械费	管理费和利润	人工费	材料费	机械费	管理费和利润
1-479	现浇混凝土钢筋	t	1	517.26	3916.60	128.48	355.16	517.26	3916.60	128.48	355.16
	人工单价			小　计				517.26	3916.60	128.48	355.16
	37.00 元/工日			未计价材料费				—			
	清单项目综合单价							4917.50			

	主要材料名称、规格、型号		单位	数量	单价（元）	合价（元）	暂估单价（元）	暂估合价（元）
材料费明细	钢筋（综合）		t	1.02	3800.00	3876.00	—	—
	镀锌铁丝 22 号		kg	6.85	4.60	31.51	—	—
	电焊条		kg	1.86	4.80	8.93	—	—
	水		m³	0.04	4.10	0.16	—	—
	其他材料费					—	—	—
	材料费小计					—	3916.60	—

综合单价分析表

表 5-127

工程名称：某带状绿地规划设计　　　　标段：　　　　　　第 35 页　共 94 页

项目编码	050304001002	项目名称		现浇混凝土花架梁		计量单位	m³	工程量	4.8

清单综合单价组成明细

定额编号	定额名称	定额单位	数量	单　价				合　价			
				人工费	材料费	机械费	管理费和利润	人工费	材料费	机械费	管理费和利润
1-296	现浇混凝土花架梁	m³	1	24.86	262.74	21.00	25.22	24.86	262.74	21.00	25.22
	人工单价			小　计				24.86	262.74	21.00	25.22
	37.00 元/工日			未计价材料费				—			
	清单项目综合单价							333.82			

	主要材料名称、规格、型号		单位	数量	单价（元）	合价（元）	暂估单价（元）	暂估合价（元）
材料费明细	C25 泵送商品混凝土		m³	1.02	250.00	255.00	—	—
	塑料薄膜		m²	1.27	0.86	1.09	—	—
	水		m³	1.56	4.10	6.40	—	—
	其他材料费					—	0.25	—
	材料费小计					—	262.74	—

综合单价分析表

表 5-128

工程名称：某带状绿地规划设计　　　　标段：　　　　第 36 页　共 94 页

项目编码	010514002001	项目名称		其他预制构件		计量单位		m³	工程量		5.81

清单综合单价组成明细

定额编号	定额名称	定额单位	数量	单价				合价			
				人工费	材料费	机械费	管理费和利润	人工费	材料费	机械费	管理费和利润
1-452	预制混凝土花架条	m³	1	80.81	255.30	13.51	51.88	80.81	255.30	13.51	51.88
人工单价			小　计					80.81	255.30	13.51	51.88
37.00 元/工日			未计价材料费					—			
清单项目综合单价								401.50			

	主要材料名称、规格、型号	单位	数量	单价（元）	合价（元）	暂估单价（元）	暂估合价（元）
材料费明细	C25 非泵送商品混凝土	m³	1.025	240.00	246.00	—	
	塑料薄膜	m²	2.57	0.86	2.21	—	
	水	m³	1.73	4.10	7.09		
	其他材料费			—		—	
	材料费小计			—	255.30	—	

综合单价分析表

表 5-129

工程名称：某带状绿地规划设计　　　　标段：　　　　第 37 页　共 94 页

项目编码	010516002001	项目名称		预埋铁件		计量单位		t	工程量		0.078

清单综合单价组成明细

定额编号	定额名称	定额单位	数量	单价				合价			
				人工费	材料费	机械费	管理费和利润	人工费	材料费	机械费	管理费和利润
1-491	预埋铁件	t	1	1465.20	4699.32	988.79	1349.7	1465.20	4699.32	988.79	1349.7
人工单价			小　计					1465.20	4699.32	988.79	1349.7
37.00 元/工日			未计价材料费								
清单项目综合单价								8503.01			

清单综合单价组成明细

	主要材料名称、规格、型号	单位	数量	单价（元）	合价（元）	暂估单价（元）	暂估合价（元）
材料费明细	型钢（综合）	t	1.05	3900.00	4095.00	—	
	电焊条	kg	30.00	4.80	144.00	—	
	氧气	m³	43.50	2.60	113.10		
	乙炔气	m³	18.90	13.60	257.04		
	防锈漆（铁红）	kg	3.03	20.50	62.12		
	油漆溶剂油	kg	0.42	3.33	1.40		
	其他材料费			—		—	
	材料费小计			—	4699.32		

综合单价分析表

表 5-130

工程名称：某带状绿地规划设计　　　　　标段：　　　　　第 38 页　共 94 页

项目编码	011202002001	项目名称		柱、梁面装饰抹灰		计量单位	m²	工程量		110.72

清单综合单价组成明细

定额编号	定额名称	定额单位	数量	单 价				合 价			
				人工费	材料费	机械费	管理费和利润	人工费	材料费	机械费	管理费和利润
1—873	柱梁面装饰抹灰（水刷石）	10m²	0.1	236.65	66.65	3.39	132.02	23.665	6.665	0.339	13.202
人工单价		小　计						23.665	6.665	0.339	13.202
37.00 元/工日		未计价材料费						—			
清单项目综合单价								43.87			

材料费明细	主要材料名称、规格、型号			单位	数量	单价（元）	合价（元）	暂估单价（元）	暂估合价（元）
	水泥白石子砂浆 1：2			m³	0.0102	360.62	3.678	—	
	水泥砂浆 1：3			m³	0.0123	182.43	2.244	—	
	801 胶素水泥浆			m³	0.0008	495.03	0.396		
	普通成材			m³	0.0002	1599.00	0.320		
	水			m³	0.0066	4.10	0.027		
	其他材料费					—		—	
	材料费小计					—	6.665		

综合单价分析表

表 5-131

工程名称：某带状绿地规划设计　　　　　标段：　　　　　第 39 页　共 94 页

项目编码	011406001001	项目名称		抹灰面油漆		计量单位	m²	工程量		86.03

清单综合单价组成明细

定额编号	定额名称	定额单位	数量	单 价				合 价			
				人工费	材料费	机械费	管理费和利润	人工费	材料费	机械费	管理费和利润
2—664	预制混凝土花架条抹灰面油漆	10m²	0.1	32.40	26.69	—	17.82	3.240	2.669	—	1.782
人工单价		小　计						3.240	2.669	—	1.782
37.00 元/工日		未计价材料费						—			
清单项目综合单价								7.69			

材料费明细	主要材料名称、规格、型号			单位	数量	单价（元）	合价（元）	暂估单价（元）	暂估合价（元）
	调和漆			kg	0.176	10.00	1.760	—	
	清油 CO1-1			kg	0.037	10.64	0.394	—	
	羧甲基纤维素			kg	0.003	4.56	0.014		
	聚醋酸乙烯乳液			kg	0.016	5.23	0.084		
	油漆溶剂油			kg	0.084	3.33	0.280		
	石膏粉 325 目			kg	0.03	0.45	0.014		
	滑石粉			kg	0.139	0.45	0.063		
	其他材料费					—	0.06		
	材料费小计					—	2.67		

综合单价分析表

表 5-132

工程名称：某带状绿地规划设计　　　　　　标段：　　　　　　　　

| 项目编码 | 011107002001 | 项目名称 | 块料台阶面 | 计量单位 | m² | 工程量 | 2.88 |

清单综合单价组成明细

定额编号	定额名称	定额单位	数量	单价				合价			
				人工费	材料费	机械费	管理费和利润	人工费	材料费	机械费	管理费和利润
1－745	80mm 厚 1：1 砂石垫层	m³	0.080	26.64	65.79	1.45	15.45	2.131	5.263	0.116	1.236
1－752	60mm 厚 C15 混凝土	m³	0.059	60.38	170.04	9.76	38.58	3.562	10.032	0.576	2.276
1－756	20mm 厚水泥砂浆找平层	10m²	0.149	31.08	37.10	5.21	19.95	4.631	5.528	0.776	2.973
1－756、1－757	10mm 厚水泥砂浆找平层	10m²	0.113	18.64	18.50	2.61	11.69	2.106	2.091	0.000	1.321
1－780	花岗石面层	10m²	0.149	234.43	2628.19	19.72	139.78	34.930	391.600	2.938	20.827
人工单价		小 计						47.36	414.514	4.406	28.633
37.00 元/工日		未计价材料费						—			
清单项目综合单价								494.91			

材料费明细	主要材料名称、规格、型号	单位	数量	单价（元）	合价（元）	暂估单价（元）	暂估合价（元）
	砂（黄砂）	t	0.0784	36.50	2.862	—	
	水	m³	0.1107	4.10	0.454	—	
	碎石 5～40mm	t	0.064	36.50	2.336	—	
	C15 混凝土 20mm、水泥强度等级为 32.5	m³	0.0596	165.63	9.872		
	水泥砂浆 1：3	m³	0.0414	182.43	7.553		
	花岗石（综合）	m³	1.52	250.00	380.000		
	水泥砂浆 1：1	m³	0.012	267.49	3.210		
	水泥砂浆 1：3	m³	0.0301	182.43	5.491		
	素水泥浆	m³	0.00149	457.23	0.681		
	白水泥 80	kg	0.149	0.52	0.077		
	棉纱头	kg	0.0149	5.30	0.079		
	锯（木）屑	m³	0.0089	10.45	0.093		
	合金钢切割锯片	片	0.0177	61.75	1.093		
	其他材料费			—	0.745	—	
	材料费小计			—	414.55	—	

综合单价分析表

表 5-133

工程名称：某带状绿地规划设计　　　　　　标段：　　　　　　　　

| 项目编码 | 050307018001 | 项目名称 | 砖石砌小摆设 | 计量单位 | m³ | 工程量 | 2.69 |

清单综合单价组成明细

定额编号	定额名称	定额单位	数量	单价				合价			
				人工费	材料费	机械费	管理费和利润	人工费	材料费	机械费	管理费和利润
1－18	挖沟槽	m³	0.082	10.99	—	—	6.05	0.90			0.50

清单综合单价组成明细

定额编号	定额名称	定额单位	数量	单 价				合 价			
				人工费	材料费	机械费	管理费和利润	人工费	材料费	机械费	管理费和利润
3—590	坐凳砖砌体	m³	0.874	166.50	336.89	4.04	53.28	145.152	294.44	3.53	46.57
1—352	现浇 C10 混凝土 100mm 厚	m³	0.160	95.02	226.82	10.69	58.15	15.20	36.29	1.71	9.30
2—391	防腐木条坐凳面	m³	0.208	348.75	3399.85	7.16	195.75	72.54	707.71	1.49	40.72
1—846	20mm 厚水泥砂浆抹灰	10m²	0.833	146.08	42.69	5.48	83.36	121.68	35.56	4.56	64.44
2—664	外刷石头漆	10m²	0.833	32.40	26.69	—	17.82	26.99	22.23	—	14.84
人工单价			小 计					382.83	1066.23	11.29	176.37
37.00 元/工日 (1—18、1—352、 1—846、3—590) 45.00 元/工日 (2—391、2—664)			未计价材料费					—			
清单项目综合单价								1636.72			

材料费明细	主要材料名称、规格、型号	单位	数量	单价（元）	合价（元）	暂估单价（元）	暂估合价（元）
	水泥砂浆 M5	m³	0.246	125.10	30.775	—	—
	标准砖 240mm×115mm×53mm	百块	5.31	28.20	149.742	—	—
	钢筋(综合)	t	0.04	3800.00	152.000		
	C25 混凝土 20mm、水泥强度等级为 32.5	m³	0.186	203.37	37.827		
	塑料薄膜	m²	1.67	0.86	1.436		
	水	m³	0.638	4.10	2.616		
	结构成材枋板材	m³	0.2989	2700.00	807.030		
	防腐油	kg	0.0238	1.71	0.041		
	铁钉	kg	0.119	4.10	0.488		
	水泥砂浆 1:2	m³	0.078	221.77	17.298		
	水泥砂浆 1:3	m³	0.121	182.43	22.074		
	801 胶素水泥浆	m³	0.0019	495.03	0.941		
	调和漆	kg	1.677	10.00	16.770		
	清油 CO1-1	kg	0.353	10.64	3.756		
	羧甲基纤维素	kg	0.029	4.56	0.132		
	聚醋酸乙烯乳液	kg	0.152	5.23	0.795		
	油漆溶剂油	kg	0.801	3.33	2.667		
	石膏粉 325 目	kg	0.286	0.45	0.129		
	滑石粉	kg	1.325	0.45	0.596		
	其他材料费			—	0.572	—	
	材料费小计			—	1066.23		

综合单价分析表

表 5-134

工程名称：某带状绿地规划设计　　　　　标段：　　　　　第 42 页　共 94 页

项目编码	011102003001	项目名称		块料楼地面		计量单位		m²		工程量	93.3

清单综合单价组成明细

定额编号	定额名称	定额单位	数量	单　价				合　价			
				人工费	材料费	机械费	管理费和利润	人工费	材料费	机械费	管理费和利润
1－122	素土夯实	10m²	0.1	4.07	—	1.16	2.88	0.407	—	0.116	0.288
1－742	120mm 厚 3∶7 灰土垫层	m³	0.119	29.97	64.97	1.45	17.28	3.566	7.731	0.173	2.056
1－754	100mm 厚 C10 混凝土垫层	m³	0.1	67.49	177.74	9.76	42.49	6.749	17.774	0.976	4.249
1－756	20mm 厚 1∶2.5 水泥砂浆找平层	10m²	0.1	31.08	37.10	5.21	19.95	3.108	3.710	0.000	1.995
1－771	40mm 厚花岗石面层	10m²	0.1	177.16	1603.00	10.45	103.18	17.716	160.300	1.045	10.318
人工单价			小　计					31.546	189.515	2.31	18.906
37.00 元/工日			未计价材料费					—			
清单项目综合单价								242.28			

主要材料名称、规格、型号	单位	数量	单价(元)	合价(元)	暂估单价(元)	暂估合价(元)
灰土 3∶7	m³	0.1202	63.51	7.634	—	—
水	m³	0.1228	4.10	0.503	—	—
C15 混凝土 20mm、水泥强度等级为 32.5	m³	0.101	165.63	16.729		
周转成材	m³	0.0006	1065.00	0.639		
铁钉	kg	0.032	4.10	0.131		
水泥砂浆 1∶3	m³	0.0404	182.43	7.370		
大理石(综合)	m²	1.02	150.00	153.000		
水泥砂浆 1∶1	m³	0.0081	267.49	2.167		
素水泥浆	m³	0.001	457.23	0.457		
白水泥 80	kg	0.1	0.52	0.052		
棉纱头	kg	0.01	5.30	0.053		
锯(木)屑	m³	0.006	10.45	0.063		
合金钢切割据片	片	0.0035	61.75	0.216		
其他材料费			—	0.5	—	
材料费小计			—	189.51	—	

材料费明细

综合单价分析表

表 5-135

工程名称：某带状绿地规划设计　　　　　标段：　　　　　第 43 页　共 94 页

项目编码	050306001001	项目名称		喷泉管道	计量单位		m	工程量		12

清单综合单价组成明细

定额编号	定额名称	定额单位	数量	单价				合价			
				人工费	材料费	机械费	管理费和利润	人工费	材料费	机械费	管理费和利润
2－85	给水铸铁管（套用北京定额）	m	1.000	3.43	51.66	0.14	11.6	3.430	51.660	0.140	11.600
人工单价		小　计						3.430	51.660	0.140	11.600
32.530 元/工日		未计价材料费						—			
清单项目综合单价								66.83			

材料费明细	主要材料名称、规格、型号			单位	数量	单价（元）	合价（元）	暂估单价（元）	暂估合价（元）
	上水铸铁管 75			m	1.000	42.800	42.800	—	—
	上水铸铁管件（室外）75			个	0.110	71.930	7.912	—	—
	橡胶圈 75			个	0.333	1.260	0.420	—	—
	氧气			m³	0.005	3.000	0.015	—	—
	乙炔气			m³	0.002	15.000	0.030	—	—
	水泥强度等级 52.5			kg	0.1000	0.399	0.040	—	—
	石棉绒			kg	0.040	4.050	0.162	—	—
	油麻			kg	0.020	5.400	0.108	—	—
	其他材料费					—	0.170	—	—
	材料费小计					—	51.657	—	—

综合单价分析表

表 5-136

工程名称：某带状绿地规划设计　　　　　标段：　　　　　第 44 页　共 94 页

项目编码	050306001002	项目名称		喷泉管道	计量单位		m	工程量		10

清单综合单价组成明细

定额编号	定额名称	定额单位	数量	单价				合价			
				人工费	材料费	机械费	管理费和利润	人工费	材料费	机械费	管理费和利润
2－91	室外排水铸铁管埋设（套用北京定额）	m	1	3.11	24.03	0.12	5.72	3.11	24.03	0.12	5.72
人工单价		小　计						3.11	24.03	0.12	5.72
37.00 元/工日		未计价材料费						—			
清单项目综合单价								32.98			

材料费明细	主要材料名称、规格、型号			单位	数量	单价（元）	合价（元）	暂估单价（元）	暂估合价（元）
	下水铸铁管 50			m	1.030	13.73	14.142	—	—
	下水铸铁管箍 50			个	1.000	9.000	9.000	—	—
	水泥强度等级 52.5			kg	0.189	0.399	0.075	—	—
	油麻			kg	0.040	5.400	0.216		

<table>
<tr><td rowspan="6">材料费明细</td><td colspan="2">主要材料名称、规格、型号</td><td>单位</td><td>数量</td><td>单价（元）</td><td>合价（元）</td><td>暂估单价（元）</td><td>暂估合价（元）</td></tr>
<tr><td colspan="2">氧气</td><td>m³</td><td>0.030</td><td>3.000</td><td>0.090</td><td></td><td></td></tr>
<tr><td colspan="2">乙炔气</td><td>m³</td><td>0.013</td><td>15.000</td><td>0.195</td><td></td><td></td></tr>
<tr><td colspan="2">球胆50</td><td>个</td><td>0.011</td><td>18.000</td><td>0.198</td><td></td><td></td></tr>
<tr><td colspan="2">其他材料费</td><td></td><td></td><td>—</td><td>0.110</td><td>—</td><td></td></tr>
<tr><td colspan="2">材料费小计</td><td></td><td></td><td>—</td><td>24.026</td><td>—</td><td></td></tr>
</table>

综合单价分析表　　　　　　　　　　　　　　　　　表5-137

工程名称：某带状绿地规划设计　　　　标段：　　　　　　　第45页　共94页

| 项目编码 | 050306001003 | 项目名称 | 喷泉管道 | 计量单位 | m | 工程量 | 8 |

清单综合单价组成明细

定额编号	定额名称	定额单位	数量	单价				合价			
				人工费	材料费	机械费	管理费和利润	人工费	材料费	机械费	管理费和利润
2—6	室外低压镀锌钢管（套用北京定额）	m	1	2.58	15.55	0.19	3.84	2.580	15.550	0.190	3.840
5—16	喷泉喷头安装（趵突泉喷头）（套用北京定额）	套	0.75	0.55	0.73	—	0.27	0.413	0.548	—	0.203
4—159	低压塑料螺纹阀门（套用北京定额）	个	0.25	4.72	29.97	0.19	7.32	1.180	7.493	0.048	1.830
人工单价		小计						4.173	23.591	0.238	5.873
32.530元/工日		未计价材料费						13.13			
清单项目综合单价								47.01			

<table>
<tr><td rowspan="4">材料费明细</td><td colspan="2">主要材料名称、规格、型号</td><td>单位</td><td>数量</td><td>单价（元）</td><td>合价（元）</td><td>暂估单价（元）</td><td>暂估合价（元）</td></tr>
<tr><td colspan="2">洗脸盆</td><td>件</td><td>1.01</td><td>5.00</td><td>5.05</td><td>—</td><td>—</td></tr>
<tr><td colspan="2">阀门</td><td>个</td><td>1.01</td><td>8.00</td><td>8.08</td><td>—</td><td>—</td></tr>
<tr><td colspan="2">其他材料费</td><td></td><td></td><td>—</td><td></td><td>—</td><td></td></tr>
<tr><td colspan="2">材料费小计</td><td></td><td></td><td>—</td><td>13.13</td><td></td><td></td></tr>
</table>

综合单价分析表　　　　　　　　　　　　　　　　　表5-138

工程名称：某带状绿地规划设计　　　　标段：　　　　　　　第46页　共94页

| 项目编码 | 010507007001 | 项目名称 | 贮水（油）池 | 计量单位 | m³ | 工程量 | 5.77 |

清单综合单价组成明细

定额编号	定额名称	定额单位	数量	单价				合价			
				人工费	材料费	机械费	管理费和利润	人工费	材料费	机械费	管理费和利润
1—358	混凝土池底	m³	0.506	67.49	213.63	22.51	49.5	34.150	108.097	11.390	25.047
1—364	混凝土池壁（圆形壁）	m³	0.451	79.03	211.32	26.06	57.8	35.643	95.305	11.753	26.068

清单综合单价组成明细

定额编号	定额名称	定额单位	数量	单价				合价			
				人工费	材料费	机械费	管理费和利润	人工费	材料费	机械费	管理费和利润
1—373	混凝土池壁（矩形壁）	m³	0.043	79.03	211.59	26.06	57.8	3.398	9.098	1.121	2.485
人工单价		小 计						73.191	212.5	24.264	53.6
37.00 元/工日		未计价材料费						—			
清单项目综合单价								363.56			

	主要材料名称、规格、型号			单位	数量	单价（元）	合价（元）	暂估单价（元）	暂估合价(元)
材料费明细	C30P10 抗渗混凝土 20mm，水泥强度等级为 42.5			m³	1.018	201.21	204.832	—	—
	塑料薄膜			m²	1.945	0.86	1.673	—	—
	水			m³	1.488	4.10	6.101		
	其他材料费					—		—	
	材料费小计					—	212.61	—	

综合单价分析表

表 5-139

工程名称：某带状绿地规划设计　　　　标段：

项目编码	010101004002	项目名称	挖基础土方	计量单位	m³	工程量	21.15

清单综合单价组成明细

定额编号	定额名称	定额单位	数量	单价				合价			
				人工费	材料费	机械费	管理费和利润	人工费	材料费	机械费	管理费和利润
1—2	挖土方	m³	1.253	7.33	—	—	4.03	9.184	—		5.050
1—123	原土打底夯（基坑槽）	10m²	0.209	4.88	—	1.93	3.75	1.020	—	0.403	0.784
人工单价		小 计						10.204	0	0.403	5.834
37.00 元/工日		未计价材料费						—			
清单项目综合单价								16.44			

	主要材料名称、规格、型号			单位	数量	单价（元）	合价（元）	暂估单价（元）	暂估合价(元)
材料费明细									
	其他材料费					—		—	
	材料费小计					—		—	

综合单价分析表

表 5-140

工程名称：某带状绿地规划设计　　　　标段：　　　　

项目编码	010404001002	项目名称		垫层		计量单位	m³	工程量		7.05

清单综合单价组成明细

定额编号	定额名称	定额单位	数量	单价				合价			
				人工费	材料费	机械费	管理费和利润	人工费	材料费	机械费	管理费和利润
1—170	200mm 厚 C10 混凝土垫层	m³	1	60.83	160.23	4.75	36.07	60.83	160.23	4.75	36.07
人工单价			小　计					60.83	160.23	4.75	36.07
37.00 元/工日			未计价材料费					—			
清单项目综合单价								261.88			

材料费明细	主要材料名称、规格、型号			单位	数量	单价（元）	合价（元）	暂估单价（元）	暂估合价（元）
	C15 混凝土 40mm，水泥强度等级为 32.5			m³	1.01	156.61	158.18	—	—
	水			m³	0.50	4.10	2.05	—	—
	其他材料费					—		—	
	材料费小计					—	160.23	—	

综合单价分析表

表 5-141

工程名称：某带状绿地规划设计　　　　标段：　　　　

项目编码	011108004001	项目名称		水泥砂浆零星项目		计量单位	m²	工程量		39.27

清单综合单价组成明细

定额编号	定额名称	定额单位	数量	单价				合价			
				人工费	材料费	机械费	管理费和利润	人工费	材料费	机械费	管理费和利润
1—756	20mm 厚水泥砂浆找平层	10m²	0.1	31.08	37.10	5.21	19.95	3.108	3.710	0.521	1.995
人工单价			小　计					3.108	3.710	0.521	1.995
37.00 元/工日			未计价材料费					—			
清单项目综合单价								9.33			

材料费明细	主要材料名称、规格、型号			单位	数量	单价（元）	合价（元）	暂估单价（元）	暂估合价（元）
	水泥砂浆 1：3			m³	0.0202	183.43	3.705	—	—
	水			m³	0.006	4.10	0.025	—	—
	其他材料费					—		—	
	材料费小计					—	3.71	—	

综合单价分析表

表 5-142

工程名称：某带状绿地规划设计　　　　标段：　　　　

项目编码	010904002001	项目名称		涂膜防水		计量单位	m²	工程量		39.27

清单综合单价组成明细

定额编号	定额名称	定额单位	数量	单价				合价			
				人工费	材料费	机械费	管理费和利润	人工费	材料费	机械费	管理费和利润
1—800	防水层	10m²	0.1	25.90	512.70	—	14.25	2.590	51.270	—	1.425

人工单价	小　计	2.590	51.270	—	1.425
37.00 元/工日	未计价材料费			—	
清单项目综合单价			55.29		

材料费明细	主要材料名称、规格、型号	单位	数量	单价（元）	合价（元）	暂估单价（元）	暂估合价（元）
	PVC 卷材	m²	1.237	26.00	32.162	—	—
	PVC 胶泥	kg	6.001	2.68	16.083	—	—
	801 胶素水泥浆	m³	0.0001	495.03	0.050	—	—
	冷底子油 30∶70	100kg	0.0048	555.14	2.665	—	—
	石油液化气	kg	0.05	4.20	0.210	—	—
	其他材料费			—	0.1	—	—
	材料费小计			—	51.27		

综合单价分析表　　　　表 5-143

工程名称：某带状绿地规划设计　　　　标段：　　　　第 51 页　共 94 页

项目编码	011108004002	项目名称	水泥砂浆零星项目	计量单位	m²	工程量	39.27

清单综合单价组成明细

定额编号	定额名称	定额单位	数量	单价				合价			
				人工费	材料费	机械费	管理费和利润	人工费	材料费	机械费	管理费和利润
1—756	20mm 厚水泥砂浆找平层	10m²	0.1	31.08	37.10	5.21	19.95	3.108	3.710	0.521	1.995
人工单价		小　计						3.108	3.710	0.521	1.995
37.00 元/工日		未计价材料费						—			
清单项目综合单价								9.33			

材料费明细	主要材料名称、规格、型号	单位	数量	单价（元）	合价（元）	暂估单价（元）	暂估合价（元）
	水泥砂浆 1∶3	m³	0.0202	183.43	3.705	—	—
	水	m³	0.006	4.10	0.025	—	—
	其他材料费			—	—		
	材料费小计			—	3.71		

综合单价分析表　　　　表 5-144

工程名称：某带状绿地规划设计　　　　标段：　　　　第 52 页　共 94 页

项目编码	010904003001	项目名称	砂浆防水（潮）	计量单位	m²	工程量	28.76

清单综合单价组成明细

定额编号	定额名称	定额单位	数量	单价				合价			
				人工费	材料费	机械费	管理费和利润	人工费	材料费	机械费	管理费和利润
1—248	20mm 厚防水砂浆	10m²	0.1	30.19	55.46	3.45	18.51	3.019	5.546	0.345	1.851
人工单价		小　计						3.019	5.546	0.345	1.851
37.00 元/工日		未计价材料费						—			
清单项目综合单价								10.76			

材料费明细	主要材料名称、规格、型号	单位	数量	单价（元）	合价（元）	暂估单价（元）	暂估合价（元）
	防水砂浆 1∶2	m³	0.021	264.10	5.546	—	
	其他材料费				—		—
	材料费小计				5.546		—

综合单价分析表　　　　　　　　　　　　　　　表 5-145

工程名称：某带状绿地规划设计　　　　　　标段：　　　　　　第53页 共94页

项目编码	011108003001	项目名称	块料零星项目	计量单位	m²	工程量	28.76

清单综合单价组成明细

定额编号	定额名称	定额单位	数量	单价 人工费	单价 材料费	单价 机械费	单价 管理费和利润	合价 人工费	合价 材料费	合价 机械费	合价 管理费和利润
1—909	白色瓷砖贴池底池壁	10m²	0.1	361.86	170.97	9.84	204.43	36.186	17.097	0.984	20.443
人工单价		小　计						36.186	17.097	0.984	20.443
37.00 元/工日		未计价材料费							2.332		
清单项目综合单价								77.04			

材料费明细	主要材料名称、规格、型号	单位	数量	单价（元）	合价（元）	暂估单价（元）	暂估合价（元）
	素水泥浆	m³	0.0051	457.23	2.332	—	—
	其他材料费				—		—
	材料费小计				2.332		—

综合单价分析表　　　　　　　　　　　　　　　表 5-146

工程名称：某带状绿地规划设计　　　　　　标段：　　　　　　第54页 共94页

项目编码	010401012001	项目名称	零星砌筑	计量单位	m³	工程量	0.96

清单综合单价组成明细

定额编号	定额名称	定额单位	数量	单价 人工费	单价 材料费	单价 机械费	单价 管理费和利润	合价 人工费	合价 材料费	合价 机械费	合价 管理费和利润
1—238	140mm 厚砖砌体结构	m³	1	100.27	183.81	3.45	57.05	100.27	183.81	3.45	57.05
人工单价		小　计						100.27	183.81	3.45	57.05
37.00 元/工日		未计价材料费							—		
清单项目综合单价								344.58			

材料费明细	主要材料名称、规格、型号	单位	数量	单价（元）	合价（元）	暂估单价（元）	暂估合价（元）
	混合砂浆 M5	m³	0.213	130.04	27.70	—	—
	标准砖 240mm×115mm×53mm	百块	5.52	28.20	156.66		
	水	m³	0.11	4.10	0.45		
	其他材料费				—		—
	材料费小计				182.81		—

综合单价分析表

表 5-147

工程名称：某带状绿地规划设计　　　　标段：　　　　　第 55 页　共 94 页

项目编码	011108004003	项目名称	水泥砂浆零星项目	计量单位	m²	工程量	11.91

清单综合单价组成明细

定额编号	定额名称	定额单位	数量	单价				合价			
				人工费	材料费	机械费	管理费和利润	人工费	材料费	机械费	管理费和利润
1－756	20mm 厚水泥砂浆找平层	10m²	0.1	31.08	37.10	5.21	19.95	3.108	3.710	0.521	1.995
人工单价		小　计						3.108	3.710	0.521	1.995
37.00 元/工日		未计价材料费						—			
清单项目综合单价								9.33			

	主要材料名称、规格、型号	单位	数量	单价(元)	合价(元)	暂估单价(元)	暂估合价(元)
材料费明细	水泥砂浆 1：3	m³	0.0202	183.43	3.705	—	—
	水	m³	0.006	4.10	0.025	—	—
	其他材料费			—		—	
	材料费小计			—	3.71	—	

综合单价分析表

表 5-148

工程名称：某带状绿地规划设计　　　　标段：　　　　　第 56 页　共 94 页

项目编码	011108002001	项目名称	拼碎石材零星项目	计量单位	m²	工程量	11.91

清单综合单价组成明细

定额编号	定额名称	定额单位	数量	单价				合价			
				人工费	材料费	机械费	管理费和利润	人工费	材料费	机械费	管理费和利润
1－900	池壁外拼碎花岗石	10m²	0.1	387.17	347.58	8.07	217.38	38.717	34.758	0.807	21.738
人工单价		小　计						38.717	34.758	0.807	21.738
37.00 元/工日		未计价材料费						—			
清单项目综合单价								96.02			

	主要材料名称、规格、型号	单位	数量	单价(元)	合价(元)	暂估单价(元)	暂估合价(元)
材料费明细	水泥砂浆 1：3	m³	0.0109	182.43	1.988	—	—
	水泥砂浆 1：2	m³	0.0087	221.77	1.929	—	—
	水泥砂浆 1：1	m³	0.005	267.49	1.337	—	—
	碎花岗石板(综合)	m²	0.9	28.50	25.650		
	金刚石 200mm×75mm×50mm	快	0.21	13.02	2.734		
	草酸	kg	0.03	4.75	0.143		
	硬白蜡	kg	0.05	3.33	0.167		
	松节油	kg	0.15	3.80	0.570		

续表

<table>
<tr><td rowspan="6">材料费明细</td><td>主要材料名称、规格、型号</td><td>单位</td><td>数量</td><td>单价（元）</td><td>合价（元）</td><td>暂估单价（元）</td><td>暂估合价（元）</td></tr>
<tr><td>锡纸</td><td>kg</td><td>0.003</td><td>51.30</td><td>0.154</td><td></td><td></td></tr>
<tr><td>棉纱头</td><td>kg</td><td>0.01</td><td>5.30</td><td>0.053</td><td></td><td></td></tr>
<tr><td>水</td><td>m³</td><td>0.008</td><td>4.10</td><td>0.033</td><td></td><td></td></tr>
<tr><td colspan="5">其他材料费</td><td>—</td><td></td><td>—</td></tr>
<tr><td colspan="5">材料费小计</td><td>—</td><td>34.758</td><td>—</td></tr>
</table>

综合单价分析表

表 5-149

工程名称：某带状绿地规划设计　　　　　　标段：　　　　　　第 57 页　共 94 页

项目编码	010507007001	项目名称	混凝土其他构件	计量单位	m³	工程量	0.43

清单综合单价组成明细

定额编号	定额名称	定额单位	数量	单价				合价			
				人工费	材料费	机械费	管理费和利润	人工费	材料费	机械费	管理费和利润
1—352	50mm 厚现浇混凝土压顶	m³	1	95.02	226.82	10.69	58.15	95.02	226.82	10.69	58.15
人工单价		小　计						95.02	226.82	10.69	58.15
37.00 元/工日		未计价材料费						—			
清单项目综合单价								390.68			

主要材料名称、规格、型号	单位	数量	单价（元）	合价（元）	暂估单价（元）	暂估合价（元）
C25 混凝土 20mm、水泥强度等级为 32.5	m³	1.015	203.37	206.42	—	
塑料薄膜	m²	6.92	0.86	5.95	—	
水	m³	2.45	4.10	10.05	—	
其他材料费				—		—
材料费小计				—	226.82	—

综合单价分析表

表 5-150

工程名称：某带状绿地规划设计　　　　　　标段：　　　　　　第 58 页　共 94 页

项目编码	010101004003	项目名称	挖基础土方	计量单位	m³	工程量	9.22

清单综合单价组成明细

定额编号	定额名称	定额单位	数量	单价				合价			
				人工费	材料费	机械费	管理费和利润	人工费	材料费	机械费	管理费和利润
1—2	挖土方	m³	1.41	7.33	—	—	4.03	10.335	—	—	5.682
1—123	原土打底夯（基坑槽）	10m²	0.35	4.88	—	1.93	3.75	1.708		0.676	1.313
人工单价		小　计						12.043		0.676	6.995
37.00 元/工日		未计价材料费						—			
清单项目综合单价								19.71			

续表

材料费明细	主要材料名称、规格、型号	单位	数量	单价（元）	合价（元）	暂估单价（元）	暂估合价（元）
	其他材料费				—		—
	材料费小计				—		—

综合单价分析表　　　　　　　　　　　　　　　　　　　　表 5-151

工程名称：某带状绿地规划设计　　　　　　标段：　　　　　　第 59 页　共 94 页

项目编码	010501003002	项目名称	独立基础	计量单位	m³	工程量	4.1

清单综合单价组成明细

定额编号	定额名称	定额单位	数量	单价				合价			
				人工费	材料费	机械费	管理费和利润	人工费	材料费	机械费	管理费和利润
1－275	400mm 厚 C10 现浇混凝土基础	m³	1	33.30	182.89	22.56	30.72	33.30	182.89	22.56	30.72
	人工单价		小　计					33.30	182.89	22.56	30.72
37.00 元/工日			未计价材料费					—			
		清单项目综合单价						269.47			

材料费明细	主要材料名称、规格、型号	单位	数量	单价（元）	合价（元）	暂估单价（元）	暂估合价（元）
	C20 混凝土 40mm、水泥强度等级为 32.5	m³	1.015	175.90	178.54	—	
	塑料薄膜	m²	0.81	0.86	0.70	—	
	水	m³	0.89	4.10	3.65	—	
	其他材料费				—		—
	材料费小计				182.89		—

综合单价分析表　　　　　　　　　　　　　　　　　　　　表 5-152

工程名称：某带状绿地规划设计　　　　　　标段：　　　　　　第 60 页　共 94 页

项目编码	010507007002	项目名称	现浇混凝土其他构件	计量单位	m³	工程量	6.67

清单综合单价组成明细

定额编号	定额名称	定额单位	数量	单价				合价			
				人工费	材料费	机械费	管理费和利润	人工费	材料费	机械费	管理费和利润
1－356	现浇混凝土底座	m³	1	108.34	216.95	13.33	66.92	108.34	216.95	13.33	66.92
	人工单价		小　计					108.34	216.95	13.33	66.92

续表

37.00 元/工日		未计价材料费				—			
清单项目综合单价						405.54			

材料费明细	主要材料名称、规格、型号	单位	数量	单价（元）	合价（元）	暂估单价（元）	暂估合价（元）
	C25 混凝土 20mm，水泥强度等级为 32.5	m³	1.015	203.37	206.42	—	—
	塑料薄膜	m²	3.75	0.86	3.23	—	—
	水	m³	1.78	4.10	7.30	—	—
	其他材料费			—		—	
	材料费小计			—	216.95		

综合单价分析表　　　　　　　　表 5-153

工程名称：某带状绿地规划设计　　　　标段：　　　　第 61 页　共 94 页

项目编码	010103001002	项目名称	土(石)方回填	计量单位	m³	工程量	1.59

清单综合单价组成明细

定额编号	定额名称	定额单位	数量	单价				合价			
				人工费	材料费	机械费	管理费和利润	人工费	材料费	机械费	管理费和利润
1—127	人工回填土	m³	4.139	11.40	—	1.30	6.98	47.185	—	5.381	28.890
人工单价		小　计						47.185	—	5.381	28.890
37.00 元/工日		未计价材料费						—			
清单项目综合单价								81.46			

材料费明细	主要材料名称、规格、型号	单位	数量	单价（元）	合价（元）	暂估单价（元）	暂估合价（元）
	其他材料费			—		—	
	材料费小计			—		—	

综合单价分析表　　　　　　　　表 5-154

工程名称：某带状绿地规划设计　　　　标段：　　　　第 62 页　共 94 页

项目编码	011108003002	项目名称	块料零星项目	计量单位	m²	工程量	12.56

清单综合单价组成明细

定额编号	定额名称	定额单位	数量	单价				合价			
				人工费	材料费	机械费	管理费和利润	人工费	材料费	机械费	管理费和利润
1—771	大理石贴面	10m²	0.1	177.16	1603.00	10.45	103.18	17.716	160.300	1.045	10.318
人工单价		小　计						17.716	160.300	1.045	10.318
37.00 元/工日		未计价材料费						—			
清单项目综合单价								189.38			

材料费明细	主要材料名称、规格、型号	单位	数量	单价（元）	合价（元）	暂估单价（元）	暂估合价（元）
	大理石（综合）	m²	1.02	150.00	153.000	—	—
	水泥砂浆 1:1	m³	0.0081	267.49	2.167		
	水泥砂浆 1:3	m³	0.0202	182.43	3.685		
	素水泥浆	m³	0.001	457.23	0.457		

	主要材料名称、规格、型号	单位	数量	单价（元）	合价（元）	暂估单价（元）	暂估合价（元）
材料费明细	白水泥80	kg	0.1	0.52	0.052		
	棉纱头	kg	0.01	5.30	0.053		
	锯（木）屑	m³	0.006	10.45	0.063		
	合金钢切割锯片	片	0.0035	61.75	0.216		
	水	m³	0.026	4.10	0.107		
	其他材料费			—	0.5	—	
	材料费小计			—	160.30	—	

综合单价分析表 表5-155

工程名称：某带状绿地规划设计　　　　标段：　　　　第63页 共94页

项目编码	010602003001	项目名称	钢桁架	计量单位	t	工程量	1.479

清单综合单价组成明细

定额编号	定额名称	定额单位	数量	单价				合价			
				人工费	材料费	机械费	管理费和利润	人工费	材料费	机械费	管理费和利润
3－588	钢桁架	t	1	1920.30	4566.25	929.51	614.49	1920.30	4566.25	929.51	614.49
3－589	钢桁架	t	1	684.50	126.62	258.75	219.04	684.50	126.62	258.75	219.04
人工单价		小 计						2604.8	4692.87	1188.26	833.53
37.00元/工日		未计价材料费						—			
清单项目综合单价								9319.46			

	主要材料名称、规格、型号	单位	数量	单价（元）	合价（元）	暂估单价（元）	暂估合价（元）
材料费明细	钢筋（综合）	t	0.21	3800.00	798.000	—	
	型钢（综合）	t	0.84	3900.00	3276.000	—	
	螺栓	kg	7.50	11.72	87.900		
	电焊条	kg	33.98	4.80	163.104		
	氧气	m³	7.46	2.60	19.396		
	乙炔气	m³	3.60	13.60	48.960		
	红丹防锈漆	kg	9.20	14.50	133.400		
	木柴	kg	2.29	0.35	0.802		
	焦炭	kg	23.80	0.69	16.422		
	其他材料费			—	148.90		
	材料费小计			—	4692.88		

综合单价分析表 表5-156

工程名称：某带状绿地规划设计　　　　标段：　　　　第64页 共94页

项目编码	010101004004	项目名称	挖基础土方	计量单位	m³	工程量	2.35

清单综合单价组成明细

定额编号	定额名称	定额单位	数量	单价				合价			
				人工费	材料费	机械费	管理费和利润	人工费	材料费	机械费	管理费和利润
1－18	挖沟槽	m³	1.576	10.99	—	—	6.05	17.320	—	—	9.535

续表

<table>
<tr><td colspan="13" align="center">清单综合单价组成明细</td></tr>
<tr><td rowspan="3">定额编号</td><td rowspan="3">定额名称</td><td rowspan="3">定额单位</td><td rowspan="3">数量</td><td colspan="4" align="center">单　价</td><td colspan="4" align="center">合　价</td></tr>
<tr><td>人工费</td><td>材料费</td><td>机械费</td><td>管理费和利润</td><td>人工费</td><td>材料费</td><td>机械费</td><td>管理费和利润</td></tr>
<tr><td></td><td></td><td></td><td></td><td></td><td></td><td></td><td></td></tr>
<tr><td>1－123</td><td>原土打底夯（基坑槽）</td><td>10m²</td><td>0.631</td><td>4.88</td><td>—</td><td>1.93</td><td>3.75</td><td>3.079</td><td>—</td><td>1.218</td><td>2.366</td></tr>
<tr><td colspan="2" align="center">人工单价</td><td colspan="4" align="center">小　计</td><td colspan="2">20.399</td><td>—</td><td>1.218</td><td>11.901</td></tr>
<tr><td colspan="2" align="center">37.00元/工日</td><td colspan="4" align="center">未计价材料费</td><td colspan="4" align="center">—</td></tr>
<tr><td colspan="8" align="center">清单项目综合单价</td><td colspan="4" align="center">33.52</td></tr>
<tr><td rowspan="5">材料费明细</td><td colspan="5" align="center">主要材料名称、规格、型号</td><td colspan="2">单位</td><td>数量</td><td>单价（元）</td><td>合价（元）</td><td>暂估单价（元）</td><td>暂估合价（元）</td></tr>
<tr><td colspan="5"></td><td colspan="2"></td><td></td><td></td><td></td><td></td><td></td></tr>
<tr><td colspan="5"></td><td colspan="2"></td><td></td><td></td><td></td><td></td><td></td></tr>
<tr><td colspan="5" align="center">其他材料费</td><td colspan="2"></td><td></td><td>—</td><td>—</td><td></td><td>—</td></tr>
<tr><td colspan="5" align="center">材料费小计</td><td colspan="2"></td><td></td><td>—</td><td>—</td><td></td><td>—</td></tr>
</table>

综合单价分析表　　　　　　　　表 5-157

工程名称：某带状绿地规划设计　　　　　　　标段：　　　　　　　第 65 页　共 94 页

<table>
<tr><td>项目编码</td><td>010404001003</td><td>项目名称</td><td colspan="3" align="center">垫层</td><td>计量单位</td><td>m³</td><td colspan="2">工程量</td><td colspan="2">0.94</td></tr>
<tr><td colspan="13" align="center">清单综合单价组成明细</td></tr>
<tr><td rowspan="2">定额编号</td><td rowspan="2">定额名称</td><td rowspan="2">定额单位</td><td rowspan="2">数量</td><td colspan="4" align="center">单　价</td><td colspan="4" align="center">合　价</td></tr>
<tr><td>人工费</td><td>材料费</td><td>机械费</td><td>管理费和利润</td><td>人工费</td><td>材料费</td><td>机械费</td><td>管理费和利润</td></tr>
<tr><td>1－170</td><td>100mm 厚 C10 混凝土垫层</td><td>m³</td><td>1</td><td>60.83</td><td>160.23</td><td>4.75</td><td>36.07</td><td>60.83</td><td>160.23</td><td>4.75</td><td>36.07</td></tr>
<tr><td colspan="2" align="center">人工单价</td><td colspan="4" align="center">小　计</td><td colspan="2">60.83</td><td>160.23</td><td>4.75</td><td>36.07</td></tr>
<tr><td colspan="2" align="center">37.00元/工日</td><td colspan="4" align="center">未计价材料费</td><td colspan="4" align="center">—</td></tr>
<tr><td colspan="8" align="center">清单项目综合单价</td><td colspan="4" align="center">261.88</td></tr>
<tr><td rowspan="5">材料费明细</td><td colspan="5" align="center">主要材料名称、规格、型号</td><td colspan="2">单位</td><td>数量</td><td>单价（元）</td><td>合价（元）</td><td>暂估单价（元）</td><td>暂估合价（元）</td></tr>
<tr><td colspan="5">C15 混凝土 40mm，水泥强度等级为 32.5</td><td colspan="2">m³</td><td>1.01</td><td>156.61</td><td>158.18</td><td>—</td><td>—</td></tr>
<tr><td colspan="5" align="center">水</td><td colspan="2">m³</td><td>0.50</td><td>4.10</td><td>2.05</td><td>—</td><td>—</td></tr>
<tr><td colspan="5" align="center">其他材料费</td><td colspan="2"></td><td></td><td>—</td><td>—</td><td>—</td><td>—</td></tr>
<tr><td colspan="5" align="center">材料费小计</td><td colspan="2"></td><td></td><td>—</td><td>160.23</td><td>—</td><td>—</td></tr>
</table>

综合单价分析表　　　　　　　　表 5-158

工程名称：某带状绿地规划设计　　　　　　　标段：　　　　　　　第 66 页　共 94 页

<table>
<tr><td>项目编码</td><td>010103001003</td><td>项目名称</td><td colspan="3" align="center">土(石)方回填</td><td>计量单位</td><td>m³</td><td colspan="2">工程量</td><td colspan="2">0.44</td></tr>
<tr><td colspan="13" align="center">清单综合单价组成明细</td></tr>
<tr><td rowspan="2">定额编号</td><td rowspan="2">定额名称</td><td rowspan="2">定额单位</td><td rowspan="2">数量</td><td colspan="4" align="center">单　价</td><td colspan="4" align="center">合　价</td></tr>
<tr><td>人工费</td><td>材料费</td><td>机械费</td><td>管理费和利润</td><td>人工费</td><td>材料费</td><td>机械费</td><td>管理费和利润</td></tr>
<tr><td>1－127</td><td>土石方回填</td><td>m³</td><td>6.273</td><td>11.40</td><td>—</td><td>1.30</td><td>6.98</td><td>71.512</td><td>—</td><td>8.155</td><td>43.786</td></tr>
<tr><td colspan="2" align="center">人工单价</td><td colspan="4" align="center">小　计</td><td colspan="2">71.512</td><td>—</td><td>8.155</td><td>43.786</td></tr>
<tr><td colspan="2" align="center">37.00元/工日</td><td colspan="4" align="center">未计价材料费</td><td colspan="4" align="center">—</td></tr>
</table>

清单项目综合单价					123.45			
材料费明细	主要材料名称、规格、型号	单位	数量	单价（元）	合价（元）	暂估单价（元）	暂估合价（元）	
	其他材料费				—		—	
	材料费小计				—		—	

综合单价分析表　　　　　　　　　　　　　　　　　表 5-159

工程名称：某带状绿地规划设计　　　　　　标段：　　　　　　　　第 67 页　共 94 页

项目编码	010401001001	项目名称	砖基础	计量单位	m³	工程量	0.99

清单综合单价组成明细

定额编号	定额名称	定额单位	数量	单价				合价			
				人工费	材料费	机械费	管理费和利润	人工费	材料费	机械费	管理费和利润
1-189	景墙砖基础	m³	1	48.47	179.42	3.98	28.84	48.47	179.42	3.98	28.84
人工单价		小　计						48.47	179.42	3.98	28.84
37.00 元/工日		未计价材料费						—			
清单项目综合单价								260.71			

材料费明细	主要材料名称、规格、型号	单位	数量	单价（元）	合价（元）	暂估单价（元）	暂估合价（元）
	水泥砂浆 M5	m³	0.243	125.10	30.40	—	
	标准砖 240mm×115mm×53mm	百块	5.27	28.20	148.61	—	
	水	m³	0.10	4.10	0.41	—	
	其他材料费				—		—
	材料费小计				—	179.42	—

综合单价分析表　　　　　　　　　　　　　　　　　表 5-160

工程名称：某带状绿地规划设计　　　　　　标段：　　　　　　　　第 68 页　共 94 页

项目编码	010401003001	项目名称	实心砖墙、景墙砌筑	计量单位	m³	工程量	11.10

清单综合单价组成明细

定额编号	定额名称	定额单位	数量	单价				合价			
				人工费	材料费	机械费	管理费和利润	人工费	材料费	机械费	管理费和利润
1-238	砖砌体	m³	1	100.27	183.81	3.45	57.05	100.27	183.81	3.45	57.05
人工单价		小　计						100.27	183.81	3.45	57.05
37.00 元/工日		未计价材料费						—			
清单项目综合单价								344.58			

材料费明细	主要材料名称、规格、型号	单位	数量	单价（元）	合价（元）	暂估单价（元）	暂估合价（元）
	混合砂浆 M5	m³	0.213	130.04	27.70	—	
	标准砖 240mm×115mm×53mm	百块	5.52	28.20	155.66	—	
	水	m³	0.11	4.10	0.45	—	
	其他材料费				—		—
	材料费小计				—	183.81	—

综合单价分析表

表 5-161

工程名称：某带状绿地规划设计　　　　　　标段：　　　　　

项目编码	010806001001	项目名称		装饰空花木窗		计量单位		m²	工程量		0.64

清单综合单价组成明细

定额编号	定额名称	定额单位	数量	单价				合价			
				人工费	材料费	机械费	管理费和利润	人工费	材料费	机械费	管理费和利润
2-519	木质漏窗	10m²	0.1	5942.25	1491.64	24.73	3281.84	594.225	149.164	2.473	328.184
人工单价		小　计						594.225	149.164	2.473	328.184
37.00 元/工日		未计价材料费						1102			
清单项目综合单价								2176.05			

	主要材料名称、规格、型号				单位	数量	单价（元）	合价（元）	暂估单价（元）	暂估合价（元）
材料费明细	银杏木				m³	0.0551	20000.00	1102	—	—
	其他材料费						—		—	
	材料费小计						—	1102	—	

综合单价分析表

表 5-162

工程名称：某带状绿地规划设计　　　　　　标段：　　　　　

项目编码	010807005001	项目名称		金属金属格栅窗		计量单位		m²	工程量		0.64

清单综合单价组成明细

定额编号	定额名称	定额单位	数量	单价				合价			
				人工费	材料费	机械费	管理费和利润	人工费	材料费	机械费	管理费和利润
1-566	金属格栅窗	10m²	0.1	140.23	1720.42	133.01	150.28	14.023	172.042	13.301	15.028
人工单价		小　计						14.023	172.042	13.301	15.028
37.00 元/工日		未计价材料费						—			
清单项目综合单价								214.39			

	主要材料名称、规格、型号				单位	数量	单价（元）	合价（元）	暂估单价（元）	暂估合价（元）
材料费明细	铝合金百叶窗				m²	0.926	155.00	143.530	—	—
	密封油膏				kg	0.55	1.43	0.787	—	—
	软填料(沥青玻璃棉毡)				kg	0.687	3.80	2.611	—	—
	镀锌铁脚				个	7.8	1.52	11.856	—	—
	膨胀螺栓 M8				套	15.6	0.60	9.360	—	—
	其他材料费						—	3.898	—	
	材料费小计						—	172.042	—	

综合单价分析表

表 5-163

工程名称：某带状绿地规划设计　　　　　标段：　　　　　第 71 页　共 94 页

项目编码	020207001001	项目名称		石浮雕		计量单位	m²	工程量	4.5

清单综合单价组成明细

定额编号	定额名称	定额单位	数量	单价				合价			
				人工费	材料费	机械费	管理费和利润	人工费	材料费	机械费	管理费和利润
4-629	石浮雕	m²	1	900.00	—	60.00	528	900.00	—	60.00	528
人工单价		小　计						900.00	—	60.00	528
37.00 元/工日		未计价材料费						—			
清单项目综合单价								1488.00			

	主要材料名称、规格、型号		单位	数量	单价（元）	合价（元）	暂估单价（元）	暂估合价（元）
材料费明细								
	其他材料费					—		—
	材料费小计					—		—

综合单价分析表

表 5-164

工程名称：某带状绿地规划设计　　　　　标段：　　　　　第 72 页　共 94 页

项目编码	011201002001	项目名称		墙面装饰抹灰		计量单位	m²	工程量	58.54

清单综合单价组成明细

定额编号	定额名称	定额单位	数量	单价				合价			
				人工费	材料费	机械费	管理费和利润	人工费	材料费	机械费	管理费和利润
1-872	墙面装饰抹灰（水刷石）	10m²	0.1	169.16	65.85	3.52	94.97	16.916	6.585	0.352	9.497
人工单价		小　计						16.916	6.585	0.352	9.497
37.00 元/工日		未计价材料费						—			
清单项目综合单价								33.35			

	主要材料名称、规格、型号	单位	数量	单价（元）	合价（元）	暂估单价（元）	暂估合价（元）
材料费明细	水泥白石子砂浆 1：2	m³	0.0102	360.62	3.678	—	
	水泥砂浆 1：3	m³	0.0129	182.43	2.353	—	
	801 胶素水泥浆	m³	0.0004	495.03	0.198	—	
	普通成材	m³	0.0002	1599.00	0.32	—	
	水	m³	0.0087	4.10	0.027	—	
	其他材料费				—		—
	材料费小计				—	6.58	—

综合单价分析表

表 5-165

工程名称：某带状绿地规划设计　　　　　　标段：　　　　　　　　

项目编码	011108003003	项目名称		块料零星项目		计量单位		m²		工程量	7.24

清单综合单价组成明细

定额编号	定额名称	定额单位	数量	单价				合价			
				人工费	材料费	机械费	管理费和利润	人工费	材料费	机械费	管理费和利润
1—778	景墙基础镶贴花岗石	10m²	0.1	187.37	2623.43	11.29	109.26	18.737	262.343	1.129	10.926
人工单价			小　计					18.737	262.343	1.129	10.926
37.00 元/工日			未计价材料费					—			
清单项目综合单价								293.14			

材料费明细	主要材料名称、规格、型号	单位	数量	单价（元）	合价（元）	暂估单价（元）	暂估合价（元）
	花岗石（综合）	m²	1.02	250.00	255.00	—	—
	水泥砂浆 1∶1	m³	0.0081	267.49	2.17		
	水泥砂浆 1∶3	m³	0.0202	182.43	3.69		
	素水泥浆	m³	0.001	457.23	0.46		
	白水泥 80	kg	0.1	0.52	0.05		
	棉纱头	kg	0.01	5.30	0.05		
	锯（木）屑	m³	0.06	10.45	0.63		
	合金钢切割锯片	片	0.0042	61.75	0.26		
	水	m³	0.026	4.10	0.11		
	其他材料费			—		—	
	材料费小计			—	262.34	—	

综合单价分析表

表 5-166

工程名称：某带状绿地规划设计　　　　　　标段：　　　　　　　　

项目编码	010101004005	项目名称		挖基础土方		计量单位		m³		工程量	2.54

清单综合单价组成明细

定额编号	定额名称	定额单位	数量	单价				合价			
				人工费	材料费	机械费	管理费和利润	人工费	材料费	机械费	管理费和利润
1—18	挖沟槽	m³	3.469	10.99	—	—	6.05	38.124	—	—	20.987
1—123	原土打底夯（基坑槽）	10m²	1.165	4.88	—	1.93	3.75	5.685	—	2.248	4.369
人工单价			小　计					43.809	—	2.248	25.356
37.00 元/工日			未计价材料费					—			
清单项目综合单价								71.41			

材料费明细	主要材料名称、规格、型号	单位	数量	单价（元）	合价（元）	暂估单价（元）	暂估合价（元）
	其他材料费			—		—	
	材料费小计			—		—	

综合单价分析表

表 5-167

工程名称：某带状绿地规划设计　　　　　　　　标段：　　　　　　　　第 75 页　共 94 页

项目编码	010404001001	项目名称		垫层		计量单位		m³	工程量	0.85

清单综合单价组成明细

定额编号	定额名称	定额单位	数量	单　价				合　价			
				人工费	材料费	机械费	管理费和利润	人工费	材料费	机械费	管理费和利润
1-170	100mm 厚 C10 混凝土基础	m³	1	60.83	160.23	4.75	36.07	60.83	160.23	4.75	36.07
人工单价			小　计					60.83	160.23	4.75	36.07
37.00 元/工日			未计价材料费					—			
清单项目综合单价								261.88			

材料费明细	主要材料名称、规格、型号	单位	数量	单价（元）	合价（元）	暂估单价（元）	暂估合价（元）
	C15 混凝土 40mm、水泥强度等级为 32.5	m³	1.01	156.61	158.18	—	—
	水	m³	0.50	4.10	2.05	—	
	其他材料费				—		—
	材料费小计				—	160.23	—

综合单价分析表

表 5-168

工程名称：某带状绿地规划设计　　　　　　　　标段：　　　　　　　　第 76 页　共 94 页

项目编码	010507007003	项目名称		现浇混凝土其他构件		计量单位		m³	工程量	2.98

清单综合单价组成明细

定额编号	定额名称	定额单位	数量	单　价				合　价			
				人工费	材料费	机械费	管理费和利润	人工费	材料费	机械费	管理费和利润
1-356	现浇混凝土花坛墙体	m³	1	108.34	216.95	13.33	66.92	108.34	216.95	13.33	66.92
人工单价			小　计					108.34	216.95	13.33	66.92
37.00 元/工日			未计价材料费					—			
清单项目综合单价								405.54			

材料费明细	主要材料名称、规格、型号	单位	数量	单价（元）	合价（元）	暂估单价（元）	暂估合价（元）
	C25 混凝土 20mm、水泥强度等级为 32.5	m³	1.015	203.37	206.42	—	—
	塑料薄膜	m²	3.75	0.86	3.23		
	水	m³	1.78	4.10	7.30		
	其他材料费				—		—
	材料费小计				—	216.95	—

综合单价分析表

表 5-169

工程名称：某带状绿地规划设计　　　　　　标段：　　　　　　　第 77 页　共 94 页

项目编码	010103001004	项目名称	土(石)方回填	计量单位	m³	工程量	0.89

清单综合单价组成明细

定额编号	定额名称	定额单位	数量	单　价				合　价			
				人工费	材料费	机械费	管理费和利润	人工费	材料费	机械费	管理费和利润
1—127	土石方回填	m³	7.56	11.40	—	1.30	6.98	86.184	—	9.828	52.769
人工单价			小　计					86.184	—	9.828	52.769
37.00 元/工日			未计价材料费					—			
清单项目综合单价								148.78			

	主要材料名称、规格、型号			单位	数量	单价(元)	合价(元)	暂估单价(元)	暂估合价(元)
材料费明细									
	其他材料费					—		—	
	材料费小计					—		—	

综合单价分析表

表 5-170

工程名称：某带状绿地规划设计　　　　　　标段：　　　　　　　第 78 页　共 94 页

项目编码	011108004004	项目名称	水泥砂浆零星项目	计量单位	m²	工程量	4.23

清单综合单价组成明细

定额编号	定额名称	定额单位	数量	单　价				合　价			
				人工费	材料费	机械费	管理费和利润	人工费	材料费	机械费	管理费和利润
1—756	20mm 厚水泥砂浆找平层	10m²	0.1	31.08	37.10	5.21	19.95	3.108	3.710	0.521	1.995
1—756	20mm 厚水泥砂浆结合层	10m²	0.42	31.08	37.10	5.21	19.95	13.054	15.582	2.188	8.379
人工单价			小　计					16.162	19.292	2.709	10.374
37.00 元/工日			未计价材料费					—			
清单项目综合单价								48.54			

	主要材料名称、规格、型号			单位	数量	单价(元)	合价(元)	暂估单价(元)	暂估合价(元)
材料费明细	水泥砂浆 1:3			m³	0.105	182.43	19.16	—	—
	水			m³	0.0312	4.10	0.13	—	—
	其他材料费					—		—	
	材料费小计					—	19.29	—	

综合单价分析表

表 5-171

工程名称：某带状绿地规划设计　　　　　标段：　　　　　

项目编码	010702005001	项目名称		其他木构件		计量单位		m³	工程量		0.51

清单综合单价组成明细

定额编号	定额名称	定额单位	数量	单　价				合　价			
				人工费	材料费	机械费	管理费和利润	人工费	材料费	机械费	管理费和利润
2—391	80mm 厚方木条压顶	m³	1	348.75	3399.85	7.16	195.75	348.75	3399.85	7.16	195.75
人工单价		小　计						348.75	3399.85	7.16	195.75
37.00 元/工日		未计价材料费						—			
清单项目综合单价								3951.51			

材料费明细	主要材料名称、规格、型号	单位	数量	单价（元）	合价（元）	暂估单价（元）	暂估合价（元）
	结构成材板方材	m³	1.256	2700.00	3391.20	—	—
	防腐油	kg	0.10	1.71	0.17	—	—
	铁钉	kg	0.50	4.10	2.05		
	其他材料费			—	6.43	—	
	材料费小计			—	3399.85	—	

综合单价分析表

表 5-172

工程名称：某带状绿地规划设计　　　　　标段：　　　　　

项目编码	011406001002	项目名称		抹灰面油漆		计量单位		m²	工程量		17.74

清单综合单价组成明细

定额编号	定额名称	定额单位	数量	单　价				合　价			
				人工费	材料费	机械费	管理费和利润	人工费	材料费	机械费	管理费和利润
2—664	抹灰面油漆	10m²	0.1	32.40	26.69	—	17.82	3.240	2.669	—	1.782
人工单价		小　计						3.240	2.669	—	1.782
37.00 元/工日		未计价材料费						—			
清单项目综合单价								7.69			

材料费明细	主要材料名称、规格、型号	单位	数量	单价（元）	合价（元）	暂估单价（元）	暂估合价（元）
	调和漆	kg	0.176	10.00	1.76	—	
	清油 CO1-1	kg	0.037	10.64	0.39	—	
	羧甲基纤维素	kg	0.003	4.56	0.01		
	聚醋酸乙烯乳液	kg	0.016	5.23	0.08		
	油漆溶剂油	kg	0.084	3.33	0.28		
	石膏粉 325 目	kg	0.03	0.45	0.01		
	滑石粉	kg	0.139	0.45	0.06		
	其他材料费			—	0.06	—	
	材料费小计			—	2.65	—	

综合单价分析表

表 5-173

工程名称：某带状绿地规划设计　　　　　　标段：　　　　　　

项目编码	010101004006	项目名称		挖基础土方		计量单位		m³		工程量	4.22

清单综合单价组成明细

定额编号	定额名称	定额单位	数量	单　价				合　价			
				人工费	材料费	机械费	管理费和利润	人工费	材料费	机械费	管理费和利润
1—18	挖沟槽	m³	1.78	10.99	—	—	6.05	19.562	—	—	10.769
1—123	原土打底夯(基坑槽)	10m²	0.39	4.88	—	1.93	3.75	1.903	—	0.753	1.463
人工单价			小　计					21.465	—	0.753	12.232
37.00元/工日			未计价材料费					—			
清单项目综合单价								34.45			

材料费明细	主要材料名称、规格、型号			单位	数量	单价(元)	合价(元)	暂估单价(元)	暂估合价(元)
	其他材料费					—		—	
	材料费小计					—		—	

综合单价分析表

表 5-174

工程名称：某带状绿地规划设计　　　　　　标段：　　　　　　

项目编码	010401001002	项目名称		砖基础		计量单位		m³		工程量	0.83

清单综合单价组成明细

定额编号	定额名称	定额单位	数量	单　价				合　价			
				人工费	材料费	机械费	管理费和利润	人工费	材料费	机械费	管理费和利润
1—189	砖基础	m³	1	48.47	179.42	3.98	28.84	48.47	179.42	3.98	28.84
人工单价			小　计					48.47	179.42	3.98	28.84
37.00元/工日			未计价材料费					—			
清单项目综合单价								260.71			

材料费明细	主要材料名称、规格、型号			单位	数量	单价(元)	合价(元)	暂估单价(元)	暂估合价(元)
	水泥砂浆 M5			m³	0.243	125.10	30.40		
	标准砖 240mm×115mm×53mm			百块	5.27	28.20	148.61	—	
	水			m³	0.10	4.10	0.41		
	其他材料费					—		—	
	材料费小计					—	179.42	—	

综合单价分析表

表 5-175

工程名称：某带状绿地规划设计　　　　　标段：　　　　　　

项目编码	010404001005	项目名称		垫层		计量单位	m³	工程量	0.92

清单综合单价组成明细

定额编号	定额名称	定额单位	数量	单价				合价			
				人工费	材料费	机械费	管理费和利润	人工费	材料费	机械费	管理费和利润
1－170	100mm厚C15混凝土垫层	m³	1	60.83	160.23	4.75	36.07	60.83	160.23	4.75	36.07
人工单价		小　计						60.83	160.23	4.75	36.07
37.00元/工日		未计价材料费						—			
清单项目综合单价								261.88			

材料费明细	主要材料名称、规格、型号			单位	数量	单价(元)	合价(元)	暂估单价(元)	暂估合价(元)
	C15混凝土40mm，水泥强度等级为32.5			m³	1.01	156.61	158.18	—	—
	水			m³	0.50	4.10	2.05	—	—
	其他材料费					—		—	
	材料费小计					—	160.23		

综合单价分析表

表 5-176

工程名称：某带状绿地规划设计　　　　　标段：　　　　　　

项目编码	010103001005	项目名称		土(石)方回填		计量单位	m³	工程量	1.35

清单综合单价组成明细

定额编号	定额名称	定额单位	数量	单价				合价			
				人工费	材料费	机械费	管理费和利润	人工费	材料费	机械费	管理费和利润
1－127	人工回填土	m³	3.57	11.40	—	1.30	6.98	40.70	—	4.64	24.92
人工单价		小　计						40.70	—	4.64	24.92
37.00元/工日		未计价材料费						—			
清单项目综合单价								70.26			

材料费明细	主要材料名称、规格、型号			单位	数量	单价(元)	合价(元)	暂估单价(元)	暂估合价(元)
	其他材料费					—		—	
	材料费小计					—			

综合单价分析表

表 5-177

工程名称：某带状绿地规划设计　　　　　　　标段：　　　　　　第 85 页　共 94 页

项目编码	010401012001	项目名称		零星砌筑		计量单位	m³	工程量		3.41

清单综合单价组成明细

定额编号	定额名称	定额单位	数量	单　价				合　价			
				人工费	材料费	机械费	管理费和利润	人工费	材料费	机械费	管理费和利润
3—590	围树椅砖砌体结构	m³	1	166.50	336.89	4.04	53.28	166.50	336.89	4.04	53.28
人工单价			小　计					166.50	336.89	4.04	53.28
37.00 元/工日			未计价材料费					—			
清单项目综合单价								560.71			

材料费明细	主要材料名称、规格、型号	单位	数量	单价（元）	合价（元）	暂估单价（元）	暂估合价（元）
	水泥砂浆 M5	m³	0.246	125.10	30.77	—	
	标准砖 240×115×53mm	百块	5.31	28.20	149.74	—	
	钢筋（综合）	t	0.04	3800.00	152.00	—	
	其他材料费			—	4.38		
	材料费小计			—	336.89		

综合单价分析表

表 5-178

工程名称：某带状绿地规划设计　　　　　　　标段：　　　　　　第 86 页　共 94 页

项目编码	011108002002	项目名称		拼碎石材零星项目		计量单位	m²	工程量		12

清单综合单价组成明细

定额编号	定额名称	定额单位	数量	单　价				合　价			
				人工费	材料费	机械费	管理费和利润	人工费	材料费	机械费	管理费和利润
1—756	20mm 厚 1∶3 水泥砂浆找平层	10m²	0.038	31.08	37.10	5.21	19.95	1.181	1.410	0.198	0.758
1—783	拼碎马赛克	10m²	0.1	250.42	296.24	8.21	142.25	25.042	29.624	0.821	14.225
人工单价			小　计					26.223	31.034	1.019	14.983
37.00 元/工日			未计价材料费					—			
清单项目综合单价								73.26			

材料费明细	主要材料名称、规格、型号	单位	数量	单价（元）	合价（元）	暂估单价（元）	暂估合价（元）
	水泥砂浆 1∶3	m³	0.038	182.43	6.93	—	
	水	m³	0.0283	4.10	0.12	—	
	碎大理石板	m²	0.96	23.75	22.80		
	水泥砂浆 1∶2	m³	0.0012	221.77	0.27		
	棉纱头	kg	0.02	5.30	0.11		
	素水泥浆	m³	0.001	457.23	0.46		
	其他材料费			—	0.36	—	
	材料费小计			—	31.05	—	

综合单价分析表

表 5-179

工程名称：某带状绿地规划设计　　　　　　标段：　　　　　　第 87 页　共 94 页

项目编码	010702005002	项目名称			其他木构件		计量单位	m³	工程量	0.39

清单综合单价组成明细

定额编号	定额名称	定额单位	数量	单价				合价			
				人工费	材料费	机械费	管理费和利润	人工费	材料费	机械费	管理费和利润
2-391	60mm 厚方木条坐凳面	m³	1	348.75	3399.85	7.16	195.75	348.75	3399.85	7.16	195.75
人工单价		小　计						348.75	3399.85	7.16	195.75
45.00元/工日		未计价材料费						—			
清单项目综合单价								3951.51			

	主要材料名称、规格、型号		单位	数量	单价（元）	合价（元）	暂估单价（元）	暂估合价（元）
材料费明细	结构成材枋板材		m³	1.256	2700.00	3391.20	—	
	防腐油		kg	0.10	1.71	0.17	—	
	铁钉		kg	0.50	4.10	2.05	—	
	其他材料费				—	6.43	—	
	材料费小计				—	3399.85	—	

综合单价分析表

表 5-180

工程名称：某带状绿地规划设计　　　　　　标段：　　　　　　第 88 页　共 94 页

项目编码	010101004007	项目名称			挖基础土方		计量单位	m³	工程量	0.52

清单综合单价组成明细

定额编号	定额名称	定额单位	数量	单价				合价			
				人工费	材料费	机械费	管理费和利润	人工费	材料费	机械费	管理费和利润
1-18	挖沟槽	m³	8.308	10.99	—	—	6.05	91.305	—	—	50.263
1-123	原土打底夯（基坑槽）	10m²	1.538	4.88	—	1.93	3.75	7.505	—	2.968	5.768
人工单价		小　计						98.81	—	2.968	56.031
37.00元/工日		未计价材料费						—			
清单项目综合单价								157.81			

	主要材料名称、规格、型号		单位	数量	单价（元）	合价（元）	暂估单价（元）	暂估合价（元）
材料费明细								
	其他材料费				—		—	
	材料费小计				—		—	

综合单价分析表

表 5-181

工程名称：某带状绿地规划设计　　　　　　　标段：　　　　　　　第 89 页　共 94 页

项目编码	010404001006	项目名称		垫层		计量单位	m³	工程量		0.30

清单综合单价组成明细

定额编号	定额名称	定额单位	数量	单　价				合　价			
				人工费	材料费	机械费	管理费和利润	人工费	材料费	机械费	管理费和利润
1-170	80mm 厚 C10 混凝土垫层	m³	1	60.83	160.23	4.75	36.07	60.83	160.23	4.75	36.07
人工单价				小　计				60.83	160.23	4.75	36.07
37.00 元/工日				未计价材料费				—			
清单项目综合单价								261.88			

材料费明细	主要材料名称、规格、型号				单位	数量	单价（元）	合价（元）	暂估单价（元）	暂估合价（元）
	C15 混凝土 40mm、水泥强度等级为 32.5				m³	1.01	156.61	158.18	—	—
	水				m³	0.50	4.10	2.05	—	—
	其他材料费						—	—	—	—
	材料费小计						—	160.23	—	—

综合单价分析表

表 5-182

工程名称：某带状绿地规划设计　　　　　　　标段：　　　　　　　第 90 页　共 94 页

项目编码	010103001006	项目名称		土（石）方回填		计量单位	m³	工程量		0.06

清单综合单价组成明细

定额编号	定额名称	定额单位	数量	单　价				合　价			
				人工费	材料费	机械费	管理费和利润	人工费	材料费	机械费	管理费和利润
1-127	人工回填土	m³	11.5	11.40	—	1.30	6.98	131.10	—	14.95	80.27
人工单价				小　计				131.10	—	14.95	80.27
37.00 元/工日				未计价材料费				—			
清单项目综合单价								226.32			

材料费明细	主要材料名称、规格、型号				单位	数量	单价（元）	合价（元）	暂估单价（元）	暂估合价（元）
	其他材料费						—	—	—	—
	材料费小计						—	—	—	—

综合单价分析表

表 5-183

工程名称：某带状绿地规划设计　　　　　　　标段：　　　　　　　第 91 页　共 94 页

项目编码	010507007004	项目名称		现浇混凝土其他构件		计量单位	m³	工程量		1.19

清单综合单价组成明细

定额编号	定额名称	定额单位	数量	单　价				合　价			
				人工费	材料费	机械费	管理费和利润	人工费	材料费	机械费	管理费和利润
1-356	现浇混凝土坐凳	m³	1	108.34	216.95	13.33	66.92	108.34	216.95	13.33	66.92

人工单价		小　计	108.34	216.95	13.33	66.92
37.00元/工日		未计价材料费			—	
清单项目综合单价				405.54		

材料费明细	主要材料名称、规格、型号	单位	数量	单价（元）	合价（元）	暂估单价（元）	暂估合价（元）
	C25混凝土20mm、水泥强度等级为32.5	m³	1.015	203.37	206.42	—	—
	塑料薄膜	m²	3.75	0.86	6.20	—	—
	水	m³	1.78	4.10	7.30		
	其他材料费						
	材料费小计			—	216.95	—	

综合单价分析表　　　　　　　　　　　　　　　　　　表 5-184

工程名称：某带状绿地规划设计　　　　　标段：　　　　　　第 92 页　共 94 页

项目编码	011108003004	项目名称	块料零星项目	计量单位	m	工程量	7.92

清单综合单价组成明细

定额编号	定额名称	定额单位	数量	单价				合价			
				人工费	材料费	机械费	管理费和利润	人工费	材料费	机械费	管理费和利润
1—756	20mm厚1：3水泥砂浆找平层	10m²	0.037	31.08	37.10	5.21	19.95	1.150	1.373	0.193	0.738
1—897	灰色花岗石贴面	10m²	0.1	366.80	2928.49	47.25	227.73	36.680	292.849	4.725	22.773
人工单价		小　计						37.83	294.222	4.918	23.511
37.00元/工日		未计价材料费						—			
清单项目综合单价								360.48			

材料费明细	主要材料名称、规格、型号	单位	数量	单价（元）	合价（元）	暂估单价（元）	暂估合价（元）
	水泥砂浆1：3	m³	0.0075	182.43	1.37	—	—
	水	m³	0.0182	4.10	0.07		
	花岗石（综合）	m²	1.02	250.00	255.00		
	水泥砂浆1：2	m³	0.0473	221.77	10.49		
	钢筋（综合）	t	0.0015	3800.00	5.70		
	801胶素水泥浆	m³	0.0002	495.03	0.10		
	膨胀螺栓 M10	套	9.2	1.10	10.12		
	铜丝	kg	0.078	22.80	1.78		
	电焊条	kg	0.027	4.80	0.13		
	白水泥80	kg	0.15	0.52	0.08		
	合金钢切割锯片	片	0.055	61.75	3.40		
	合金钢钻头,一字型	个	0.115	19.00	2.19		
	硬白蜡	kg	0.039	3.33	0.13		
	煤油	kg	0.052	4.00	0.21		
	草酸	kg	0.013	4.75	0.06		
	棉纱头	kg	0.013	5.30	0.07		

续表

材料费明细	主要材料名称、规格、型号	单位	数量	单价（元）	合价（元）	暂估单价（元）	暂估合价(元)
	铁件制作	kg	0.306	8.50	2.60		
	其他材料费			—	1.91	—	
	材料费小计			—	295.41	—	

综合单价分析表　　　　　　　　表 5-185

工程名称：某带状绿地规划设计　　　　　　标段：　　　　　　第 93 页　共 94 页

项目编码	010702005003	项目名称		其他木构件		计量单位	m³	工程量	0.19

清单综合单价组成明细

定额编号	定额名称	定额单位	数量	单　价				合　价			
				人工费	材料费	机械费	管理费和利润	人工费	材料费	机械费	管理费和利润
2－391	80mm 厚方木条压顶	m³	1	348.75	3399.85	7.16	195.75	348.75	3399.85	7.16	195.75
	人工单价		小　计					348.75	3399.85	7.16	195.75
37.00 元/工日			未计价材料费					—			
清单项目综合单价								3951.51			

材料费明细	主要材料名称、规格、型号	单位	数量	单价（元）	合价（元）	暂估单价（元）	暂估合价(元)
	结构成板方材	m³	1.256	2700.00	3391.20	—	
	防腐油	kg	0.10	1.71	0.17	—	
	铁钉	kg	0.50	4.10	2.05	—	
	其他材料费			—	6.43	—	
	材料费小计			—	3399.85	—	

综合单价分析表　　　　　　　　表 5-186

工程名称：某带状绿地规划设计　　　　　　标段：　　　　　　第 94 页　共 94 页

项目编码	011107002002	项目名称		块料台阶面		计量单位	m²	工程量	13.98

清单综合单价组成明细

定额编号	定额名称	定额单位	数量	单　价				合　价			
				人工费	材料费	机械费	管理费和利润	人工费	材料费	机械费	管理费和利润
1－162	80mm 厚 3：7 灰土垫层	m³	0.079	31.34	64.97	1.16	17.88	2.48	5.13	0.09	1.41
1－170	60mm 厚 C15 混凝土	m³	0.059	60.83	160.23	4.75	36.07	3.59	9.45	0.28	2.13
1－756	20mm 厚水泥砂浆找平层	10m²	0.102	31.08	37.10	5.21	19.95	3.17	3.78	0.53	2.03
1－756、1－757	5mm 厚水泥砂浆结合层	10m²	0.102	12.42	9.20	1.31	7.56	1.27	0.94	0.13	0.77
1－780	40mm 厚深红色剁花花岗石面层	10m²	0.102	234.43	2628.19	19.72	139.78	23.91	268.08	2.01	14.26

人工单价	小 计		34.42	287.38	3.04	20.60
37.00元/工日	未计价材料费			—		
清单项目综合单价				345.44		

	主要材料名称、规格、型号	单位	数量	单价(元)	合价(元)	暂估单价(元)	暂估合价(元)
材料费明细	灰土3:7	m³	0.0808	63.51	5.13	—	—
	水	m³	0.1622	4.10	0.67	—	—
	C15混凝土40mm,水泥强度等级为32.5	m³	0.0606	156.61	9.49		
	水泥砂浆1:3	m³	0.0466	182.43	8.50		
	花岗石(综合)	m²	1.0506	250.00	262.65		
	水泥砂浆1:1	m³	0.008	267.49	2.14		
	素水泥浆	m³	0.0103	457.23	4.71		
	白水泥80	kg	0.103	0.52	0.05		
	棉纱头	kg	0.0103	5.30	0.05		
	锯(木)屑	m³	0.006	10.45	0.06		
	合金钢切割锯片	片	0.012	61.75	0.74		
	其他材料费			—	0.52		
	材料费小计			—	287.38		

5.8 某小区带状绿地规划图投标报价编制

1. 投标总价

投 标 总 价

招标人:　　　某居住区绿化部

工程名称:　　某带状绿地规划设计工程

投标总价(小写):　272564

　　　(大写):　贰拾柒万贰仟伍佰陆拾肆

投标人:　　某某园林景观公司

　　　　　　　(单位盖章)

法定代表人:　　某某园林景观公司

或其授权人:　　法定代表人

　　　　　　　(签字或盖章)

编制人:　　签字盖造价工程师或造价员专用章

　　　　　　　(造价人员签字盖专用章)

编制时间:　××××年××月××日

2. 总说明

总　说　明

工程名称：某带状绿地规划设计工程　　　　　　　　　　　　　　　　　第　页　共　页

> 1. 工程概况
>
> 　　该带状绿地为一小区中的公共活动绿地，绿地设计中多处设置坐凳、围树椅、花架等基础设施，同时整个绿地的规划设计中考虑到景观性，特别设计有雕塑、水池、景墙等景观元素，满足游人的娱乐休闲功能，该工程基址仅需要做简单的整理即可，无需要保留的古树名木，故无需砍伐、大面积的开挖，以及较大范围的土方变动等，植物种植上均为普坚土种植，乔木种植、灌木种植土壤为二类干土。该绿地面积为 1875m²。
>
> 　2. 投标控制价包括范围
>
> 　　为本次招标的某带状绿地规划设计施工图范围内的园林绿化和园林景观工程。
>
> 　3. 投标控制价编制依据
>
> 　　(1)招标文件及其所提供的工程量清单和有关计价的要求，招标文件的补充通知和答疑纪要。
>
> 　　(2)该带状绿地规划设计工程施工图及投标施工组织设计。
>
> 　　(3)有关的技术标准，规范和安全管理规定。
>
> 　　(4)省建设主管部门颁发的计价定额和计价管理办法及有关计价文件。
>
> 　　(5)材料价格采用工程所在地工程造价管理机构年月工程造价信息发布的价格信息，对于造价信息没有发布的材料，其价格参照市场价。

3. 表格汇总

见表 5-187～表 5-193。

工程项目投标报价汇总表　　　　　　　　　　　　　表 5-187

工程名称：某带状绿地规划设计工程　　　　　　　　　　　　　　　第　页　共　页

序号	单项工程名称	金额(元)	其　中(元)		
			暂估价	安全文明施工费	规　费
1	某带状绿地规划设计工程	272563.68		1807.19	
	合　计	272563.68		1807.19	

单项工程投标报价汇总表　　　　　　　　　　　　　表 5-188

工程名称：某带状绿地规划设计工程　　　　　　　　　　　　　　　第　页　共　页

序号	单项工程名称	金额(元)	其　中(元)		
			暂估价	安全文明施工费	规　费
1	某带状绿地规划设计工程	272563.68		1807.19	
	合　计	272563.68		1807.19	

　　注：本表适用于单项工程投标报价的汇总。暂估价包括分部分项工程中的暂估价和专业工程暂估价。

单位工程投标报价汇总表　　　　　　　　　　　　　表 5-189

工程名称：某带状绿地规划设计工程　　　　　　标段：　　　　　　　　　　第　页　共　页

序　　号	汇总内容	金额(元)	其中:暂估价(元)
1	分部分项工程费	258170.67	
1.1	某带状绿地规划设计工程	258170.67	
2	措施项目费	6454.26	
2.1	安全文明施工措施费	1807.19	
3	其他项目费	7938.75	
4	规费		
5	税金	—	
招标控制价合计＝1+2+3+4+5		272563.68	

措施项目清单与计价表　　　　　　　　　　　　　表 5-190

工程名称：某带状绿地规划设计工程　　　　　　标段：　　　　　　　　　　第　页　共　页

序号	项目名称	计算基础	费率(%)	金额(元)
1	现场安全文明施工措施费	分部分项工程费(258170.67)	0.7	1807.19
2	临时设施费		0.26～0.70	1807.19
3	夜间施工增加费			
4	二次搬运费	分部分项工程费(258170.67)	1.1	2839.88
5	大型机械设备进出场及安拆			
6	施工排水、降水			
	合　　计			6454.26

注：1. 本表适用于以"项"计价的措施项目。

　　2. 根据建设部、财政部发布的《建筑安装工程费用项目组成》（建标〔2003〕206 号）的规定，"计算基础"可分为"直接费"、"人工费"或"人工费＋机械费"。

总承包服务费计价表　　　　　　　　　　　　　表 5-191

工程名称：某带状绿地规划设计工程　　　　　　标段：　　　　　　　　　　第　页　共　页

序号	项目名称	计算基础	服务内容	费率（%）	金额（元）
1	总承包	工程总造价		2%～3%	7938.75
2	总分包	工程总造价		3%～5%	—
	合　　计				7938.75

　　【注释】　　这里的计算基础为"工程总造价"，它包括前面计算的措施项目费（6454.26），分部分项工程费（258170.67），以及后面所计算的其他项目费、规费、税金，以及在工程施工过程中所涉及的模板以及脚手架的使用费用，在这里我们计算理论试题时只需要考虑相应的理论部分即可，本表中总承包取的费率为 3%，这里的费率也是根据工程发生的实际情况来具体确定的，这里我们计算的只是一个理论数值；而这里的总分包工

程中由于分包的工程是不确定只有在实际工程发生中才能确定的，所以这里的总分包在做理论试题中是无法来计算的。

其他项目清单与计价汇总表

表 5-192

工程名称：某带状绿地规划设计工程　　　　　　　标段：　　　　　　　　　　第　页　共　页

序号	项目名称	计量单位	金额(元)	备　注
1	总承包服务费	项	7938.75	
2	预留金			
2.1	零星工作项目费			
2.2				
3				
4				
5				
	合　计		7938.75	—

规费、税金项目清单与计价表

表 5-193

工程名称：某带状绿地规划设计工程　　　　　　　标段：　　　　　　　　　　第　页　共　页

序号	项目名称	计算基础	计算基数	计算费率(%)	金额(元)
1	规费	定额人工费			
1.1	社会保险费	定额人工费			
(1)	养老保险费	定额人工费			
(2)	失业保险费	定额人工费			
(3)	医疗保险费	定额人工费			
(4)	工伤保险费	定额人工费			
(5)	生育保险费	定额人工费			
1.2	住房公积金	定额人工费			
1.3	工程排污费	按工程所在地环境保护部门收取标准,按实计入			
2	税金	分部分项工程费＋措施项目费＋其他项目费＋规费－按规定不计税的工程设备金额			
	合　计				

注：根据建设部、财政部发布的《建筑安装工程费用项目组成》(建标 [2003] 206 号)的规定，"计算基础"可为"直接费"、"人工费"或"人工费＋机械费"。

第6章 园林工程算量解题技巧及常见疑难问题解答

6.1 解题技巧

1. 某广场园林绿化工程基础数据的罗列布置

在计算工程量时，可以根据分部分项工程，结合施工图纸，罗列基本数据，方便计算过程中的查阅，以某广场绿化工程为例，对在计算过程中使用的基本数据予以罗列。

（1）绿化工程

如表6-1所示。

绿化工程常用数据 表6-1

序号	植物种类	单位	数量	规 格
1	黄山栾树	株	11	冠幅5m
2	银杏	株	3	冠幅4m
3	大叶女贞	株	20	冠幅3.5m
4	红叶碧桃	株	17	冠幅2m
5	垂丝海棠	株	9	冠幅2m
6	郁李	株	8	冠幅2m
7	火棘	株	14	冠幅1.5m
8	小叶女贞绿篱	m	11	高0.9m
9	毛竹	m	10	二年生
10	紫藤	m	4	二年生
11	月季	m²	80	
12	美人蕉	m²	16	
13	紫竹	株	60	二年生
14	高羊茅	m²	1200	

植物配置列表(花境所用花材单列,见花境示意图)

（2）园路工程

如表6-2所示。

园路工程常用数据 表6-2

园路1	长60m,宽6m
园路2	长120m,宽2.1m
园路3	①长15m,宽1.6m;②长45m,宽1.6m
园路4	长20m,宽1.0m
广场统一铺装	面积600m²

（3）园林景观工程

如表 6-3 所示。

园林景观工程常用数据 　　　　　　　　　　　表 6-3

亭子	高度 3.5m,地基深 1.5m,亭顶边长 3m
座椅	高度 0.9m,宽度 1m,长 1.8m,木片曲面长 1.35m
围栏	长 3.6m,高 1.5m
灯柱	高 1.5m
立面种植	长 7m,高 3m
园灯	20 个
茶室	长 12m
茶室窗	长 3.22m,宽 1.86m
茶室门	长 4.72m,高 2.78m
坐凳	数量 6,单个长度 1.8m
围栏	长 30m
茶室	门:2 樘,窗:4 樘

2. 某广场园林绿化工程不同分部分项工程的潜在关系

每个分部工程中，包括了若干分项工程，计算工程量，必须熟悉工程量的计算规则及项目划分，正确区分清单计算规则和定额计算规则，了解项目划分上的不同之处。对各分部分项工程量的计算规定、计量单位、计算范围要做到心中有数。

在不同分部分项工程中要有一定的计算顺序，应考虑将前一个分部工程中计算的工程量数据，能够被后面其他分部工程在计算时有所利用。有的分部工程是独立的，不需要利用其他分部工程的数据来计算，而有的分部工程前后是有关联的，也就是说后算的分部工程要依赖前面已计算的分部工程量的某些数据来计算。合理地安排工程量的计算顺序，将有关联的分部分项工程按前后依赖关系有序地排列在一起。了解不同分部分项工程的潜在关系对我们的工程计算有很大的用处。

在园林景观工程中多处涉及混凝土浇筑工程，其计算规则大致相同，即：按设计图示尺寸以体积计算。其余类似的还涉及人工挖土方基础和回填土工程，其工程计算规则也是大致相同，可相互借鉴参考。

3. 如何巧妙利用某广场园林绿化工程前后的计算数据

（1）栽植乔木、灌木、绿篱、攀缘植物、花卉和喷播植草以及花镜用植物材料的定额工程量时，可根据题干中的基础数据或题中的数据，也可以根据前面算出的清单工程量来借鉴参考。

（2）定额工程量可以在清单工程量的基础上计算的，在计算定额工程量时可参考清单工程，可以简便计算过程，节省时间，同时也可以避免计算过程中出现错误。例如各个园路的面积已在清单工程量计算时算出，求定额工程量的各个基础体积时可直接借用清单工程量算出的面积。

（3）在清单和定额的计算规则相同而且同为体积或面积计算时，定额的计算过程和计算结果可直接借鉴清单工程量的计算过程和结果。例如：现浇混凝土，清单和定额计算规则相同,两种计算过程和计算结果也是相同的,可不必重复计算,节省时间和工作量。

(4) 对于清单和定额计算规则不同的项目,清单的计算数据同样可以借鉴。例如:茶室平整场地的计算,在定额的计算规则是,按设计图示尺寸每边各加 2m,以面积计算。在清单的计算规则是,按设计图示尺寸以面积计算,但两者算法中也有共同之处。即大厅面积+挑台面积是共同的计算方法,可直接参考。

4. 读图与计算技巧简谈

园林工程的工程量计算涉及大量的图形,图形包括总平面图、各种平面图、立面图和剖面图,这些图形令我们眼花缭乱,怎么样快速地从图中获得对我们有用的计算数据显得至关重要。下面就读图与计算的技巧做简要说明。

首先,应该了解每个实例中涉及的都是什么类型的图形,园林的总平面图或是各种三视图等,这样在计算工程量时可以方便地查找有用的数据,例如,在总平面图中可以清晰看出整个园林的整体布局、轮廓等具体的各种景观设施。在计算各种树木种植的工程量时,可以查找到每种植物的工程量。

其次,要对每一项具体内容的每个图形具体分析,例如对园路的工程量计算时,根据园路的平面图和剖面图分别计算定额和清单的不同计算规则的工作量。在不同的图形中可以得到不同的计算数据。

再者对于同一类型的图可以放在一起读图并计算。例如对于不同部分的钢筋图,其钢筋布置都有很多类似的部分,可以对其中一个详细了解然后类推即可。

总之,园林工程的工程量计算和看图识图是密不可分的,园林工程的图形识图难度并不是很大,但是园林工程是一个系统完整的工程,涉及面较广,包含各个类型的工程量计算,所以了解上述规则对于我们计算园林工程量会大有裨益。

6.2 常见疑难问题解答

1. 园林工程容易出错问题分类汇总

园林工程的常见易错问题如下:

(1) 定额工程量计算时的植物种类较多而分不清其种类的计算规则?

(2) 计算亭廊砖砌体小摆设时的定额和清单工程量的计算规则有什么不同?

(3) 园路的定额和清单计算规则有什么不同?

(4) 路牙铺设的定额和清单的计算规则有什么不同?

(5) 绿化工程的定额和清单的计算规则有什么不同?

(6) 综合单价分析表中"材料明细"一栏中,如果该清单项目所套用定额中没有未计价材料,该如何填写?

2. 经验工程师的解答

针对园林工程的常见易错问题做以下解答:

(1) 在用定额计算所种植的植物的工程量时一定要分清植物的种类:苗木起挖和种植,不论大小,分别按株(丛)、米、平方米计算。花卉、草皮(地被):以平方米计算。

(2) 在计算亭廊中的砖砌体小摆设时,定额工程量中的计算规则是按设计尺寸以面积计算，清单工程量中的计算原则是按设计图示尺寸体积计算或以数量计算。

（3）定额工程量计算规则和清单工程量计算规则相同：按设计图示尺寸以面积计算。

园路土基整理路床定额工程量计算规则：各种园路垫层按设计图示尺寸，两边各放宽50mm 乘以厚度按立方米计算。所以整理路床则应按设计图示尺寸，两边各放宽 5cm 按平方米计算。

（4）定额工程量计算规则：路牙铺设、树池围牙按图示尺寸以延长米计算。

清单工程量计算规则：按设计图示尺寸以长度计算。

（5）定额工程量计算规则：平整场地按实际平整面积，以平方米计算。

清单工程量计算规则：按设计图示以面积计算。

（6）综合单价分析表"材料明细"一栏中，如果该清单项目所套用定额中没有未计价材料，则应填写所套用定额中的所有计价材料，相同材料应合并计算；如果有未计价材料，则应填写所有未计价材料。未计价材料的费用应并入直接费中。

3. 经验工程师的训言

园林工程是一门实践性和技术性很强的课程，园林工程量的计算存在很多的难点和易错点，因此在计算园林工程量时，我们应该做到以下几点：

（1）应根据题意并结合图示分析该工程中涉及的清单项目，然后进行列项并根据清单工程量计算规则，求其清单工程量，不得漏项。

（2）应分析各个清单项目所涉及的工程内容，并根据定额工程量计算规则分别求出各自的定额工程量。

（3）在套用定额时，应根据分项名称及其项目特征准确套用定额。

（4）本书进行清单组价套用的是江苏省定额，其人工、机械、材料费用是根据江苏省的现状确定的，价格也是采用江苏省定额中的价格，造价工作者应当根据自己所在省的实际情况套用相应定额，采用最新的市场材料价格信息进行清单组价。

（5）在组价时，如发现需用到的定额工程量在定额工程量计算里没有，要及时补上。

（6）一个清单工程量综合单价分析表，填完后，一定要注意检验材料费一栏的数值是否对应且正确。

（7）逐项核查清单项目以免缺项、漏项。